南海及邻域海洋地质系列丛书

南海及邻域第四纪地质

张江勇　钟和贤　赵　利等　著

科学出版社

北　京

内 容 简 介

本书基于我国在 1999～2015 年期间开展南海及邻域 1：100 万区域地质调查过程中获取的表层沉积物和代表性柱状样实测资料以及第四系底界面地震资料编写。表层沉积物调查研究内容主要包括表层沉积物类型分布与粒度分布特征、碎屑矿物与黏土矿物分布特征、地球化学元素特征、主要微体古生物门类分布特征，以及南海沉积物的源区与汇区分布特征。柱状样研究内容主要是综合粒度、矿物学、地球化学、微体古生物学等多学科资料，探讨南海中晚更新世以来沉积特征、碳酸盐旋回及古气候变化。利用第四系底界面地震资料，旨在揭示南海及邻域第四系厚度空间分布特征。

本书是广州海洋地质调查局广大职工长期以来的集体劳动结晶，书中所用资料翔实、丰富，可供古海洋学和海洋地质学以及其他地质与环境科学的科技人员及有关院校师生参考。本书可促进海洋科学、地球科学和环境科学等多学科领域的交叉融合与发展。

审图号：GS京（2023）0306号

图书在版编目（CIP）数据

南海及邻域第四纪地质/张江勇等著. —北京：科学出版社，2023.11
（南海及邻域海洋地质系列丛书）

ISBN 978-7-03-075460-8

Ⅰ.①南… Ⅱ.①张… Ⅲ.①南海–海域–第四纪地质 Ⅳ.①P534.63

中国国家版本馆 CIP 数据核字（2023）第 074515 号

责任编辑：韦 沁 崔 妍 / 责任校对：何艳萍
责任印制：赵 博 / 封面设计：中煤地西安地图制印有限公司

科学出版社 出版
北京东黄城根北街 16 号
邮政编码：100717
http://www.sciencep.com
北京建宏印刷有限公司印刷

科学出版社发行 各地新华书店经销

*

2023 年 11 月第 一 版 开本：889×1194 1/16
2024 年 8 月第二次印刷 印张：15 1/4
字数：362 000

定价：228.00 元
（如有印装质量问题，我社负责调换）

"南海及邻域海洋地质系列丛书"编委会

指导委员会

主　任：李金发

副主任：徐学义　　叶建良　　许振强

成　员：张海啟　　肖桂义　　秦绪文　　伍光英　　张光学　　赵洪伟

　　　　石显耀　　邱海峻　　李建国　　张汉泉　　郭洪周　　吕文超

咨询委员会

主　任：李廷栋

副主任：金庆焕　　侯增谦　　李家彪

成　员（按姓氏笔画排序）：

　　　　朱伟林　　任纪舜　　刘守全　　孙　珍　　孙卫东　　杨经绥

　　　　杨胜雄　　李三忠　　李春峰　　吴时国　　张培震　　林　间

　　　　徐义刚　　高　锐　　黄永样　　谢树成　　解习农　　翦知湣

　　　　潘桂棠

编纂委员会

主　编：李学杰

副主编：杨楚鹏　　姚永坚　　高红芳　　陈泓君　　罗伟东　　张江勇

成　员：钟和贤　　彭学超　　孙美静　　徐子英　　周　娇　　胡小三

　　　　郭丽华　　祝　嵩　　赵　利　　王　哲　　聂　鑫　　田成静

　　　　李　波　　李　刚　　韩艳飞　　唐江浪　　李　顺　　李　涛

　　　　陈家乐　　熊量莉　　鞠　东　　伊善堂　　朱荣伟　　黄永健

　　　　陈　芳　　廖志良　　刘胜旋　　文鹏飞　　关永贤　　顾　昶

　　　　耿雪樵　　张伙带　　孙桂华　　蔡观强　　吴峧岐　　崔　娟

　　　　李　越　　刘松峰　　杜文波　　黄　磊　　黄文凯

作 者 名 单

张江勇　　钟和贤　　赵　利　　李　顺

李学杰　　田成静　　李　波　　李　涛

陈家乐　　熊量莉

丛 书 序

华夏文明历史上是由北向南发展的，海洋的开发也不例外。当秦始皇、曹操"东临碣石"的时候，遥远的南海不过是蛮荒之地。虽然秦汉年代在岭南一带就已经设有南海郡，我们真正进入南海水域还是近千年以来的事。阳江岸外的沉船"南海一号"，和近来在北部陆坡1500 m深处发现的明代沉船，都见证了南宋和明朝海上丝绸之路的盛况。那时候最强的海军也在中国，15世纪初郑和下西洋的船队雄冠全球。

然而16世纪的"大航海时期"扭转了历史的车轮，到19世纪中国的大陆文明在欧洲海洋文明前败下阵来，沦为半殖民地。20世纪，尽管我国在第二次世界大战之后已经收回了南海诸岛的主权，可最早来探索南海深水的还是西方的船只。20世纪70年代在联合国"国际海洋考察十年（International Decade of Ocean Exploration，IDOE）"的框架下，美国船在南海深水区进行了地球物理和沉积地貌的调查，接着又有多个发达国家的船只来南海考察。截至十年前，至少有过16个国际航次，在南海200多个站位钻取岩心或者沉积柱状样。我国自己在南海的地质调查，基本上是改革开放以来的事。

我国海洋地质的早期工作，是在建国后以石油勘探为重点发展起来的，同样也是由北向南先在渤海取得突破，到1970年才开始调查南海，然而南海很快就成为我国深海地质的主战场。1976年，在广州成立的南海地质调查指挥部，到1989年改名为广州海洋地质调查局（简称广海局），正式挑起了我国海洋地质，尤其是深海地质基础调查的重担，开启了南海地质的系统工作。

南海1∶100万比例尺的区域地质调查，是广海局完成的一件有深远意义的重大业绩。调查范围覆盖了南海全部深水区，在长达20年的时间里，近千名科技人员使用10余艘调查船舶和百余套调查设备，完成了惊人数量的海上工作，包括30多万千米的测深剖面，各长10多万千米的重、磁和地震测量，以及2000多站位的地质取样，史无前例地对一个深水盆地进行全面系统的地质调查。现在摆在你面前的"南海及邻域海洋地质系列丛书"，包括其整套的专著和图件，就是这桩伟大工程的盈枝硕果。

近二十年来，南海经历了学术上的黄金时期。我国"建设海洋强国"，无论深海技术或者深海科学，都以南海作为重点。从载人深潜到深海潜标，从海底地震长期观测到大洋钻探，种种新手段都应用在南海深水。在资源勘探方面，深海油气和天然气水合物都取得了突破；在科学研究方面，"南海深部计划"胜利完成，作为我国最大规模的海洋基础研究，赢得了南海深海科学的主导权。今天的南海，已经在世界边缘海的深海研究中脱颖而出，面临的题目是如何在已有进展的基础上再创辉煌，更上层楼。

多年前我们说过，背靠亚洲面向太平洋的南海，是世界最大的大陆和最大的大洋之间，一个最大的边缘海。经过这些年的研究之后，现在可以说的更加明确：欧亚非大陆是板块运动新一代超级大陆的雏形，西太平洋是古老超级大洋板块运动的终端。介于这两者之间的南海，无论海底下的地质构造，还是海底上的沉积记录，都有可能成为海洋地质新观点的突破口。

就板块学说而言，当年大西洋海底扩张的研究，揭示了超级大陆聚合崩解的旋回，从而撰写了威尔逊旋回的上集；现在西太平洋俯冲带，是两亿年来大洋板片埋葬的坟场，因而也是超级大洋演变历史的档案库。如果以南海为抓手，揭示大洋板块的俯冲历史，那就有可能续写威尔逊旋回的下集。至于深海沉积，那是记录千万年气候变化的史书，而南海深海沉积的质量在西太平洋名列前茅。当今流行的古气候学从第四纪冰期旋回入手，建立了以冰盖演变为基础的米兰科维奇学说，然而二十多年来南海的研究已经发现，地质历史上气候演变的驱动力主要来自低纬而不是高纬过程，从而对传统的学说提出了挑战，亟待作进一步的深入研究实现学术上的突破。

科学突破的基础是材料的积累，"南海及邻域海洋地质系列丛书"所汇总的海量材料，正是为实现这些学术突破准备了基础。当前世界上深海研究程度最高的边缘海有三个：墨西哥湾、日本海和南海。三者相比，南海不仅面积最大、海水最深，而且深部过程的研究后来居上，只有南海的基底经过了大洋钻探，是唯一从裂谷到扩张，都已经取得深海地质证据的边缘海盆。相比之下，墨西哥湾厚逾万米的沉积层，阻挠了基底的钻探；而日本海封闭性太强、底层水温太低，限制了深海沉积的信息量。

总之，科学突破的桅杆已经在南海升出水面，只要我们继续攀登、再上层楼，南海势必将成为边缘海研究的国际典范，成为世界海洋科学的天然实验室，为海洋科学做出全球性的贡献。追今抚昔，回顾我国海洋地质几十年来的历程；鉴往知来，展望南海今后在世界学坛上的前景，笔者行文至此感慨万分。让我们在这里衷心祝贺"南海及邻域海洋地质系列丛书"的出版，祝愿多年来为南海调查做出贡献的同行们更上层楼，再铸辉煌！

中国科学院院士

2023年6月8日

序

南海是西太平洋最大的边缘海,沉积物源汇格局受到东亚季风演化、青藏高原隆升、西太平洋火山岛弧风化剥蚀、海洋生物地球化学与沉积动力学等重要地质过程的综合影响,是地球系统科学研究的关键区域。南海晚第四纪古海洋学研究于20世纪90年代进入快车道以来,研究成果颇多。基于南海及邻域1:100万区域地质调查实测资料,广州海洋地质调查局基础地质研究团队投入了大量精力、费尽心血编写了这本宝贵的《南海及邻域第四纪地质》著作。这是对海洋区域地质调查资料的集成总结和理论提升,将为研究南海沉积物源汇分布与青藏高原隆升、南海周边火山岛屿风化剥蚀作用之间的关系提供新素材。

《南海及邻域第四纪地质》取得的主要成果概括成如下三个方面。

(1)按照国际分幅调查,获取南海及邻域表层沉积物全覆盖的基础数据,研究了南海近现代沉积物的源汇格局,凸显出颗粒物沉积分异作用的重要性。

采用统一标准对南海及邻域进行地质取样和室内分析测试,系统地获取南海浅表层沉积物基础科学数据,包括沉积物粒度、矿物、微体古生物与地球化学等。基于丰富的实测数据,识别和细化了海洋生物遗壳、海底火山喷发以及海南岛、珠江、台湾岛、吕宋岛等多种陆地风化剥蚀物质来源。南海物源的多样性和海洋物理化学特征,决定了沉积物分布的多样性,空间上总体存在六大沉积汇区。南海沉积物分布格局,通常和沉积汇区与物源区之间的距离以及颗粒物沉积学行为密切相关,在深水区还与碳酸钙溶解作用有关。

(2)从沉积动力学角度研究了南海深海氧同位素8阶段以来碳酸盐沉积旋回,揭示出南海晚第四纪沉积机理的复杂性。

南海晚第四纪碳酸盐沉积旋回是其沉积特征的集中体现。南海碳酸盐沉积旋回包括"大西洋型"和"太平洋型"两种标准型式以及其他更复杂的碳酸盐沉积旋回曲线。南海"大西洋型"碳酸盐沉积旋回出现在水深3000 m以上区域,具有$CaCO_3$含量曲线与$\delta^{18}O$相平行的特征,主要受控于冰期旋回海进、海退过程引起的陆源颗粒物入海通量的变化。"太平洋型"碳酸盐沉积旋回以$CaCO_3$含量和$\delta^{18}O$变化趋势相反为特征。以往认为南海"太平洋型"碳酸盐沉积旋回分布碳酸盐溶跃面之下,主要受深海碳酸盐溶解作用控制。但新资料表明,该类沉积旋回在碳酸盐溶跃面上下均有分布,溶跃面之上溶解作用相对较弱,不是控制碳酸盐沉积旋回的主因。

此外,该书新发现南海陆坡深海氧同位素2阶段(冰期)和1阶段(间冰期)的平均沉积速率都随水深增大而增大,推测该现象很可能与黏性颗粒(细颗粒)向水深增大方向搬运富集的倾向性有关。南海晚第四纪沉积旋回分布和陆坡细颗粒沉积物沉积行为的复杂性,一定程度上表明南海沉积物形成机理仍有待学术界深入研究。

（3）基于大量实测地震数据，首次揭示南海全海域第四系厚度分布，阐述了第四纪构造活动与物源供给对南海沉积空间格局的控制作用。

以大量地震数据为基础，并经钻孔验证，首次揭示南海第四系厚度分布特征。南海西缘一系列沉积沉降中心的形成，表明西缘断裂带仍在活动。南海西北陆坡发育北东向的沉积沉降中心，表明南海西北部第四纪仍以拉张为主。南海北部的东沙海域第四系基本被剥蚀掉，是该区第四纪以来持续隆升，并受到强海流的冲刷作用的结果。南海北部第四纪表现出西部沉降、东部隆升的格局。南海第四系厚度不仅受物源控制，更是区域构造活动的产物，为新构造与地质灾害研究提供新视角。

该书以大量实测数据为基础，从南海表层沉积、近30万年来柱状样和钻孔沉积以及全海域的第四系厚度分布等不同维度揭示南海的第四纪地质特征，取得重要认识，可供相关科技人员参考。

中国科学院院士

中国地质大学（武汉）教授

2023年11月12日于武汉

前　言

　　南海位于印度–澳大利亚、欧亚和太平洋三大板块汇聚的中心，介于亚洲和西太平洋这一当今世界上地形反差最强地区之间，又处于全球季风核心区域，南海及邻域地球圈层间相互作用强烈。南海及邻域沉积物，是记录物质搬运沉积和古气候古环境变化的信息宝库，是用以研究地球表层环境变化机理的重要材料。本书基于1∶100万区域地质调查实测资料，系统集成翔实丰富的表层沉积物数据，深入挖掘空间分布具有代表性、地质记录时序较长的柱状样古环境记录，首次揭示南海全海域第四系厚度分布，研究内容涉及多重时空尺度。

　　本书是广州海洋地质调查局长期以来集体劳动的结晶。本书的编写，离不开海洋技术方法研究所和船舶运行管理部门的大力支持，很多执行野外作业的同事和"海洋四号""海洋六号"等调查船为沉积物实物样品采集提供了保障。本书的编写，使用到了多学科测试分析资料，这些资料都由广大从事实验测试分析工作的同事集体完成。本书的编写，得益于各1∶100万区域地质调查图幅负责人精心部署的野外工作和组织的室内分析研究，各调查图幅的第一负责人分别是：邱燕，负责"1∶100万永暑礁幅海洋区域地质调查"项目；李学杰，负责"1∶100万高雄幅海洋区域地质调查"项目；彭学超，负责"1∶100万汕头幅海洋区域地质调查"项目；陈泓君，负责"1∶100万海南岛幅海洋区域地质调查"项目；高红芳，负责"1∶100万中沙群岛幅海洋区域地质调查"和"1∶100万黄岩岛幅海洋区域地质调查"项目；姚永坚，负责"1∶100万中建岛幅海洋区域地质调查"项目；徐子英，负责"1∶100万广州幅海洋区域地质调查"项目；张江勇，负责"1∶100万太平岛幅海洋区域地质调查"项目。

　　参加本书编写的人员包括：张江勇、钟和贤、赵利、李顺、李学杰、田成静、李波、李涛、陈家乐、熊量莉。张江勇，主要负责全书统稿以及编写浮游有孔虫与钙质超微化石、碳酸钙旋回与沉积物源汇格局等内容，编写第一章，第三章第三节、第四节、第十一节与第十二节，第四章第五节，第五章第一节与第二节。钟和贤，主要负责编写沉积物粒度分析内容，编写第三章第一节、第四章第一节。赵利，主要负责编写元素地球化学分析内容，编写第三章第十节、第四章第四节。李顺，主要负责编写硅藻和孢粉分析内容，编写第三章第五节与第八节、第五章第四节与第五节。李学杰，主要负责本书编写总体进度把控以及编写第四系厚度分布成因分析与火山碎屑分析内容，编写第二章第一节、第四章第二节。田成静，主要负责编写碎屑矿物分析内容，编写第三章第二节、第四章第二节大部分内容并对这两节内容进行统稿。李波，主要负责编写晚第四纪地层学研究和黏土矿物分析内容，编写第二章第二节、第三章第九节、第四章第三节。李涛，主要负责编写底栖有孔虫和放射虫分析内容，编写第三章第六节与第七节、第四章第六节与第七节、第五章第三节。陈家乐和熊量莉，共同负责编写第四系厚度分布特征分析内容，共同编写第二章第一节。唐江浪、韩艳飞提供了图件绘制方面的技术指导，并参与了部分图件的绘制。

本书的出版得到了中国地质调查局、广州海洋地质调查局、青岛海洋地质研究所领导和专家的大力支持和帮助，在此一并表示衷心的感谢！限于著者水平有限，书中的论述很可能挂一漏万，敬请读者批评指正。

著　者

2022年12月于广州

南海及邻域第四纪地质

目　录

第 / 一 / 章

绪　论

第一节　南海第四纪研究历史与现状

南海第四纪地质调查研究起步于20世纪50年代，其发展大体经过两个阶段，第一个阶段以开拓地质调查和聚焦晚第四纪古海洋学为特征，第二个阶段以系统采集地质数据和实施大科学计划为特征。

1958~1998年为南海第四纪地质调查研究的第一个阶段。1958年9月至1960年底，在国家科学技术委员会海洋组的组织领导下，我国60多个单位协作，先后在渤海、黄海、东海和南海北部近岸进行了全国海洋普查，这是我国开展的首次全国性海洋调查，开启了我国管辖海域的海洋地质调查研究事业（罗钰如和曾呈奎，1985）。30年后，我国第一本有关边缘海的区域地质专著《南海北部晚第四纪地质环境》出版（冯文科等，1988），标志着我国深海第四纪地质学已进入系统研究新阶段。该书是基于1979~1980年间厚地质部第二海洋地质大队与美国哥伦比亚大学拉蒙特-多尔蒂地质观察所合作使用"维玛号"（VEMA）调查船在南海北部科学调查资料编写的，书中探讨的有孔虫生物地层事件、古气候演化、碳酸盐补偿深度（carbonate compensation depth，CCD）等科学问题也是当今南海古海洋学研究的科学主题。中国科学院南海海洋研究所于1993年、2002年分别出版的专著《南沙群岛及其邻近海区第四纪沉积地质学》《南海地质》中有关晚第四纪地质学研究则是针对南海全域开展的，书中研究所用的样品主要采集自1964年至20世纪90年代初（中国科学院南沙综合科学考察队，1993；刘昭蜀等，2002）。1994年，南海实施了以"追踪季风"为主题的古海洋学专题系统调查，次年，专著《十五万年来的南海：南海晚第四纪古海洋学研究阶段报告》出版（汪品先，1995），在沉积学、古气候学、古生态学、古海流、古海水化学、古生产力等研究方面都取得了丰硕成果，把南海古海洋学研究推进到一个新阶段。

1999年至今为南海第四纪地质调查研究的第二阶段。1999年，按国际分幅、持续时间长达16年的1∶100万南海海洋区域地质调查开启。在中国地质调查局的组织和领导下，广州海洋地质调查局在1999~2015年，共完成海洋区域地质调查11个图幅，调查范围覆盖南海绝大部分海域和台湾岛东部海域。同样是在1999年，南海深海科学钻探实现了零的突破，迄今为止，在中国科学家建议、设计和主持下，南海大洋钻探已进行三次大洋钻探、四个航次：1999年，实施了南海第一次大洋钻探ODP184航次，首次获得了3000万年高质量的连续沉积记录，科学主题是"东亚季风演变史在南海的记录及其全球气候意义"（Wang et al.，2000）；2014年，实施了南海第二次大洋钻探IODP349航次，科学主题是"南海张裂过程及其对晚中生代以来东南亚构造、气候和深部地幔过程的启示"，以研究南海构造演化和深海盆洋壳为重点，首次获得了南海中央水深4000 m深海海盆的长岩心记录（Li C. et al.，2015）；2017年，实施了南海第三次大洋钻探IODP367航次和IODP368航次，科学主题聚焦南海扩张前的大陆破裂，探讨"陆地变成海洋"这一科学问题（Sun et al.，2018）。

2012年，国家海洋局出版专著《中国区域海洋学——海洋地质学》，基于部分调查资料以及收集前人资料，一定程度上再现了南海表层沉积物分布特征（李家彪，2012）。南海1：100万区域地质调查中采集的沉积物样品以晚第四纪沉积物为主，采集沉积地层地震资料也系统地展现了第四系厚度的分布，而大洋钻探采集的样品除了涵盖第四系外，还包括更古老的地质样品，这为揭示南海沉积演化环境的空间分布特点奠定了基础。本书的目的在于集成南海1：100万区域地质调查中系统采集的第四纪地质资料，在前人研究基础上探讨相关的沉积学、古海洋学以及古气候学等科学问题。

第二节 数据资料的来源及实验方法

本书研究的数据资料主要源自南海和台湾岛以东海域区域地质调查资料。从1999年南海开展第一个以实测资料为主的区域地质调查项目"1：100万永暑礁幅海洋区域地质调查"开始，南海逐渐以国际分幅方式完成了一轮1：100万海洋区域地质调查，并在台湾岛东部海域完成了一个满足国际分幅要求的1：100万海洋区域地质调查，其中第四纪沉积物测试资料涉及粒度、矿物学、地球化学、微体古生物学、年代学等多个学科，第四纪厚度分布资料主要基于地震资料。本书是对以往调查所取得的资料和前人相关研究成果的整合与再分析，沉积物样品站位分布以及数据资料的具体实验与处理方法如下。

一、沉积物站位分布

对共计3259个站位进行了表层沉积物样品分析测试（图1.1）。测试内容包括粒度分析测试、碎屑矿物分析测试、微体古生物鉴定统计、元素地球化学测试分析等，其中，微体古生物鉴定统计的科目包括浮游有孔虫、钙质超微化石、硅藻、放射虫、孢粉。每个测试科目的表层沉积物样品数量不等（表1.1），其中有700个站位测试了表1.1所列的全部测试科目，各个测试科目的表层沉积物样品站位分布如图1.2所示。

针对35个沉积物柱状样进行了晚第四纪地质研究（表1.2），其中有13个柱状样全部用于粒度分析测试、碎屑矿物分析测试、微体古生物鉴定统计、元素地球化学测试分析等科目研究，是本书开展晚第四纪研究的核心柱状样。除了上述13个核心柱状样，另有26个柱状样用于讨论南海晚第四纪火山活动。研究晚第四纪火山活动一般使用比晚第四纪研究更多的柱状样，是因为在沉积层中识别晚第四纪火山活动沉积物质分布范围需要柱状样站位分布空间密度较大。柱状样的分布站位见图1.3。

表1.1 表层沉积物样品分析测试科目对应的站位数统计表

测试科目		表层沉积物站位数/个
粒度分析测试		2637
碎屑矿物分析测试		2242
微体古生物鉴定统计	浮游有孔虫	2573
	钙质超微化石	2387
	硅藻	1262
	放射虫	1058
	底栖有孔虫	2140
	孢粉	1666
元素地球化学测试分析		2267

图1.1 表层沉积物所有实验测试科目所用样品的站位分布图

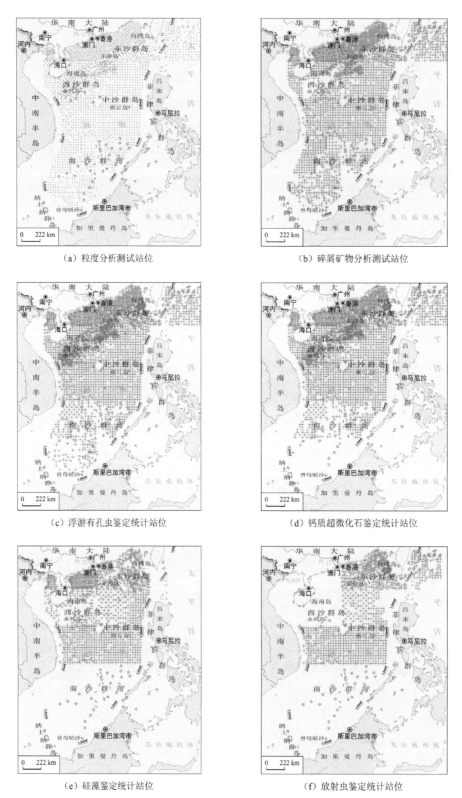

（a）粒度分析测试站位 （b）碎屑矿物分析测试站位

（c）浮游有孔虫鉴定统计站位 （d）钙质超微化石鉴定统计站位

（e）硅藻鉴定统计站位 （f）放射虫鉴定统计站位

图1.2 表层沉积物样品站位分布图

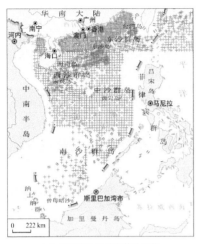

（g）底栖有孔虫鉴定统计站位

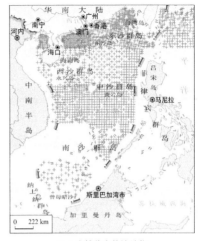

（h）孢粉鉴定统计站位

（i）元素地球化学分析测试站位

图1.2 表层沉积物样品站位分布图（续图）

表1.2 柱状样信息一览表

站位	水深/m	柱状样长度/cm	是否核心柱状样	是否用于讨论火山活动
STD111	1139	410	是	
ZJ83	1511	730	是	
BKAS81PC	1574	786	是	是
TP86	1722	780	是	是
83PC	1917	865	是	
TP71	2100	693	是	是
111PC	2253	858	是	
STD235	2630	855	是	
HYD235	2695	865	是	是
ZSQD6	3020	862	是	
GX15	3106	550	是	
STD357	3231	480	是	
ZSQD289	3605	847	是	是
TP39	1595	420		是
BKAS10	1826	367		是
BKAS2	2796	808		是
ZJ76	2834	535		是
ZSQD196	3000	750		是
HYD202	3727	420		是
ZJ89	3746	205		是
ZJ35	3821	185		是
ZSQD98	3849	165		是
ZSQD189	3950	803		是
ZSQD194	3950	170		是
ZSQD225	3950	757		是
ZSQD129	3950	163		是
ZSQD292	3998	255		是
HYD242	4030	830		是
HYD200	4033	235		是
ZSQD89	4120	179		是
HYD170	4149	790		是
ZJ117	4255	266		是
TP1	4384	870		是
HYD24	4385	839		是

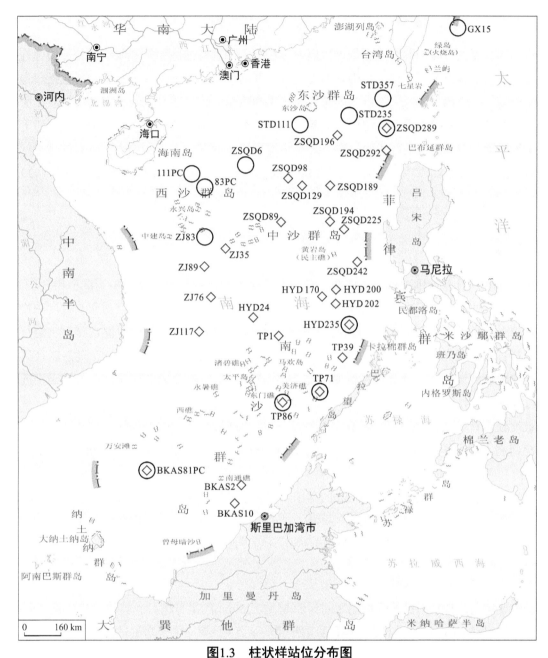

图1.3　柱状样站位分布图

圆圈表示用于讨论晚第四纪地质的核心柱状样，菱形表示用于讨论火山活动的柱状样

二、第四纪地层地震资料处理

研究区第四系厚度分布的研究主要依据地震资料进行,即利用海底地层不同介质分界面弹性和密度差异,通过人工激发地震波来揭示地层结构和厚度的方法开展研究。本书所用的地震资料包括单道地震资料和多道地震资料。单道地震资料采集以电火花或GI枪作为震源,该方法具有分辨率高的特点,能够清晰解释第四纪地层的结构;多道地震以气枪作为震源,该方法激发的地震波能量高、穿透性强,但分辨率相对较低,多用于揭示第四纪地层的底界面。在野外采集地震资料的基础上,利用地震资料处理技术形成最终的地层解释剖面,划分第四系地层结构。计算第四纪地层厚度时,使用的地震波传播速度为1600 km/s。

三、沉积物测试分析方法

(一)粒度测试方法

先对沉积物样品粒度范围进行经验估测,初步选择粒度分析的方法。对于初判沉积物粒径大于2 mm的样品,选用综合法(即筛析法和激光粒度仪法相结合的方法)进行粒度测试。对于初判沉积物粒径范围在0.02 μm~2 mm的样品,先用激光粒度仪法进行粒度分析,再基于激光粒度仪测试结果决定是否再进行粒度测试分析:①当激光粒度仪测试结果显示粒径2 mm附近沉积颗粒含量较大时,则重新采集沉积物测样进行综合法粒度测试;②当激光粒度仪测试结果显示粒径2 mm附近沉积颗粒含量为零或接近零时,则接受激光粒度仪测试分析结果。

激光粒度仪测试方法:取适量(数克)沉积物样品,加纯净水,再加5%的六偏磷酸钠浸泡12 h,将浸泡样品全部倒入激光样品槽中,使用超声波充分分散样品后,在Mastersizer 2000激光粒度仪进行粒度测试。

综合法测试方法:使用孔径为0.063 mm的筛子将沉积物试样分成粗细两部分,对于粒径小于0.063 mm的沉积组分,采用激光粒度仪测量进行粒度测量,对于粒径大于0.063 mm的沉积组分按1/4Φ间隔分粒级筛选沉积物组分,对粒级组分烘干称重,计算各粒级组分的质量分数。

(二)碎屑矿物鉴定与统计方法

碎屑矿物鉴定与统计针对沉积物粒径区间为0.063~0.25 mm的组分进行,具体实验步骤如下:

(1)将沉积物样品自然风干或烘干后,称取定量(通常为5.00 g)干样试样。

(2)将试样置于烧杯中,加水充分浸泡后,冲洗筛选取粒径0.063~0.25 mm的沉积组分。

(3)将0.063~0.25 mm粒径区间的沉积组分自然风干后,采用1/1000天平称其质量。

(4)对0.063~0.25 mm粒径区间的沉积组分进行淘洗,分离出相对重、轻矿物两部分;再对重矿物部分进行磁选、电磁选;最后对轻矿物组分、磁性矿物组分、电磁性矿物组分采用1/1000天平称得分选后各部分质量。

(5)在实体显微镜下鉴定各类碎屑矿物(含生源钙质壳粒、生源硅质壳粒黏土团、微结核),并估算其含量。

(三)有孔虫鉴定与统计方法

取适量烘干样品(通常为20 g),将样品置于烧杯内,用自来水浸泡样品1~2 d,使颗粒物充分分散,然后用0.063 mm孔径的铜筛筛取粗颗粒组分,将筛选的粗颗粒组分在60℃条件下烘干,然后进一步用

0.150 mm孔径的铜筛筛取粒径大于0.150 mm的颗粒物，并对最终筛选试样进行适当缩分，最后在立体显微镜下统计浮游有孔虫、底栖有孔虫的数量，计算浮游有孔虫丰度、底栖有孔虫丰度以及属种含量。

（四）钙质超微化石鉴定与统计方法

钙质超微化石样品的处理采用简易涂片法，具体程序如下：首先用清洁干净的牙签取少许沉积物（不经烘干）置于载玻片上，加蒸馏水，用牙签充分搅拌后，将粗粒沉积物刮去，使细粒沉积物悬浮液均匀分布在载玻片上并烘干，最后将大小为22 mm×22 mm的盖玻片用中性树脂胶粘在载玻片上制成固定片。将制好的固定片置于Leitz偏光显微镜下放大1000倍观察200个视域，并随机统计10个视域的化石数量作为每个样品的相对丰度，样品钙质超微化石丰度和各属种丰度的单位为"个/10个视域"。

（五）硅藻鉴定与统计方法

硅藻样品处理方法：每个样品取干样5～10 g，放入100 mL烧杯，加入30%的过氧化氢约20 mL，使沉积物颗粒充分分散。然后，用纯净水换洗数次，再用浓盐酸浸泡至没有气泡产生为止，用过滤水冲洗至中性，再将样品倒入50 mL的离心管，晾干后用比重为2.4的重液进行浮选。把浮选液收集到10 mL离心管，用纯净水稀释到一定浓度后，用滴管取适量滴到盖玻片上晾干，盖玻片规格为22 mm×22 mm，用中性树胶制成固定片。最后，用ZEISS生物显微镜进行鉴定，放大倍数250～400倍，个别放大1000倍。每个样品尽可能统计200个硅藻化石，若固定片中不足200个硅藻化石时，则针对整个固定片硅藻化石进行鉴定统计。硅藻丰度的计算公式为丰度（个/g）=（统计个数×盖玻片面积）÷（视野面积×样品干重），其中，视野面积=（目镜直径÷100）×盖玻片边长，换算得出每个样品的丰度。

（六）放射虫鉴定与统计方法

取5 g干样放入100 mL烧杯内，加过氧化氢，放置24 h后再加入少量盐酸，待充分作用后用水稀释，浸泡24 h。将样品倒入0.05 mm分析筛内，用水冲洗，除去黏土。将筛选所得样品倒入小烧杯内，吸去水分，在电热板上烘干，即得放射虫壳体样品。取1/n放射虫样品制成固定片，盖玻片规格为22 mm×22 mm，每个样品制1片。将固定片置于Leica生物显微镜（放大250倍）下鉴定，统计整个薄片中每个属种的个体数量（n）及总量（M），$n×M$作为该样品放射虫的丰度，单位为个/5g。

（七）孢粉鉴定与统计方法

孢粉的处理方法：每个样品取干样5～20 g，加入石松孢子片1粒，放入100 mL烧杯，加入适量盐酸直至反应彻底结束，然后用纯净水洗至中性；加入适量氢氟酸（40%），搅拌均匀，直至反应彻底结束（24 h以上），用纯净水洗至中性；加入适量稀盐酸（10%～15%）加热至液体透明为止，用纯净水洗至中性；将洗成中性的样品倒入50 mL的离心管，晾干后用比重为2.1的重液进行浮选，把浮选液收集到10 mL离心管，用10 μm的网筛在超声波作用下过筛，使孢粉相对富集。把过滤好的浮选液用纯净水稀释到一定浓度后，用滴管取适量滴到盖玻片上晾干，用冷杉胶制成固定片，盖玻片规格为22 mm×22 mm。最后用ZEISS生物显微镜进行鉴定，放大倍数为400倍。每个样品尽可能统计200个孢粉，若样品中孢粉数量不足200个，则统计完1～2个盖玻片上的孢粉；经换算得出每个样品的孢粉化石丰度（个/g）。

（八）元素地球化学测试分析方法

沉积物样品经110℃烘干后，研磨至0.074 mm，以备常量组分、微量元素、稀土元素、碳酸钙、有机碳和烧失量分析测定。

常量组分SiO_2分析：采用重量法，试样用无水Na_2CO_3熔融、盐酸浸取后蒸发至湿盐状，冷却后加浓盐酸，用动物胶凝聚硅酸，过滤、灼烧、称重；加氢氟酸、硫酸处理，使Si以SiF_4形式除去，再灼烧、称重，处理前后重量之差为沉淀中的SiO_2量。残渣用焦硫酸钾熔融，并入SiO_2滤液中，用电感耦合等离子体–发射光谱仪（inductively coupled plasma-optical emission spectrometer, ICP-OES）测定滤液中的残余SiO_2量，两者之和即为SiO_2含量。

常量组分Al_2O_3、Fe_2O_3、MgO、CaO、K_2O、Na_2O、MnO、TiO_2、P_2O_5的分析：采用等离子体光谱法，试样以硝酸、高氯酸、氢氟酸溶解，蒸发至高氯酸白烟冒尽，以氢氟酸除去SiO_2，以盐酸提取，制成酸度10%的试液，然后在美国PE公司Optima 4300DV全谱直读ICP-OES中测定。

微量元素Co、Ni、Cu、Zn、V、Sr、Ba、Pb、Ga、Sc、Cr、Zr分析：采用等离子体光谱法，取试样用盐酸、氢氟酸、高氯酸加热分解，制成2%的盐酸溶液，用ICP-OES进行测定。

稀土元素La、Lu和Y分析：试样经硝酸、氢氟酸、高氯酸分解，再分别以盐酸、硝酸复溶解，以铑做内标溶液，2%硝酸为介质，用美国Thermo公司 X2 型电感耦合等离子体质谱仪（inductively coupled plasma-mass spectrometer, ICP-MS）进行测试。

碳酸钙分析：已粉碎的试样于105℃干燥2～4h，然后称取干燥试样0.3000 g，用稀乙酸溶解，过滤除去氟化钙，将滤液pH调节为12，以三乙醇胺掩蔽铁、铝等干扰元素，用乙二胺四乙酸（ethylenediaminetetraacetic acid, EDTA）标准溶液滴定。

有机碳：采用$K_2Cr_2O_7$法，将试样在低于80℃温度下烘干，磨碎至0.149 mm，在浓硫酸介质中，加入一定量的标准$K_2Cr_2O_7$，在加热条件下将样品中有机碳氧化成二氧化碳，剩余$K_2Cr_2O_7$用Fe_2SO_4标准溶液回滴，按照$K_2Cr_2O_7$的消耗量，计算样品中有机碳的含量。

烧失量：采用重量法分析，试样在1000℃灼烧至恒重，以灼烧减少的量为烧失量。

（九）碳氧同位素测试分析方法

挑选经小于60℃的温度状态下烘干后的新鲜未污染有孔虫壳体（一般为浮游属种*Globigerinoides ruber*）若干，加入适量无水酒精，经超声波清洗后倒去浊液，将样品置于约60℃的烘箱中烘烤8 h。然后，在显微镜下再次挑选合适数量样品，放入碳酸盐制备装置（KIEL IV Carbonate）的样品瓶中，在70℃温度下经磷酸溶解后放出CO_2气体，该气体经过高真空管路系统导入到稳定同位素比质谱仪（MAT253）上，分析CO_2气体的$\delta^{13}C$和$\delta^{18}O$，分析测试结果经国际标样NBS19校准。实验室测试的精度（标准偏差）为$\delta^{13}C$为0.04‰，$\delta^{18}O$为0.07‰（PDB标准）。

（十）^{14}C测年分析方法

^{14}C分析测试对象包括浮游有孔虫壳体和全样沉积物有机质。

有孔虫样的前处理方法：称取5～6 mg浮游有孔虫壳体置于清洗容器内，经超声波清洗后冷冻干燥，然后置于有支管（存放磷酸）的反应管中，在真空系统抽真空后，与支管中的磷酸反应，生成CO_2气体。CO_2气体经过提纯后，冷冻在石墨合成管中，密封，高温条件下将CO_2气体转化成石墨。

全样沉积物有机质前期处理方法：①样品冷冻干燥；②取3～5 g样品加入2N（N表示当量浓度，下同）的盐酸，浸泡48 h去除可能存在的碳酸盐；③蒸馏水洗涤至中性，加入0.5N的过氧氢钠，浸泡24 h去除可能存在的现代碳污染和后期进入的腐殖酸；④洗涤至中性，加入2N的盐酸少量去除在②中可能吸收的大气中的CO_2；⑤洗涤至中性，在60℃下烘干；⑥取适量烘干的沉积物样品置于有CuO和Ag丝的、经过620℃加热过的石英管中，在真空系统抽真空后密封焊断，在860℃条件下加热，将有机碳转化成CO_2气体；⑦CO_2气体经过提纯后，冷冻在石墨合成管中，密封，在高温下将CO_2气体转化成石墨。

用于^{14}C分析的石墨靶样品送北京大学核物理与核技术国家重点实验室加速器质谱中心的美国NEC ^{14}C专用加速器质谱仪（accelerator mass spectrometer, AMS）进行^{14}C年代测定，测量精度优于4‰。

（十一）黏土矿物分析方法

黏土矿物分析采用黏土粒级组分（<2 μm）X射线衍射方法。取适量样品，向其中加入过氧化氢，去除沉积物中的有机质，然后对每个样品黏土粒级组分制取自然定向片、乙二醇饱和片和450℃加热片进行分析。分析仪器为理学（Rigaku）D/Max 2500PC型18 kW粉末衍射仪或UltimaⅣ型X衍射分析仪（日本理学），实验条件：工作电压为40 kV，工作电流为40～200 mA，扫描方式为连续式步进扫描，扫描步宽为0.02°（2θ），扫描速度为8°～10°（2θ）/min，环境温度为25±2℃，湿度为（60%～70%）±5%。自然定向片和加热片的2θ扫描角度区间为2.5°～15°，乙二醇饱和片的扫描角度区间为2.5°～30°。定量分析方法为K值法。

各黏土矿物半定量分析采用CLAYQUAN 2007、CLAYQUAN 2015软件完成，黏土矿物相对含量主要使用（001）晶面衍射峰的面积比，蒙脱石（含伊利石–蒙脱石随机混层矿物）采用1.7 nm（001）晶面，伊利石采用其1.0 nm（001）晶面，高岭石（001）和绿泥石（002）使用0.7 nm叠加峰，它们的相对比例通过拟合0.357 nm/0.354 nm峰面积比确定。

第 / 二 / 章

第四纪地层分布

第一节　第四系厚度分布

第四系厚度是反映沉积特征的重要指标，不仅可以反映物源与沉积特征，也在相当程度上揭示第四纪隆升与沉降等重要的构造活动特征，但受调查程度影响，南海至今缺乏全海域的第四系厚度分布数据。本书利用南海区域地质调查的大量实测数据编制的南海第四系厚度图，是研究为南海第四纪新构造活动以及源-汇的重要参考资料。

一、第四系厚度分布图的编制

根据南海多道地震剖面反射特征，新生界识别出了T_1、T_2、T_3、T_5、T_6、T_g等一系列主要地震反射界面，划分了超层序与层序。T_1界面，全南海基本均有分布，总体呈高频、中振幅、高连续、双相位反射特征，反射同相轴总体上相对平直、稳定，可连续追踪。陆坡区，界面之上可见地震反射波的上超与下超现象，界面之下局部有削截现象，部分地区遭受断层或滑塌体错断。局部隆升或受底流冲刷影响，界面缺失；海盆区，该界面与上、下地震层序的地震波反射同相轴平行，反射同相轴的连续性好于陆坡；从南到北，频率增强、振幅变弱。

莺歌海-琼东南钻井崖19-1-1、崖13-1-4、崖21-1-1和乐东30-1-1A（图2.1）揭示，海南岛南部第四系厚度在1750～2178 m（图2.2）（夏伦煜等，1989；汪品先等，1991；郝诒纯等，2000）。多道地震测线SHD-1经过崖19-1-1钻孔，利用这些钻孔资料对多道地震剖面进行校验，确定T_1为第四系底界面（图2.3）。

高分辨率单道地震揭示深度较浅，但分辨率高，根据其反射特征，共识别R_1、R_2、R_3、R_4、R_5、R_6、R_7、R_8、R_9等界面。对比确定，单道地震的R_9界面与多道地震T_1界面对应，确定为第四系底界。

第四系厚度主要是根据经钻井校正的多道地震和单道地震的解释结果，利用Geoframe解释系统对层序界面R_9（T_1）～R_0（T_0）进行时间域计算，再转换成R_9（T_1）～R_0（T_0）地层厚度。其中，多道地震通过建立的时深曲线进行换算T_1界面深度，而单道地震数据则根据沉积物类型在1500～1800 m/s区间选择定速换算。将换算的深度数据网格化，编制区域的第四系厚度图。

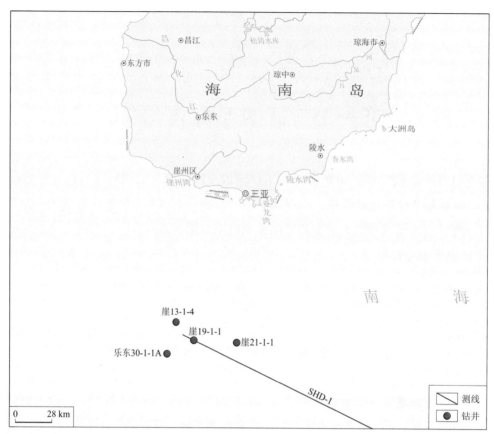

图2.1 莺歌海–琼东南盆地钻井崖19-1-1、崖13-1-4、崖21-1-1、乐东30-1-1A站位以及多道地震测线SHD-1分布图

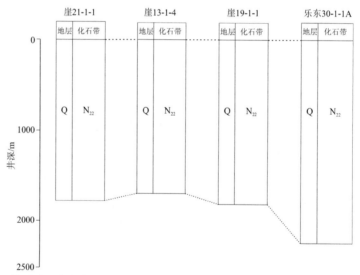

图2.2 莺歌海–琼东南盆地钻井崖19-1-1、崖13-1-4、崖21-1-1、乐东30-1-1A
第四系厚度及对应的化石带分布图（据郝诒纯等，2000）

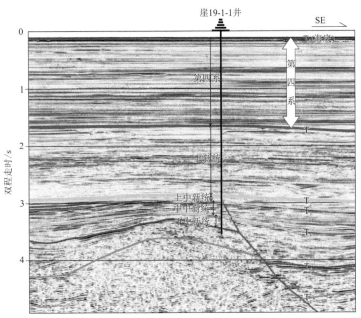

图2.3　多道地震测线SHD-1的地震剖面地层界面解释及钻井崖19-1-1井在剖面图上的投影

二、南海第四系厚度变化特征

从编制的第四系厚度分布图（图2.4）来看，南海全海区第四系广泛分布，但厚度变化极大。总体有以下特征：

（1）第四系厚度较大区域包括莺歌海-琼东南海域、越南岸外（中建南）、南海西南部（万安和曾母）、台湾岛南部和西南部海域，以及马尼拉海沟等，总体大于500 m。其中，厚度最大区域为莺歌海-琼东南，最大厚度超过2000 m，分别呈北西向和北东向带状分布，往东北方向厚度迅速下降至300 m。

（2）东沙海域第四纪沉积厚度接近为0，虽地处外陆架至上陆坡，主体水深为200～1000 m，但基本没有接受沉积，处于剥蚀状态。此外，南部礼乐滩西南海域第四纪沉积很薄，总体厚度小于50 m。

（3）南海西缘第四纪有两个沉积中心，大致位于中建南盆地和万安盆地中央部位，最大厚度均超过1000m。除此之外，西缘大部分地区，沉积厚度为100～300 m，且相对稳定。

（4）南海西南缘，相当于曾母盆地的海域，是仅次于莺歌海-琼东南海域的沉积沉降中心，最大厚度可达1200m。

（5）台湾岛西南海域，大致相当于台西南盆地，沉积厚度总体超过500 m，最厚可达900 m，是南海东北部第四系厚度较大的海域。

（6）南海北部陆架，除海南岛南部和东沙隆起外，总体厚度中等，且相对稳定，通常为100～300 m，由海岸带向外陆架呈增大趋势。

（7）南海东缘马尼拉海沟，第四纪在沉降，接受来自菲律宾群岛的陆源碎屑，形成近南北向的沉积带，第四系最大厚度达1000 m，中部因黄岩海山链靠近海沟，第四纪沉积减薄。

（8）海盆区域第四系厚度相对较薄，通常小于200 m，海盆南部厚度小于北部。

除了上述第四系厚度较大区域外，研究区第四系厚度整体较薄，通常不超过200～300 m，这些区域包括南海海盆、南海新生代沉积盆地之间的区域以及菲律宾海花东海盆南部。南海海盆第四系厚度分布较均匀，一般不超过300 m，具有北厚南薄、西厚东薄的分布特征。

图2.4　南海及台湾岛东部菲律宾海第四系厚度分布图

三、第四系厚度变化的控制因素

决定沉积厚度的主要因素有物质来源和可容空间。南海西北部有红河以及北部湾周围的大量中小河流（Milliman and Syvtiski，1992），海南岛有南渡河等（王颖，1996）注入；南海西南部有湄公河与加里曼丹岛河流注入，带来大量的泥沙（Milliman and Syvtiski，1992）；南海北部有珠江、韩江等大型河流以及大量的中小河流注入（冯文科等，1988）；南海东北部台湾岛的浊水溪、曾文溪和高屏溪等，虽规模不大，但所携带的泥沙量很大，因此南海西部、西南部和北部均有丰富的物源供给。由此可知，海域沉积中心的关键是构造沉降，持续的沉降为沉积提供足够的可容空间。

南海不同海域的构造背景不同，其沉降的机制差异很大。南海西部以哀牢山–红河断裂带进入莺歌海，南海西缘断裂带以走滑运动为主；东缘以马尼拉海沟俯冲带挤压为主；北部以拉张为主；南海南部则为南剂北张（万志峰等，2012；雷超等，2015；张功成等，2018）。

南海第四系厚度分布特征，同样反映了南海物源和构造沉降两方面特征，如南海北部陆架–上陆坡第四系厚度总体比东南部厚，充分反映北部陆架物源比东南部丰富；而一些沉积中心和剥蚀区则主要受构造因素控制。

（一）南海西缘第四系发育与走滑构造

南海西缘沉积中心包括莺歌海、中建南和万安等。这些沉积中心均有丰富的物源，莺歌海有红河，中建南有来自中南半岛的河流，万安附近有湄公河注入。湄公河与红河是输入南海最大泥沙量的两条河流，输沙量分别为160×10^6 t/a和130×10^6 t/a（Milliman and Syvitiski，1992）。

除丰富的物源外，南海西缘沉积中心，包括莺歌海、中建南和万安，在第四纪有明显的沉降。尤其是莺歌海，第四系厚度主体超过1000 m，最大厚度超过2000 m（图2.5），约2 Ma以来，平均沉降速率达1 m/ka。上述第四纪沉积中心与相应的前第四纪沉积盆地都有明显的继承性，是这些盆地在第四纪的进一步发育。

南海西缘的莺歌海盆地、中建南盆地和万安盆地的发育受莺歌海断裂、南海西缘断裂和万安东断裂的走滑拉张活动的控制（林长松等，2009）。该断裂带与陆地的哀牢山–红河断裂相连，被认为对南海的形成与演化起到关键的作用（Tapponnier et al.，1982，1990）。莺歌海等盆地第四纪大规模沉降表明，南海西缘的这些断裂第四纪仍有相当的活动性，对这些盆地发育仍起着重要的控制作用。

南海西缘第四纪沉积中心与地形密切相关，中建南沉积中心、万安沉积中心以及曾母沉积中心陆架外缘坡折带基本吻合。这与莺歌海第四纪的沉降不同，是陆架外缘深水区为沉积物提供足够的可容空间，随着沉积层厚度增大，陆架外缘坡折带向海推进。上陆坡往外沉积层变薄，处于"沉积饥饿"状态（图2.6）。

南海西南部曾母盆地处于印支地块向东南挤

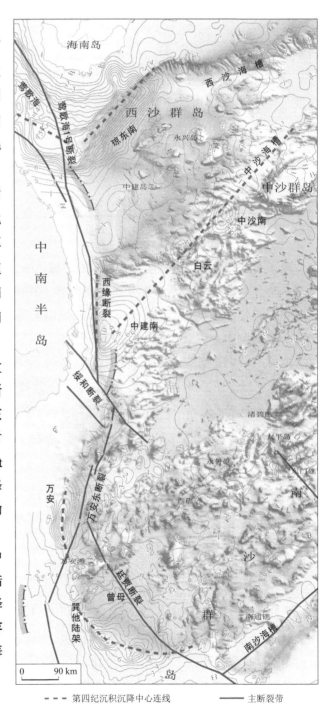

- - - 第四纪沉积沉降中心连线　　——— 主断裂带

图2.5　南海西部第四系厚度（单位：100 m）与主断裂及地形关系图

出、古南海向南俯冲的结合部位（徐俊杰等，2020），受到剪切、挤压等多重应力的控制。吴庐山等（2005）认为曾母盆地自早中新世以来经历了四次快速沉降作用，其中上新世—第四纪为区域沉降。从第四系厚度来看（图2.4、图2.5），曾母盆地第四纪沉积总体较厚，具有明显的区域沉降特征，大致沿陆缘外缘波折带沉降，波折带成为厚度最大的沉降沉积中心。受陆源物质供给的影响，往深海方向沉积厚度减薄，水深增大。

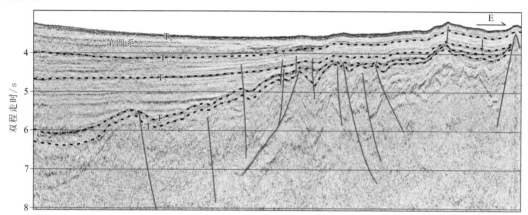

图2.6　南海西部ZJ352地震剖面图（位置见图2.4）

（二）琼东南-南海西北陆坡

琼东南沉积中心是南海第四系最厚的区域之一，最厚可达2000 m，呈北东约40°展布，与西沙海槽西段基本吻合（图2.5）。从厚度分布特征来看，其物源不仅来自海南岛，更多的可能来自红河。厚度最大的沉积中心处于陆架外缘的坡折，且第四纪以来随着沉积陆架区厚度增大，坡折带在不断往海推进（图2.7），其沉降中心位于现在沉积中心的东南。

地形上，中建南盆地-中沙海槽基本连续，呈明显的负地形，大致呈北东40°展布，与西南海盆扩张中心基本平行（图2.5）；而作为沉积中心，不连续，显然受到物源的控制。琼东南-南海西北陆坡明显存在两条北东向沉积沉降带，其间为西沙群岛隆起带，可能第四纪仍在活动。

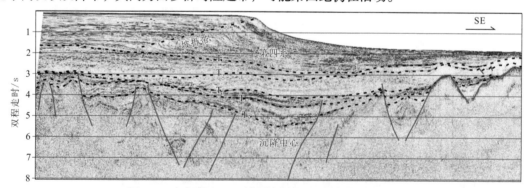

图2.7　琼东南SHD-1地震剖面图（位置见图2.4）

呈北西向展布的琼东南第四纪沉积中心，与莺歌海沉积中心走向近于垂直。尽管两个沉积中心相连，但应力机制应明显不同。莺歌海与中建南、万安构成南海西缘构造，以走滑为主，受控于印-大陆碰撞和中南半岛的挤出；而琼东南属南海北部张性构造体系。

该沉积中心以南，中建南沉积中心-白云沉积中心-中沙南沉积中心轴线不仅为明显的负地形，且与琼东南沉积中心及西南次海盆扩张轴平行。这表明在西南次海盆停止扩张后，第四纪仍存在一定的拉张作用。该带呈负地形，且沉积较薄，显然与物源供给较少有关。

（三）东沙隆起与东沙运动

海南岛以东的南海北部宽广的陆架区–上陆坡区，总体第四系厚度相对稳定，为200～400 m（图2.5）。东沙海域是明显例外，虽地处于外陆架–上陆坡（图2.8），且有较丰富的物源，但第四系厚度基本为0，为完全的剥蚀区，没有接受沉积（图2.9）。

东沙海域是新生代的隆起区，称为东沙隆起，是珠江口盆地介于珠一拗陷和珠二拗陷之间，晚白垩世已经存在的古隆起带（李德生和姜仁旗，1989），在南海停止扩张后再次出现局部性隆升，并被命名为（饶春涛，1992）。

东沙运动发生的时间还存在较大争议，许多学者从南海区域构造演化的角度提出其发生于中中新世晚期（姚伯初等，2004；蔡周荣等，2010）；一些学者对东沙海区构造特征的分析认为其主要发生于晚中新世—上新世初（9.8～4.4 Ma，吴时国等，2004；5.5 Ma，赵淑娟等，2012）。一般均认为该构造运动发生于中中新世及之后（胡雯燕等，2020）。胡阳等（2018）运用三维地震资料分析认为，东沙隆起区则表现为多期次隆升，上新世至今为持续隆升阶段。

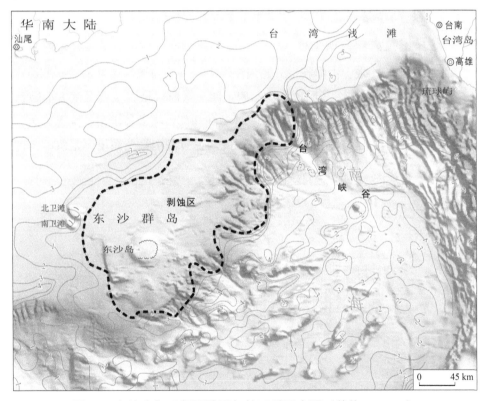

图2.8　东沙隆起及邻区地形与第四系厚度图（单位：100 m）

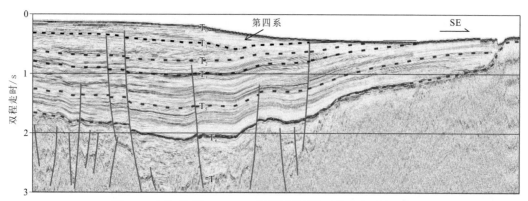

图2.9　南海北部STEM290地震剖面图（位置见图2.4）

从第四系厚度来看，东沙隆起第四纪以来仍在持续隆升。地震剖面揭示，不仅第四系受到剥蚀，上新统，甚至上中新统都受到不同程度的剥蚀，隆起区南部T₆界面在明显隆升（图2.9）。局部持续隆升是该区缺乏第四纪沉积，甚至出现剥蚀的构造背景。但该区主体仍处于水下，甚至部分区域水深仍超过200 m，且有较丰富的物源，理论上不处于剥蚀环境，因此应有较强的底流影响。

据研究，东沙隆起区等深流发育（王海荣等，2007；江宁等，2018），等深流具有较强的侵蚀作用，侵蚀构造发育是等深流沉积的重要特征（郭依群等，2012）。因此，东沙隆起区在隆升过程，受到等深流或其他底流的冲刷与剥蚀（Shao et al.，2007；Wang et al.，2010；郑红波等，2012；李华等，2013）。

（四）南海东缘马尼拉海沟与增生楔

南海东缘为马尼拉海沟俯冲带，中中新世开始南海洋壳沿马尼拉海沟俯冲消亡于菲律宾群岛之下（朱俊江等，2017；赵明辉等，2021）。马尼拉海沟第四系明显增厚区域，主要受两方面因素控制：一方面海沟在俯冲过程，不断沉降，接受来自西侧的菲律宾群岛和北部台湾岛较丰富的陆源碎屑；另一方面受俯冲作用影响，沉积层受到挤压明显增厚（图2.10）。因此马尼拉海沟第四系增厚是沉积与构造挤压的双重结果。

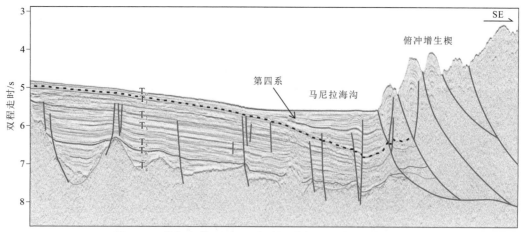

图2.10　南海东缘126BJ1地震剖面图（位置见图2.4）

第二节 晚第四纪地层年代划分

选取研究区13个核心柱状样（图1.4中圆圈所示站位；表1.2中核心柱状样），探讨晚第四纪地层分布情况。13个核心柱状样长度介于4.1~8.65 m，大多数长度超过7 m，它们的地层划分主要依据浮游有孔虫 *G. ruber* δ^{18}O曲线变化特征和Martinson 等 （1987）提出的深海氧同位素期次（marine isotope stage, MIS）划分方案（表2.1），同时参考了AMS^{14}C测年结果、古生物地层学资料，MIS8期与MIS9期界线年龄引自 Imbrie 等 （1984）文献。13个代表性柱状样地层划分方案见图2.5~图2.7。总体而言，南海及台湾岛东南部陆坡深度8 m以内地层的年代通常不超过MIS8期，多数柱状样年代跨度可达MIS5期，少数柱状样底部仅有MIS2期的记录。

表2.1 晚第四纪深海氧同位素期次对应的年龄

深海氧同位素期次界线	年龄/ka
MIS1 期与 MIS2 期	12.05
MIS2 期与 MIS3 期	24.11
MIS3 期与 MIS4 期	58.96
MIS4 期与 MIS5 期	73.91
MIS5 期与 MIS6 期	129.84
MIS6 期与 MIS7 期	189.61
MIS7 期与 MIS8 期	244.18
MIS8 期与 MIS9 期	303.00

一、柱状样地层划分

（一）南海东北部及台湾岛以东陆坡柱状样地层划分

南海东北部及台湾岛以东陆坡柱状样包括GX15、STD357、STD235、STD111和ZSQD289，这五个柱状样的地层划分及对比情况见图2.11。

GX15柱状样位于台湾岛以东陆坡上，水深为3106 m，岩心长550 cm，其地层主要为MIS3期以来的沉积，将深度105 cm划为MIS1期与MIS2期界线，深度219 cm划为MIS2期与MIS3期界线，底界550 cm未达MIS3期与MIS4期界线（图2.11），即GX15底部年龄小于59 ka。根据厘定的年代框架，计算可知GX15柱状样MIS1期、MIS2期的沉积速率分别为8.75 cm/ka、9.50 cm/ka。

STD357柱状样位于南海北部下陆坡峡谷处，水深为3231 m，岩心长480 cm，该处沉积速率比较高。该柱状样可划分为两段，上段对应MIS1期沉积，深度为0~360 cm；下段对应MIS2期沉积，其底部仅为MIS2期晚期沉积，尚未揭示MIS2期底界。根据厘定的年代框架，计算可知STD357柱状样MIS1期的沉积速率为30.00 cm/ka。

STD235柱状样位于东沙东南部下陆坡，水深为2630 m，岩心长855 cm，是南海北部陆坡沉积速率较高的区域。通过氧同位素曲线对比，MIS1期底界对应的深度约为320 cm，下段（320~855 cm）对应MIS2期，其底部接近MIS2期的底界。根据厘定的年代框架，计算可知STD235柱状样MIS1期、MIS2期的沉积速率分别为26.67 cm/ka、44.58 cm/ka。

STD111柱状样位于东沙西南部上陆坡，水深为1139 m，岩心长410 cm，沉积速率较低。有孔虫分析显示，该岩心350 cm至底部层段连续出现粉红色*Globigerinoides ruber*，该种在太平洋和印度洋海区的末现面年龄为120 ka，再结合该柱的氧同位素曲线和柱状样沉积物的组成特征，划分为六段：0~40 cm、40~180 cm、180~260 cm、260~290 cm、290~360 cm和360~410 cm，分别对应MIS1~MIS6期，但未揭示MIS6期的底界。根据厘定的年代框架，计算可知STD111柱状样MIS1~MIS5期的沉积速率分别为3.33 cm/ka、11.67 cm/ka、2.29 cm/ka、2.00 cm/ka和1.25 cm/ka。

ZSQD289柱状样位于南海北部陆坡东部东沙南斜坡的东端，水深为3605 m，岩心长847 cm，沉积速率较高。通过氧同位素曲线对比，MIS1期对应0~295 cm层段，MIS2期对应295~650 cm层段，MIS3期对应650~847 cm，ZSQD289柱状样底部仅为MIS3期晚期沉积，尚未揭示MIS3期底界。根据厘定的年代框架，计算可知ZSQD289柱状样MIS1期、MIS2期的沉积速率分别为24.58 cm/ka、29.58 cm/ka。

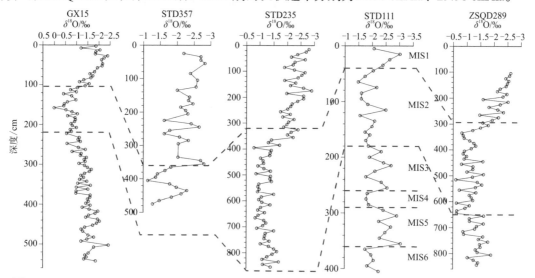

图2.11　GX15、STD357、STD235、STD111和ZSQD289柱状样氧同位素期次划分与对比图

（二）南海西部陆坡柱状样地层划分

南海西部陆坡站位包括ZQSD6、83PC、111PC和ZJ83，这四个柱状样位于西沙海槽及中建南斜坡上，其地层划分对比见图2.12。

ZSQD6柱状样位于南海北部陆坡西部边缘和西北次深海盆过渡带，水深为3020 m，岩心长862 cm。根据氧同位素曲线，将该柱状样分为五期，各氧同位素期界线由新到老分别为115 cm、415 cm、500 cm和575 cm（图2.12）。根据厘定的年代框架，计算可知ZSQD6柱状样MIS1~MIS4期的沉积速率分别为9.58 cm/ka、25.00 cm/ka、2.43 cm/ka和5.00 cm/ka。

83PC柱状样位于南海北部西沙海槽南坡，水深为1917 m，岩心长865 cm。该柱状样可分为五期，各氧同位素期界线由新到老分别为85 cm、205 cm、415 cm和560cm（图2.12），所跨地质年代约为110 ka。根据厘定的年代框架，计算可知83PC柱状样MIS1~MIS4期的沉积速率分别为7.08 cm/ka、10.00 cm/ka、6.00 cm/ka和9.67 cm/ka。

111PC柱状样位于南海西部陆坡区，水深为2253 m，岩心长858 cm。根据氧同位素曲线，将该柱状样分为五期，各氧同位素期界线由新到老分别为65 cm、220 cm、450 cm和590 cm（图2.12）。根据厘定的年代框架，计算可知111PC柱状样MIS1～MIS4期的沉积速率分别为5.42 cm/ka、12.92 cm/ka、6.57 cm/ka和9.33 cm/ka。

ZJ83柱状样位于中建南斜坡的北部，水深为1511 m，岩心长730 cm。该柱状样可分为六期，各氧同位素期界线由新到老分别为60 cm、160 cm、290 cm、370 cm和705 cm。根据厘定的年代框架，计算可知ZJ83柱状样MIS1～MIS5期的沉积速率分别为5.00 cm/ka、8.33 cm/ka、3.71 cm/ka、5.33 cm/ka和5.98 cm/ka。

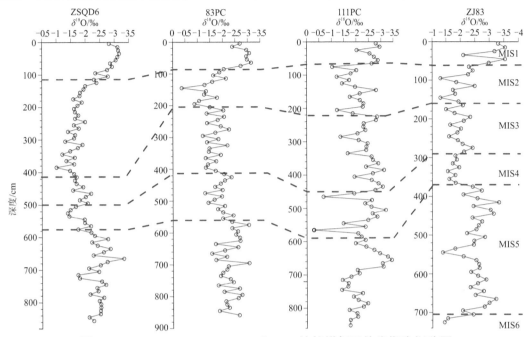

图2.12　ZSQD6、83PC、111PC和ZJ83柱状样氧同位素期次划分图

（三）南海南部陆坡柱状样地层划分

南海南部陆坡柱状样包括BKAS81PC、TP71、TP86和HYD235，其地层划分与对比见图2.13。

BKAS81PC柱状样位于南海南部上陆坡，水深为1574 m，岩心长786 cm。根据氧同位素曲线对比，MIS1期与MIS2期界线约在65 cm，MIS2期与MIS3期界线约在180 cm，其底部仅为MIS3期晚期沉积，尚未揭示MIS3期底界。根据厘定的年代框架，计算可知BKAS81PC柱状样MIS1期、MIS2期的沉积速率分别为5.42 cm/ka、9.58 cm/ka，MIS3期的沉积速率大于17.31 cm/ka。

TP71柱状样位于南海南部陆坡，水深为2100 m，岩心长693 cm。根据TP71氧同位素曲线与SPECMAP标准氧同位素曲线对比，TP71揭示了MIS3期以来的沉积，将MIS1期与MIS2期界线划在36 cm，MIS2期与MIS3期界线难以确定。根据厘定的年代框架，计算可知TP71柱状样MIS1期的沉积速率为3.00 cm/ka、MIS2期、MIS3期的平均沉积速率大于13.98 cm/ka。

TP86柱状样位于南海南部陆坡，水深为1722 m，岩心长780 cm。将TP86氧同位素曲线与SPECMAP标准氧同位素曲线对比，可划出八个深海氧同位素期次，MIS2～MIS8期对应的界线分别为10 cm、49 cm、133 cm、175 cm、317 cm、422 cm和560 cm。根据厘定的年代框架，计算可知TP86柱状样MIS1～MIS7期的沉积速率分别为0.83 cm/ka、3.25 cm/ka、2.40 cm/ka、2.80 cm/ka、2.54 cm/ka、1.76 cm/ka和2.53 cm/ka。

HYD235柱状样位于南海东南部下陆坡，水深为为2695 m，岩心长865 cm。根据氧同位素曲线对比，结合AMS[14]C测年结果和粉红色*Globigerinoides ruber*末现面位置，建立了HYD235柱状样氧同位素地层年代表，共划分了八个氧同位素期。MIS1期沉积深度为0～30 cm；MIS2期沉积深度为30～75 cm；MIS3期沉积深度为75～260 cm；MIS4期沉积深度为260～300 cm；MIS5期沉积深度为300～442 cm；MIS6期沉积深度为442～595 cm；MIS7期沉积深度为595～780 cm；MIS8期沉积深度为780～865 cm，但未至八期底界（图2.13）。根据厘定的年代框架，计算可知HYD235柱状样MIS1～MIS7期的沉积速率分别为2.50 cm/ka、3.75 cm/ka、4.00 cm/ka、4.50 cm/ka、2.54 cm/ka、2.57 cm/ka和3.39 cm/ka。

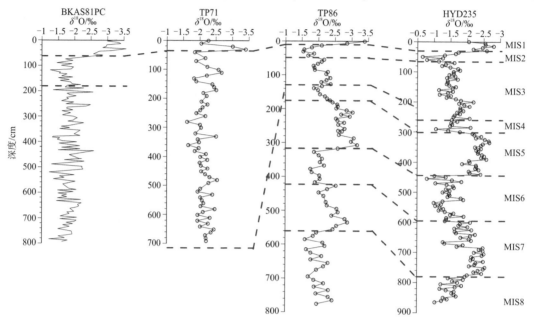

图2.13　BKAS81PC、TP71、TP86和HYD235柱状样氧同位素期次划分图

二、沉积速率变化的共性与局地性

上文柱状样地层划分及各深海氧同位素期次沉积速率的计算，为进一步探讨沉积速率与沉积过程的关系奠定了基础。受沉积速率和柱状样采样长度的影响，各柱状样揭示的深海氧同位素期次是存在差别的，总体而言，对于地质年代最新的MIS1期，全部柱状样都有记录，MIS2期以来能被绝大多数柱状样所记录，但对于MIS3期及更老的深海氧同位素期次，则存在记录古老地质年代的柱状样个数趋于减少的情况（图2.14）。尽管记录各深海氧同位素期次的柱状样个数差别较大，但仍可发现研究区沉积速率无论在空间上还是时间上都存在一定规律性，也存在一些沉积速率异常区域。

在研究的13个核心柱状样中，仅有TP86柱状样和HYD235柱状样完整记录了MIS7期、MIS6期的沉积（图2.13、图2.14）。MIS7期时，TP86柱状样和HYD235柱状样的沉积速率分别为2.53 cm/ka和3.39 cm/ka。MIS6期时，TP86柱状样和HYD235柱状样的沉积速率分别为1.76 cm/ka和2.57 cm/ka，相对前一个间冰期，沉积速率都有所下降。能完整记录MIS5期的柱状样个数有所增多，记录的沉积速率为1.25～5.98 cm/ka，平均值为3.10 cm/ka，其中，地处南海西部陆坡的ZJ83柱状样沉积速率明显高于南海东南部的两个柱状样TP86和HYD235。

从MIS4期开始，记录各深海氧同位素期次的柱状样个数有所增多。MIS4期沉积速率为2.00～9.67 cm/ka，平均沉积速率为5.50 cm/ka。MIS4期平均沉积速率较前期的平均沉积速率高，主要是由于南海西部多个柱状样均记录了较高沉积速率。沉积从区域上看，南海西部陆坡区沉积速率比南海东北部陆坡区、南海南部陆坡区沉积速率高。

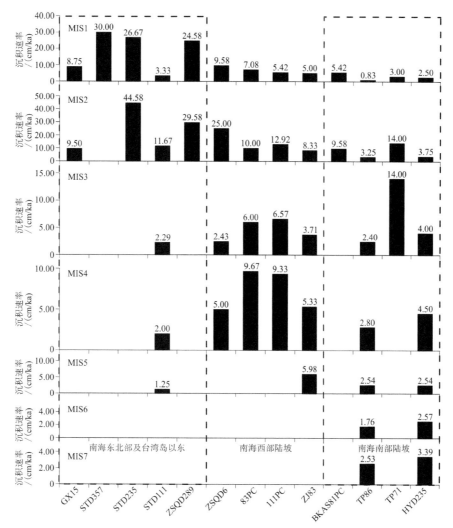

图2.14 13个核心柱状样沉积速率条形图

MIS3期沉积速率为2.29~14.00 cm/ka，平均沉积速率为6.50 cm/ka。从区域上看，南海西部陆坡比南海东南部陆坡沉积速率大，延续了MIS4期的沉积速率格局，即南海西部陆坡为沉积速率较高区域。相比较而言，同地处南海东南部的柱状样TP86、HYD235沉积速率较前期变化不大，但南海东南部柱状样TP71记录了异常高的沉积速率。

记录MIS2期的柱状样个数显著增多，13个核心柱状样中有12个记录了MIS2期的沉积速率，该期沉积速率为3.25~44.58 cm/ka，平均沉积速率为15.30 cm/ka。从时间演化看，研究区在MIS2期比MIS7期至MIS3期内任意深海氧同位素期次的沉积速率都高。从空间分布上看，MIS2期沉积记录凸显出南海东北部为一个高沉积速率区，该区沉积速率最高可达44.58 cm/ka；南海西部陆坡依然保持相对较高的沉积速率；南海东南部陆坡基本处于较低沉积速率状态（通常小于10 cm/ka），但依然存在高沉积速率局部异常区。

MIS1期沉积由全部13个核心柱状样所记录，该期沉积速率为0.83~30.00 cm/ka，平均沉积速率10.20 cm/ka。MIS1期沉积速率比MIS2期沉积速率有所降低，但该期南海东北部、南海西部沉积速率与MIS7期至MIS3期的沉积速率可能相当，而南海南部沉积速率在MIS1期较MIS7期至MIS3期的沉积速率有明显下降。南海东北部依然处于沉积速率较高的状态，但局部存在低沉积速率异常区，STD111柱状样的平均沉积速率仅为3.33 cm/ka，在13个核心柱状样中处于下等水平。

综上所述，研究区沉积速率是不均一的，南海东北部陆坡可能是一个高沉积速率区域，南海西部陆坡沉积速率处于中等偏高水平，南海南部陆坡沉积速率通常较低。在时间演化序列上，南海东北部和南海西部陆坡沉积速表现为冰期沉积速率高、间冰期沉积速率低的特点，这可能与冰期时海平面下降、河口向离岸方向推进有关；但南海南部沉积速率冰期、间冰期变化则没有统一模式，在MIS7期至MIS5期呈现间冰期比冰期沉积速率高的特点，末次冰期（MIS4期至MIS2期）和MIS1期才表现出冰期比间冰期沉积速率高的特点。

鉴于有MIS1期和MIS2期地层记录的柱状样个数较多，进一步从统计学角度研究发现，沉积速率主要与水深、冰期旋回阶段有关。无论是MIS1期还是MIS2期，沉积速率都随着水深增大而增大[图2.15(a)、(b)]，也显示MIS2期沉积速率普遍比MIS1期的高[图2.15(c)]。沉积速率随水深增大的原因，可能与黏性颗粒（细颗粒）在海底易发生再沉积作用有关，黏性颗粒容易在海底底边界层里再悬浮，形成雾状层，并且有向水深增大方向搬运富集的趋势（张江勇等，2015）。MIS2期的沉积速率普遍高于MIS1期的沉积速率，平均而言，MIS2期沉积速率是MIS1期沉积速率的2.1倍[图2.15(c)]。如上文所述，南海北部与南部沉积速率在冰期旋回变化模式上并非总是一致，但在MIS2期和MIS1期，南海北部和南部的沉积速率变化模式是一致的，推测海平面变化冰期旋回在MIS2期至MIS1期对沉积速率的变化起着绝对主导作用。

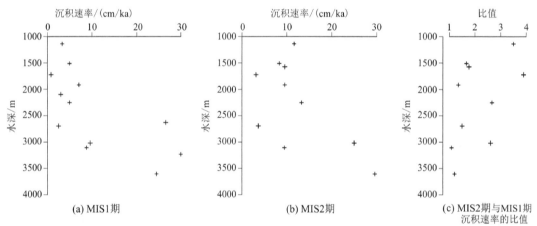

图2.15　南海及台湾岛东南部陆坡MIS1期、MIS2期柱状样平均沉积速率与水深散点图

第 / 三 / 章

海洋沉积过程与海洋环境特征的表层沉积物记录

第一节　沉积物粒度组成

20世纪50年代末，我国就在南海开展了底质调查，测试了沉积物粒度组成，编绘了包括沉积物类型分布等内容的海洋综合调查图集；20世纪60～70年代，中国科学院南海海洋研究所等单位已对南海主要区域进行了较系统深入调查研究（李家彪，2012）；1987年，原地质矿产部第二海洋地质调查大队编制了《1∶200万南海地质地球物理图集》，其中包括南海底质分布图；1997年，国家海洋局、广州海洋地质调查局、中国科学院南海海洋研究所等单位对南海又进行了海洋地质地球物理补充调查（"126专项"），获得了较详细的南海海洋地质资料；2003年，我国启动了近海海洋调查与评价专项（"908专项"），实行大比例尺调查，获得了较丰富的南海近海海洋地质资料；2015年，广州海洋地质调查局编制了《南海地质地球物理图系——海底沉积物类型图》；1999年9月至2015年12月，中国地质调查局广州海洋地质调查局在南海和台湾岛以东海域共完成了11个图幅1∶100万海洋区域地质调查任务，获得了更加翔实的南海底质资料。本专著共收集了海洋区域地质调查和其他海洋地质调查项目2639个测站的粒度分析数据，比前人的资料更加丰富翔实。

一、沉积物主要粒级含量分布

总的来说南海和台湾岛以东海域沉积物颗粒较细，各粒级含量变化范围较大，粒度组成主要以粉砂为主，黏土和砂含量较低，砾石极少。

（一）砾石含量分布

砾石为粒径Φ值小于-1Φ的滚动体组分，南海和台湾岛以东海域只有14.2%的测站含有砾石，砾石含量为0.01%～61.71%，平均为0.71%。砾石含量分布如图3.1所示，从图中可知，砾石主要分布于南海北部陆架东北部和中部、台湾浅滩、东沙群岛、海南岛周围、北部湾中部、南海北部陆坡北部边缘、南沙陆坡西南部、巽他陆架北部海域，局部分布于南海西部陆坡南部、中沙群岛、南沙群岛南部、台西南岛坡、南海海盆西南部海域，其余海域极罕见，砾石含量最高值位于南海西部陆架南部海域。

砾石分布区与含砾沉积物分布区以及平均粒径Φ值低值区相对应，基本上分布于水动力较强的海域。在南海海盆西南部和南海西南部陆坡局部有砾石分布，在水深超过4000 m的南海海盆西南部海域，局部亦有砾石分布。

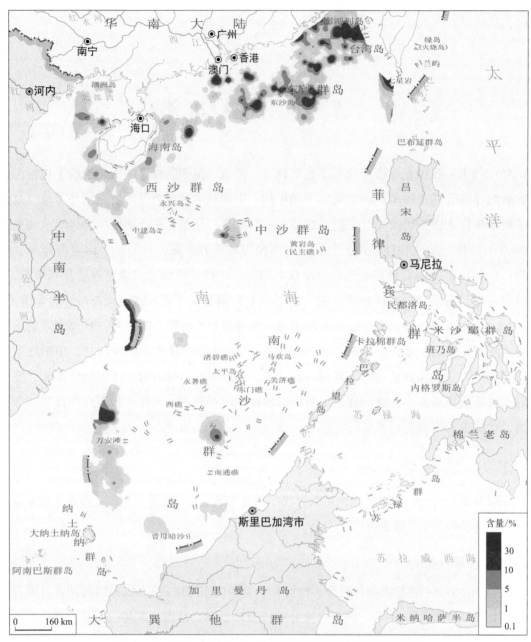

图3.1　南海和台湾岛以东海域表层沉积物砾石分布图

（二）砂含量分布

砂为粒径Φ值介于$-1\Phi\sim4\Phi$的滚动和跳跃体组分，据此标准统计，南海和台湾岛以东海域砂含量介于$0\sim100\%$，平均值为21.26%。砂含量最高值位于南海北部陆架东北部和中部海域，砂含量最高可达100%，大部分海域低于10%（图3.2）。

砂含量大于80%的测站主要分布在南海东北部台湾浅滩、东沙群岛以及南海西南部陆架上部；砂含量为50%～80%的测站约占16.3%，主要分布于南海北部陆架、北部湾中部、莺歌海中部、巽他陆架北部、南海西南部陆坡、南海东南部陆坡；砂含量为30%～50%的较高值区测站约占7.7%，主要分布于南海北部陆架中部、西南部和边缘海域，北部湾中部、莺歌海南部、南沙群岛东北部、巽他陆架北部海域；砂含量为10%～30%的次高值区测站约占19.70%，主要分布于广东省中部到西部沿岸陆架、南海北部陆坡北部边缘、南海海盆西部、南沙群岛中东部、南海西部陆坡北部和东北部海域、吕宋东岛坡西北部海域，其余海域极少见；砂含量小于10%测站占56.3%，广泛分布于台湾岛以东、南海北部陆坡、南海西部陆坡、南沙陆坡、南海海盆海域，其余海域局部分布。

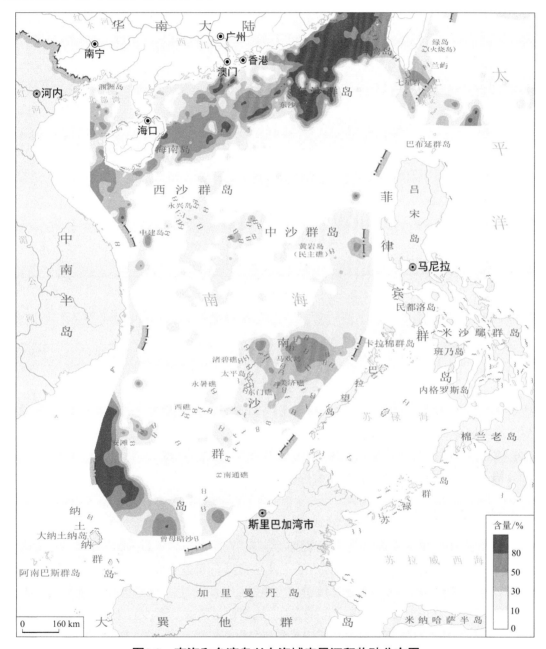

图3.2　南海和台湾岛以东海域表层沉积物砂分布图

沉积物砂含量分布与水深有一定关系，砂含量与水深的相关系数为-0.56。水深0～200 m的陆架区，砂含量平均值为50.03%，水深200～500 m的陆架边缘，平均值为50.42%，水深500～1000 m的上陆坡平均值为20.22%，水深1000～1500 m的上陆坡平均值为11.24%，水深1500～3500 m的下陆坡平均值为8.00%，水深大于3500 m的深海盆平均值为6.15%。由此可见，在陆架及其边缘海域，砂含量较为稳定，无明显变化，而从陆架边缘海域到陆坡，砂含量急剧减少，而在水深大于500 m的陆坡海域，随着水深增大，砂含量有缓慢减少的趋势（图3.3）。

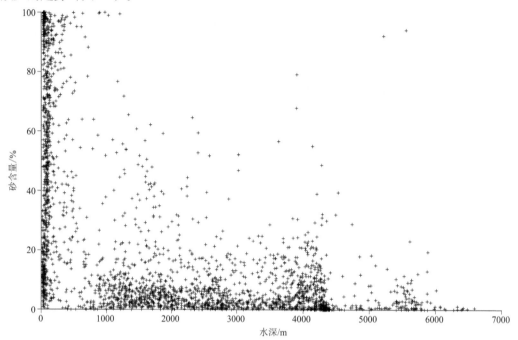

图3.3　南海和台湾岛以东海域砂含量与水深关系图

总体上，砂含量高值区主要分布在水动力较强的南海周缘陆架及其边缘和上陆坡等海域；砂含量小于10%的区域一般分布于水动力较弱的海盆、下陆坡以及沿岸海湾海。值得一提的是，在南海海盆东部、西南部，南海西部陆坡东部、菲律宾海盆南部水深大于3000 m海域，砂含量出现10%～30%的异常现象（图3.2），这些海域可能存在非正常的浊流沉积。

（三）粉砂含量分布

粉砂为粒径介于4Φ～8Φ的粒级组分。南海和台湾岛以东海域粉砂含量为0～87.67%，平均为54.42%关系，南海粉砂含量分布趋势（图3.4）正好与砂含量相反，粉砂含量和砂含量之间呈极明显负相关关系，相关系数为-0.94。研究区大部分海域粉砂含量高达50%以上，这些区域的这些测站占总测站的75.9%，广泛分布于台湾岛以东海域、南海北部陆坡、南海西部陆坡、南沙陆坡海域、南海海盆海域、南海北部广东省中部到西部沿岸陆架海域、北部湾东北部和中部海域，其中，粉砂含量大于75%的高值区分布于台湾岛以东琉球岛坡南部海域以及中沙群岛东北面、吕宋岛架西部、菲律宾海盆西北部局部海域。粉砂含量介于30%～50%的较高值区测站占总测站的10.4%，主要分布于南海北部陆架西南部、中部及其边缘海域，北部湾中部、南部海域，南海南部、西部陆坡中西部海域，南沙陆坡西部海域，南沙群岛东北部海域，南海东部岛架中部。粉砂含量介于10%～30%的较低值区测站占总测站的5.9%，主要分布于南海北部陆坡、南沙陆坡西部、北部湾海域。粉砂含量低于10%的测站较少，占总测站的7.8%，主要分布于台湾浅滩、东沙群岛、南海北部陆架东北部、巽他陆架北部、南沙陆坡西南部、南海北部陆架东北部海域和东沙群岛周围局部海域，这些区域以沉积物颗粒粗为特点。

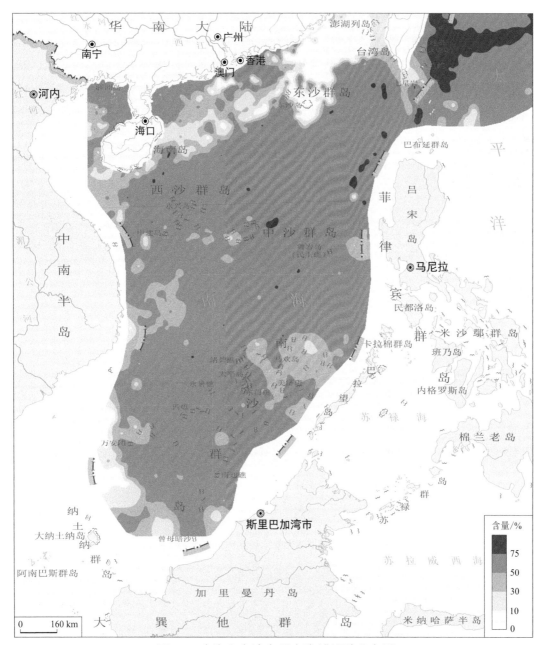

图3.4　南海和台湾岛以东海域粉砂分布图

　　表层沉积物粉砂含量的分布与水深有一定关系。在陆架及其边缘海域粉砂含量分布较稳定，无明显变化，水深0～200 m的陆架区，粉砂含量平均值为35.74%。从陆架边缘海域到陆坡，粉砂含量则急剧增加，水深200～500 m的陆架边缘，平均值为34.04%。在水深大于500 m的陆坡海域粉砂含量较稳定，从陆坡到深海盆，粉砂含量有增大的趋势，水深500～1000 m的上陆坡为55.98%，水深1000～1500 m的上陆坡为61.14%，水深1500～3500 m的下陆坡为61.11%，水深大于3500 m的深海盆为65.74%。

（四）黏土含量分布

　　黏土是粒径Φ值>8Φ的悬浮体组分，南海和台湾岛以东海域黏土含量为0～65.64%，平均为23.73%（图3.5）。由图3.5可知，黏土含量分布趋势与粉砂含量分布相似。黏土含量与粉砂含量呈较明显正相关关系，相关系数为0.64，与砂含量呈明显负相关关系，相关系数为–0.86，分布趋势亦与砂含量相反。

黏土含量最高值位于南海西部陆坡中西部海域，大部分海域黏土含量为20%～40%，这些测站约占总测站的60.3%，普遍分布于台湾岛以东以及整个南海和台湾岛以东海域；含量大于40%的高值区测站占总测站的7.6%，主要分布于南海西部陆坡的西部和南沙陆坡中部海域；含量小于20%的低值区测站占总测站的32%，主要分布于台湾岛以东、台西南岛坡北部、南海北部陆架、南海北部陆坡及其边缘、北部湾中部和南部、南沙陆坡西南部、巽他陆架北部，南沙群岛东北部、南海北部陆架东北部以及东沙群岛局部海域无黏土。

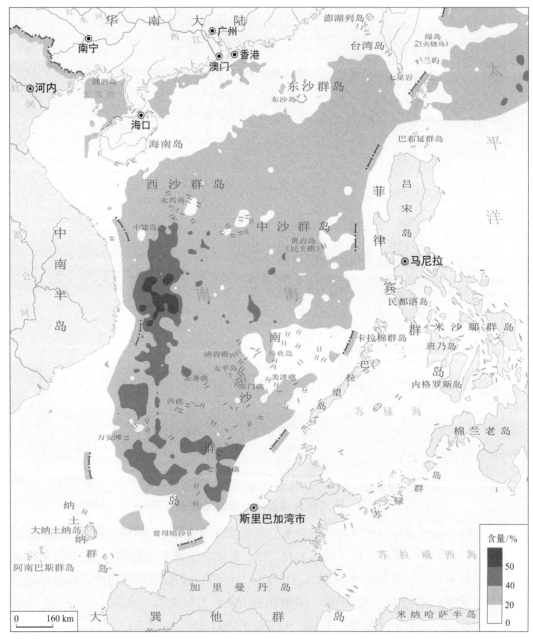

图3.5　南海和台湾岛以东海域黏土分布图

表层沉积物黏土含量分布水深有一定关系。水深0～200 m的陆架区，黏土含量平均值为12.02%，水深200～500 m的陆架边缘，平均值为10.98%，水深500～1000 m的上陆坡为23.06%，水深1000～1500 m的上陆坡为27.50%，水深1500～3500 m的下陆坡为30.81%，水深大于3500 m的深海盆为28.19%。由此可见，在陆架及其边缘海域，黏土含量亦较为稳定，无明显变化，而从陆架边缘海域到陆坡，黏土含量则急剧增加，而在水深大于500 m的陆坡海域，随着水深增大，黏土含量具有增大的趋势。从陆坡到深海盆，黏土含量则有减少的趋势，其与水深的相关系数为0.50，与水深有较密切的相关性，受水深和地形的控制。

图3.6为南海和台湾岛以东海域黏土/粉砂含量值分布图，由图可知，黏土在南海中南部和东北部更为富集，含量高，而南海北部和东部相对较低，与平均粒径分布极为相似，而和砂含量分布正好相反。

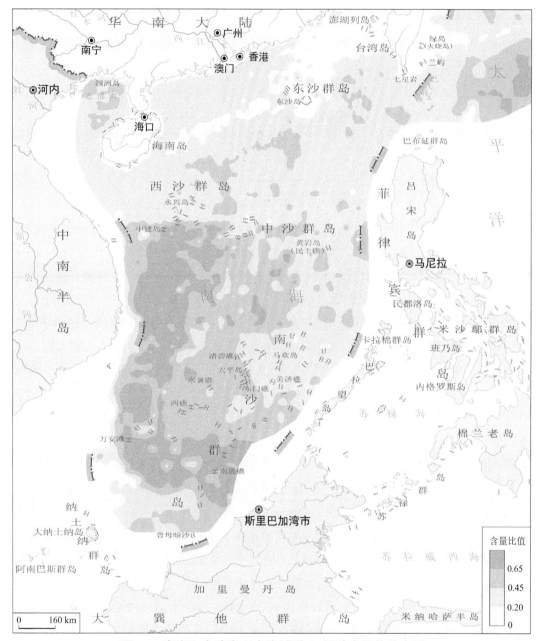

图3.6　南海和台湾岛以东海域黏土/粉砂含量值分布图

砂和砾石主要分布在陆架及其边缘海域水动力较强的海域，而在陆坡和海盆区水动力较弱区含量低，但在南海海盆西部、西南部，以及在南海西部陆坡水深大于3000 m的海域，有砂含量介于10%～30%的异常现象，局部海域还有砾石分布。这些异常沉积区均远离陆地，无大型河流输入，水深超过4000 m，砾石的出现很可能暗示这些区域有非正常的浊流沉积存在。细粒的粉砂和黏土主要分布于陆坡、海盆和沿岸海湾水动力弱的海域，砂、粉砂和黏土含量与水深之间存在一定程度上的相关性，可能是水动力与地形控制作用的反应。

二、粒度参数分布

粒度参数采用福克和沃德1954年所提的四种参数，即平均粒径（M_z）、分选系数（σ_i）、偏态（SK_i）和峰态（K_g）等：

$$平均粒径\, M_z = \frac{(\Phi_{16}+\Phi_{50}+\Phi_{84})}{3}$$

$$分选系数\, \sigma_i = \frac{(\Phi_{84}-\Phi_{16})}{4} + \frac{(\Phi_{95}-\Phi_5)}{6.6}$$

$$偏态\, SK_i = \frac{(\Phi_{84}+\Phi_{16}-2\Phi_{50})}{2(\Phi_{84}-\Phi_{16})} + \frac{(\Phi_{95}+\Phi_5-2\Phi_{50})}{2(\Phi_{95}-\Phi_5)}$$

$$峰态\, K_g = \frac{(\Phi_{95}-\Phi_5)}{2.44(\Phi_{75}-\Phi_{25})}$$

（一）平均粒径分布

平均粒径代表粒径分布总的趋势。南海和台湾岛以东海域平均粒径Φ值范围介于$-3.24\Phi\sim8.64\Phi$，平均值为6.09Φ（图3.7）。平均粒径Φ值较小的沉积物主要分布于南海东北部台湾浅滩、东沙群岛、南海西南部陆架海域，平均粒径Φ值较大的沉积物主要分布于南海陆坡和深海平原。平均粒径Φ值大于6Φ的沉积物，广泛分布于台湾岛以东琉球岛坡和菲律宾海盆海域、南海北部和西部陆坡海域，局部分布于北部湾东北部、南海北部陆架中部和西南部海域，其中平均粒径Φ值大于8Φ的表层沉积物分布较局限，主要分布在中南半岛东侧陆坡；平均粒径Φ值为$4\Phi\sim6\Phi$的表层沉积物分布范围也较局限，主要分布于南海北部陆架中西部，在南海东南部陆坡和巽他陆架北部区域等地也有较大范围分布，在南沙陆坡西南部和东北部海域以及中沙群岛、黄岩岛等附近海域分布较零星；平均粒径Φ值小于4Φ的表层沉积物分布于南海北部陆架、南海西南部陆架，其中，南海东北部台湾浅滩、东沙群岛附近海域沉积物粒度较粗，Φ值常小于1Φ。

平均粒径Φ值与砂含量呈强负相关关系，与粉砂含量、黏土含量呈正相关关系。沉积物平均粒径Φ值与砂含量的相关系数为-0.95，平均粒径Φ值分布趋势正好与砂含量相反；沉积物平均粒径Φ值与粉砂含量和黏土含量呈强正相关关系，相关系数分别为0.89和0.88，其分布与粉砂含量、黏土含量趋势高度吻合。平均粒径Φ值大于6Φ的表层沉积物主要分布范围对应着水深大于3000 m的深海平原和陆坡海域。表层沉积物平均粒径与沉积物类型也有一定关系，平均粒径Φ值大于6Φ的海域绝大多数与泥、粉砂和水深大于3000 m的深海沉积物相对应，其次与砂含量较低的砂质粉砂与砂质泥相对应；平均粒径Φ值为$4\Phi\sim6\Phi$的海域多数为砂含量较高的砂质粉砂、粉砂质砂；平均粒径Φ值为$2\Phi\sim4\Phi$的海域多数为粉砂质砂、砂、含砾砂、砾质泥质砂、含砾泥质砂；平均粒径$1\Phi\sim2\Phi$的海域多数为含砾砂、砂、砾质砂、砾泥质砂；平均粒径Φ值介于$1\Phi\sim2\Phi$的海域多数为含砾砂、砂、砾质砂、砾泥质砂；平均粒径Φ值小于1Φ的海域多数为含砾砂、砾质砂、砂质砾。南海海域沉积物平均粒径与其颗粒粗细分布格局基本一致。

平均粒径Φ值分布与水深有一定关系，二者间相关系数为0.56。水深$0\sim200$ m的陆架区，平均粒径Φ值平均值为4.23Φ，水深$200\sim500$ m的陆架边缘，平均粒径Φ值平均值为4.11Φ，水深$500\sim1000$ m的上陆坡平均粒径Φ值平均值为6.13Φ，水深$1000\sim1500$ m的上陆坡平均粒径Φ值平均值为6.71Φ，水深$1500\sim3500$ m的下陆坡平均粒径Φ值平均值为7.00Φ，水深大于3500 m的深海盆平均粒径Φ值平均值为7.01Φ，可见在陆架及其边缘海域，平均粒径较为稳定，无明显变化，而从陆架边缘到陆坡，平均粒径Φ

值平均值急剧增大，颗粒明显变细，而在水深大于500 m的陆坡海域，随着水深增大，平均粒径Φ值平均值有缓慢增大的趋势，从下陆坡到深海盆，平均粒径又较为稳定，变化不明显。

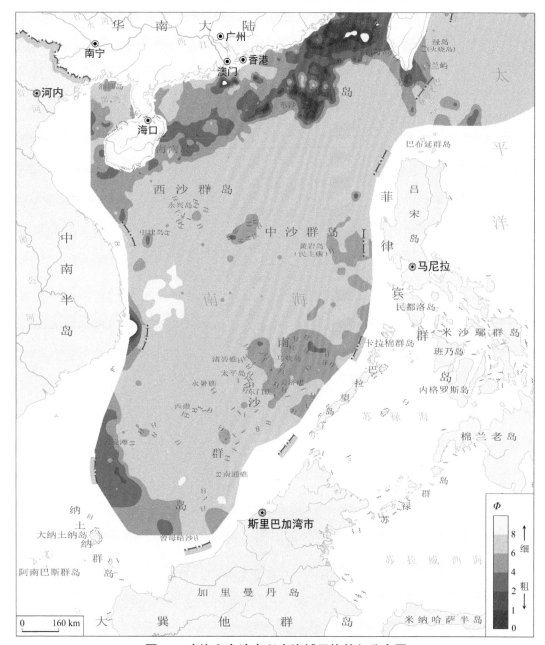

图3.7　南海和台湾岛以东海域平均粒径分布图

（二）分选系数分布

分选系数，反映了沉积物颗粒分布的均匀性，在沉积学里常用于研究沉积物的分选程度。若沉积物中存在占优势的某一粒级组分，则分选系数较小，沉积物分选性越好；相反，若粒级分布范围越广，主要粒级不突出，粒度分布甚至出现双峰或多峰，则其分选系数就越大，分选性就越差，其分选程度常与沉积环境的水动力条件存在关联。

南海和台湾岛以东海域分选系数为0.31～5.35，平均为1.82（图3.8）。分选系数最高值位于南海西部陆架南部海域，最低值位于台湾浅滩海域。分选系数小于0.50（分选好）的表层沉积物分布范围测站仅占0.9%，仅分布于东沙群岛和台湾浅滩海域；分选系数0.50～0.71（分选较好）测站占1.9%，仅局部分布于东沙群岛、台湾浅滩和巽他陆架北部海域，这些海域水动力强；分选系数为0.71～1.00（分选中等）测站占2.5%，亦局部分布于东沙群岛、台湾浅滩和巽他陆架北部海域，这些海域水动力较强。分选系数为1.00～2.00（分选差）的沉积物分布范围最广，广泛分布于台湾岛以东海域、南海北部陆坡、南海西部陆坡中北部和南部、南沙陆坡北部和中南部、南海海盆海域，局部分布于南海北部陆架、北部湾海域；分选系数为2.00～4.00（分选很差）的沉积物，主要分布于南海北部陆架中西部、中沙群岛与西沙群岛附近的区域、南海西南部陆坡、黄岩岛附近海盆等。

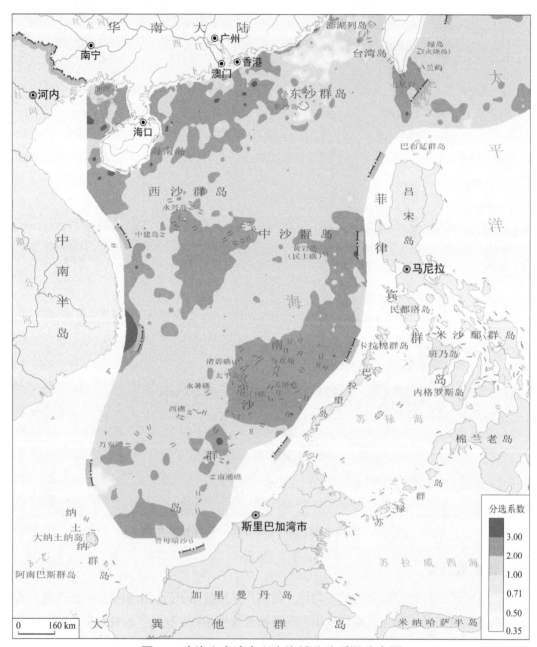

图3.8　南海和台湾岛以东海域分选系数分布图

沉积物分选系数与水深之间相关性不明显。水深0～200 m的陆架区分选系数平均值为1.89，水深200～500 m的陆架边缘分选系数平均值为1.89，水深500～1000 m的上陆坡分选系数平均值为1.76，水深

1000～1500 m的上陆坡分选系数平均值为1.88，水深1500～3500 m的下陆坡分选系数平均值为1.86，水深大于3500 m的深海盆分选系数平均值为1.68，可见在南海海域分选系数随着水深增大，从陆架到深海盆，变化不明显，其与水深的相关系数为–0.17。分选系数小于1.00（表示沉积颗粒分选中等及分选好）的沉积物，主要在东沙群岛、台湾浅滩和巽他陆架北部海域，这些海域砂含量均较高，可能与这些海域高能水动力的长期反复改造作用有关。

（三）偏态分布

偏态用来反映沉积物粒度频率曲线的对称程度。根据福克和沃德提出的分级标准，偏态在–1.0～–0.1，沉积物为负偏类型，粒度集中在颗粒的细端部分；偏态在–0.1～0.1，沉积物粒度频率曲线呈对称分布（正态分布）；偏态在0.1～1.0，沉积物为正偏，粒度集中在粗粒部分（高志友，2005）。

南海和台湾岛以东海域表层沉积物偏态为–0.63～1.05，平均值为0.05（图3.9）。沉积物偏态最高值位于南沙群岛东北部海域，最低值位于东沙群岛海域。大部分海域表层沉积物偏态介于–0.1～0.1，粒度分布呈正态分布，该类沉积物广泛分布于台湾岛以东琉球岛坡北部、菲律宾海盆、吕宋东岛坡海域、南海北部陆坡、南海西部陆坡、南海北部陆架东北部、台西南岛坡、南沙陆坡、南海海盆海域，局部分布于北部湾中部和东北部、南海北部陆架中部和西南部海域；偏态大于0.1（正偏）的测站占26.3%，主要分布于台湾岛以东琉球岛坡西部、南部和东北部海域，南海北部陆架中部和西南部、南海北部陆坡北部边缘、北部湾中部、莺歌海、巽他陆架北部、南沙陆坡东北部和西南部、南海海盆西部海域，局部分布于台西南岛坡、台湾浅滩、吕宋东岛坡、南海西部陆坡和南海海盆海域；偏态小于–0.1（负偏）的测站占11.9%，主要分布于台湾浅滩、南海北部陆架东北部边缘海域，局部分布于北部湾东北部和东部、南海北部陆坡北部、南海西部陆坡北部和中部、巽他陆架北部、南沙陆坡、南海海盆东北部、菲律宾海盆海域，其余海域极为少见。

南海海域沉积物偏态分布与水深相关性差，二者相关系数仅为–0.16。水深为0～200 m的陆架区，偏态平均值为0.13，水深为200～500 m的陆架边缘，平均值为0.14，水深为500～1000 m的上陆坡平均值为0.02，水深为1000～1500 m的上陆坡平均值为–0.02，水深为1500～3500 m的下陆坡平均值为0，水深大于3500 m的深海盆平均值为0.04。因此，陆架及其边缘海域，沉积物偏态较稳定，以正偏为主，而从200～500 m的陆架边缘到大于500 m的陆坡和深海盆，以正态分布为主，偏态亦无明显变化。

（四）峰态分布

南海和台湾岛以东海域表层沉积物峰态为0.62～5.60，峰态平均值为1.05（图3.10）。沉积物峰态最高值位于巽他陆架北部海域，最低值位于西沙群岛海域，大部分海域峰态为0.90～1.11（中等峰态）。中等峰态的测站占全部测站数量的69.6%，广泛分布于台湾岛以东琉球岛坡和菲律宾海盆海域，以及南海北部陆坡、南海西部陆坡、南海西部陆架、南沙陆坡中部和东南部、南海海盆海域，局部分布于南海北部陆架、北部湾和莺歌海海域。峰态小于0.9（宽和很宽峰态）的测站占比为15.5%，主要分布于南海北部陆架中部和西南部、北部湾、莺歌海、南海海盆西部海域。峰态大于1.11（窄–极窄峰态）的测站占比为15.0%，主要分布于南沙陆坡东北部和西南部、巽他陆架北部、南海海盆南部、南海北部陆架东北部海域，局部分布于南海北部陆坡北部边缘、北部湾中部、莺歌海南部、琉球岛坡西部、菲律宾海盆西南部海域。

研究区表层沉积物峰态分布与水深相关性较弱，二者之间相关系数仅为–0.05。水深0～200 m的陆架区，峰态平均值为1.08，水深200～500 m的陆架陆坡边缘，其平均值为1.11，水深500～1000 m的上陆坡平均值为1.01，水深1000～1500 m的上陆坡平均值为1.07，水深1500～3500 m的下陆坡平均值为1.12，水深大于3500 m的深海盆平均值为1.03。可见，在陆架、陆坡和海盆区，峰态变化均不明显。

综上所述，南海和台湾岛以东海域沉积物平均粒径反映了颗粒粗细整体情况，在陆架及其边缘海域，平均粒径较为稳定，而从陆架边缘到陆坡，平均粒径Φ值急剧增大，说明颗粒明显变细，而在水深大于500 m的陆坡海域，随着水深增大，平均粒径Φ值有缓慢增大的趋势，从下陆坡到深海盆，平均粒径又较稳定，与水深相关性较为密切。南海海域分选系数小于1.00，即分选中等以上海域较为局限，主要在东沙群岛、台湾浅滩和巽他陆架北部海域，这些海域砂含量高，可能与这些海域高能水动力的长期反复改造作用有关。南海海域沉积物偏态在陆架以及边缘海域以正偏为主，水深大于500 m的陆坡和海盆区以正态分布为主，南海大部分海域以中等峰态为主。总体上，分选系数、偏态和峰态分布规律不甚明显，与水深的相关性差，受水深和地形的影响不明显。

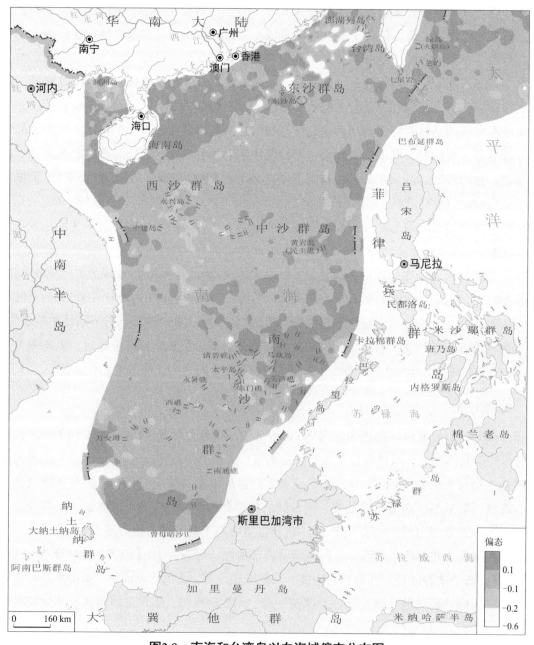

图3.9　南海和台湾岛以东海域偏态分布图

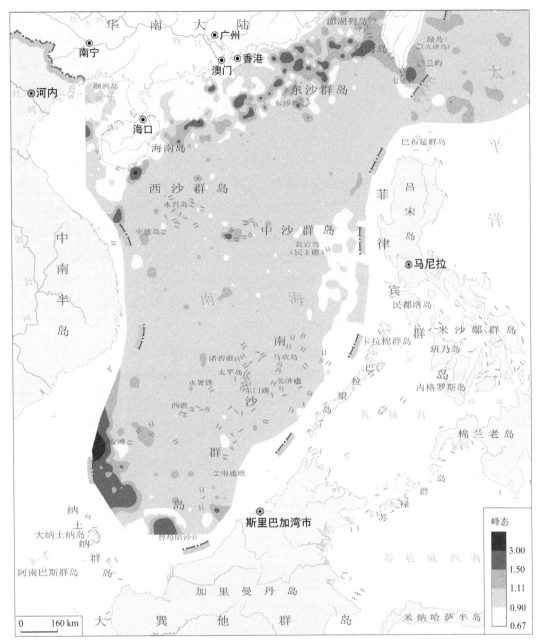

图3.10 南海和台湾岛以东海域峰态分布图

三、表层沉积物类型及分布

（一）沉积物类型分类方案

对于南海沉积物的分类命名，前人多数采用谢帕德分类法，其次为优势粒级法，生物碎屑亦参与命名，也有的以成因分类命名。赵东坡（2011）对沉积物粒度分类命名方案进行了探讨，总结了我国海洋地质领域主要使用的浅海海洋沉积物分类命名方法，主要包括优势粒级法、谢帕德法和福克法；认为采用福克法对含砾沉积物进行粒度分类命名和采用把砂分成粗砂、中砂、细砂三级后按照优势粒级法进一步细分命名，更能展示沉积物的粒度特征。王中波和杨守业（2007）对比了谢帕德和福克两种沉积物分类方法的图解原理及其适用性，认为相对谢帕德分类方法而言，福克分类图解更简洁、更实用，其分类边界划分更客观，从而能更好地揭示沉积物特征，建议在国内沉积学研究及正在开展的国内海洋地质大调查中统一使用福克沉积物分类法，以便于更好地研究沉积物特征以及分布规律。李粹中（1987a）对南海中部海域沉积物类型和沉积作用特征进行了研究，从成因分类命名的角度将沉积物分为陆坡碳酸盐类沉积物、深海黏土类沉积物、陆架外缘贝壳砂沉积物三大类。1984年开始，中国科学院南海海洋研究所绘制了南沙群岛及其邻近海域沉积物类型分布图，以优势粒级法的原则命名沉积物类型，陆架–陆坡区以粒组重量分布为依据划分沉积物类型，而对针对半深海–深海区，还将生物碎屑作为参与沉积物类型命名的修饰语（中国科学院南沙综合科学考察队，1993；罗又郎等，1994）。张富元等（2005）根据成因和物源将南海东部海域表层沉积物分为陆源碎屑、钙质碎屑、硅质碎屑和火山碎屑四大类。原地质矿产部第二海洋地质调查大队编制的南海底质分布图，采用主次粒级优势粒组的分类命名法（优势粒级分类命名法）。依托海洋地质地球物理补充调查（"126专项"）和近海海洋调查与评价专项（"908专项"），广州海洋地质调查局编制的《海底沉积物类型图》中（广州海洋地质调查局，2016），针对陆架和陆坡区采用谢帕德三角图解和生物碎屑参与命名来划分沉积物类型，针对深海环境采用黏土、钙质生物、硅质生物为端元组分的深海三角图分类法，该分类命名方法没有解决含砾沉积物的命名问题，但却较直观反映了沉积物的成因类型和生物碎屑的分布特征。

本书根据《1∶1000000海洋区域地质调查规范》（DZ/T 0247—2009）[①]首次依据沉积物水深情况和粒度组成采用两套分类命名方案，即Folk等（1970）提出的分类命名方案和Berger（1974）提出的分类命名方案，对南海表层沉积物分类命名。本书的命名方案较好地解决了含砾沉积的命名问题，更加客观、真实地反映了海底沉积物类型的分布特征，特别是更好地反映了水深大于3000 m的下陆坡、海盆区的异常沉积特征。

1. 水深小于3000 m的沉积物分类方案

在福克等沉积物分类命名方案中，包括含砾碎屑沉积物分类（图3.11）和不含砾碎屑沉积物分类（图3.12）两种情况[①]。

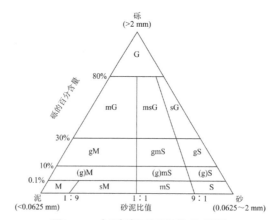

图3.11 含砾碎屑沉积物分类图
G.砾; mG.泥质砾; msG.泥质砂质砾; sG.砂质砾; gM.砾质泥;
gmS.砾质泥质砂; gS.砾质砂; (g)M.含砾泥; (g)mS.含砾泥质砂;
(g)S.含砾砂; M.泥; sM.砂质泥; mS.泥质砂; S.砂

---

① 中华人民共和国国土资源部，2009，1∶1000000海洋区域地质调查规范（DZ/T 2047—2009）。

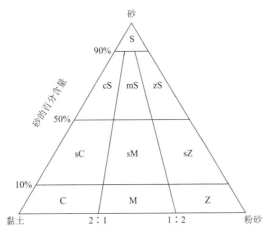

图3.12 不含砾碎屑沉积物分类图
S.砂;cS.黏土质砂; mS.泥质砂; zS.粉砂质砂; sC.砂质黏土;
sM.砂质泥; sZ.砂质粉砂;C.黏土; M.泥; Z.粉砂

2. 水深大于3000 m的沉积物分类方案

水深大于3000 m、砂含量大于10%的沉积物的命名方案，采用Berger（1974）提出的深海远洋沉积物分类命名方案，包括远洋黏土和软泥两大类。远洋黏土命名规则为$CaCO_3$和硅质生物化石＞1%时参加命名：①$CaCO_3$含量为1%～10%、10%～30%时，沉积物命名分别为含钙质黏土、钙质黏土；②硅质化石含量为1%～10%、10%～30%时，沉积物命名分别为含硅质黏土、硅质黏土；③当$CaCO_3$含量和硅质化石含量均可参加命名时，则采用混合命名，如$CaCO_3$含量5%，硅质化石4%，命名为含硅质含钙质黏土。软泥的命名规则是：当沉积物中$CaCO_3$含量或硅质化石含量＞30%时参加命名，$CaCO_3$含量＞30%但＜2/3，为钙质软泥，$CaCO_3$含量＜30%且硅质化石含量＞30%，为硅质软泥（藻软泥或放射虫软泥）。

当沉积物的水深大于3000 m、砂含量大于10%时，仍采用福克命名法。

（二）南海沉积物类型与分布

根据上述沉积物分类命名方案，南海水深小于3000 m的沉积物类型包括含砾沉积物、不含砾沉积物，水深大于3000 m的沉积物为深海沉积，共计24种类型（图3.13）。

1. 水深小于3000 m的陆架–陆坡沉积物

1）含砾沉积物

砂质砾呈块状零星分布于东北部台湾海峡澎湖列岛、东沙群岛东北部、西部中南半岛沿岸以及南海西南部东南面陆架海域，这一类沉积物分布的水深范围为5～168 m。

砾质砂主要分布于南海南部和东南部加里曼丹岛、民都洛岛、巴拉望岛沿岸陆架海域，局部零星分布于中南半岛沿岸、北部湾沿岸、琼州海峡、东沙群岛、台湾浅滩、台湾岛南部沿岸以及珠江口外陆架海域，其分布的水深范围为30～717 m。

泥质砂质砾局部零星分布于巴士海峡、中南半岛中部沿岸陆架海域，其分布水深范围为155～531 m。

砾质泥质砂局部零星分布于巴士海峡、南澳岛东面、东沙群岛东南面和西面、海南岛西北面和东面、安渡滩西面海域，其分布的水深范围为27～2243 m。

泥质砾局部零星分布于北部湾中部和安渡滩西面海域，其分布的水深范围为36～1692 m。

含砾砂普遍分布于南海西南部中南半岛以南、南部加里曼丹岛沿岸、东北部台湾海峡和东沙群岛海域、海南岛东北面、珠江口外海域有局部零星分布，其分布的水深范围为24～1198 m。

砾质泥质砂主要分布于南海西北部海南岛周围海域，其次为东沙群岛周围、珠江口外万山群岛以南、东北部巴士海峡及以东海域，其余海域只有局部零星分布，其分布的水深范围是24～1867 m。

砾质泥主要分布于北部湾湾口海域、海南岛东面、北部湾、东沙群岛北面、川山群岛南面、盆西海岭北部海域呈块状局部零星分布，其分布的水深范围为22～4137 m（图3.13）。

2）不含砾沉积物

砂分布于台湾岛沿岸、台湾海峡、台湾浅滩周围、东沙群岛周围、珠江口外、中南半岛中部沿岸、西南部和南部陆架海域，其分布的水深范围为33～970 m。

粉砂质砂分布于台湾岛北部沿岸、台湾海峡、东沙群岛周围、珠江口外、琼州海峡、北部湾、中南半岛南部沿岸、黄岩岛东面、南沙群岛、西南部-南部陆架和陆坡海域，其分布的水深范围为25～4136 m。

泥质砂局部分布于海南岛东面、北部湾、中建岛西南面、南康暗沙东南部、中南半岛东南面海域，其分布的水深范围为49～521 m。

砂质粉砂广泛分布于北部湾-海南岛到东沙群岛一线、西沙群岛、中沙群岛、吕宋岛沿岸、苏禄海、南沙群岛、黄岩岛、东部次海盆西部海域，其次为东北部珠江口以北沿岸、台湾海峡、中南半岛东南面，其余海域呈块状局部零星分布，其分布的水深范围为18～4741 m。

砂质泥主要分布于中沙群岛西南面和西沙群岛南面海域，北部湾、巴士海峡、中沙群岛西面、东部次海盆以及南部西卫滩、广雅滩、万安滩海域呈块状局部类型分布，其分布的水深范围为49～4529 m。

粉砂广泛分布于北部湾北部沿岸、北部湾湾口、广东群岛到台湾岛南部一线，以及台湾海峡北部、广东沿岸、台湾岛沿岸、琉球岛坡北部、巴士海峡、巴林塘海峡、马尼拉海沟、马尼拉湾、南沙海槽、纳土纳群岛、南康暗沙海域，在雷州半岛到珠江口口外一线、南沙群岛西部、中南半岛中部东面海域呈局部零星分布状态，其分布的水深范围为22～3000 m。

泥广泛分布于西沙群岛以南中南半岛中部以东、南沙群岛西部和南部、南沙海槽海域，其次为西沙群岛东北面、东沙群岛东面和南面海域，其余海域局部零星分布，其分布的水深范围为24～2965 m（图3.13）。

无现代沉积物沉积区主要位于东沙岛礁、东沙海台中北部和笔架斜坡最北端（图3.13），该区域地层年龄较古老。东沙岛礁周围底质为黑色岩石块，附着大量贝壳、砾石等；东沙岛礁北部和东北部局部海域底质为灰色硬泥块，还有极少量黑色和灰黑色礁灰岩碎块，无味，黏性较强，致密状，表层未见流动和半流动状的泥质和松散状砂质沉积物。

2. 水深大于3000 m的深海沉积物

含钙质黏土分布于东部次海盆西南部和南部、台湾岛东面琉球岛坡南部和东部海域，马尼拉海沟北端、澎湖峡谷群南部和巴士海峡局部零星分布，其分布的水深范围为3170～4640 m。

钙质黏土局部零星分布于西沙北海隆、双峰海山和中沙海台东北面海域，其分布的水深范围为3083～3648 m。

含硅质黏土主要分布于中沙群岛东北面和南面、台湾岛东面琉球岛坡南部和菲律宾海盆海域，其分布的水深范围为3176～4386 m。

硅质黏土分布于笔架海山群东南面、中沙群岛南面和东南面、东部次海盆北面、马尼拉海沟西面、东部次海盆西南部和东南部海域，其分布的水深范围为3362～4318 m。

硅质钙质黏土分布于东部次海盆西南部、东部和西部海域，其分布的水深范围为3020～4338 m。

含硅质钙质黏土分布于中沙群岛北面海域，礼乐滩西北面海域局部零星分布，其分布的水深范围为3020～4400 m。

含钙质硅质黏土分布于西南部和西部，东部次海盆东部和中部、马尼拉海沟西面、中沙群岛中部海域有局部零星分布，其分布的水深范围为3052～4387 m。

含硅质含钙质黏土主要分布于东部次海盆中部、中沙群岛西部和北面、马尼拉海沟西面和西北面海域，台湾岛东面、东部次海盆西南部和西部有局部零星分布，其分布的水深范围为3003～4626 m。

硅质软泥局部零星分布于东部次海盆中部和西南部，其分布的水深范围为3081～4349 m（图3.13）。

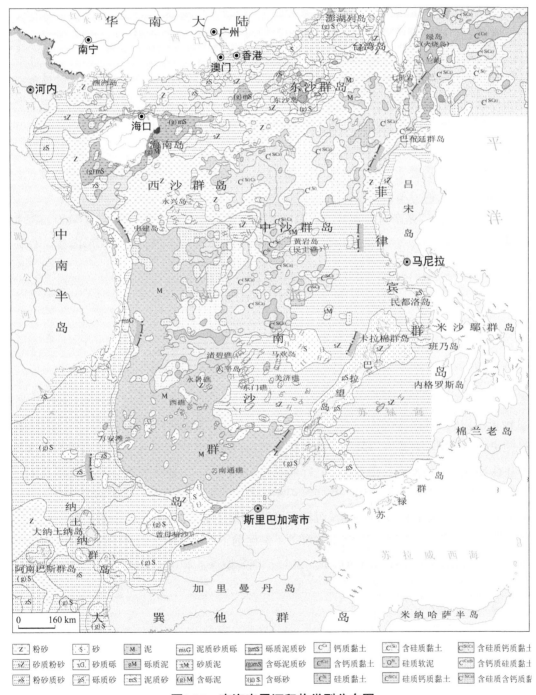

图3.13　南海表层沉积物类型分布图

（三）沉积物分布规律

海底沉积物的分布趋势与水深相关。总体来说，陆架、陆坡地形围绕南海周缘大致呈不规则环带状分布，深海盆大致位于南海中部。沉积物类型分布图显示，由于受地形、地貌的影响，南海沉积类型呈较明显的不规则环带状分布。

在水深范围0～500 m的陆架区及边缘以粗粒的陆源砂砾沉积物为主，沉积物类型多，其中粉砂质砂、砂质粉砂和含砾砂是南海陆架最主要的沉积物类型，其分布范围从东北部台湾海峡至海南岛，从北部湾沿中南半岛到西南部巽他陆架及部分陆坡区，再沿东面吕宋岛沿岸和南面加里曼丹岛沿岸广泛分布；粉砂分布面积也较大，基本分布于北部湾、北部陆架陆坡转折带和西南部陆架；含砾泥质砂、砾质砂、含砾泥等分布较广泛，砾质泥、砾质泥质砂、泥质砂、泥质砂质砾、砂质砾、砂质泥、泥分布较为局限，主要呈斑块状分布于北部陆架、北部湾、西南陆架、东北及东南部陆架区。

在水深范围500～3000 m的陆坡区主要分布细粒沉积物，泥、粉砂、砂质粉砂、砂质泥分布极为广泛；粗粒的含砾泥质砂、含砾砂、砾质泥、砾质泥质砂、砾质砂、泥质砂、泥质砂质砾、砂、粉砂质砂等类型，分布面积较小，均呈斑块状局部分布，一般分布在水动力较强海域。

在大于3000 m的深海海盆区，含硅质黏土、含硅质含钙质黏土、砂质粉砂分布广泛，含钙质黏土、含钙质硅质黏土、含硅质钙质黏土、硅质黏土分布较广泛，钙质黏土、硅质钙质黏土、硅质软泥、砂质泥、砂质粉砂、含砾泥、砂局部分布。

在南海深海海域，特别是南海海盆西部，有分布广泛的砂质粉砂，在水深超过4000 m深水区，亦有砂质泥、砂质粉砂、含砾泥、砂等粗粒和较粗粒沉积物局部分布，推测在南海深海海域，存在非正常的浊流沉积。

第二节　碎屑矿物分布

碎屑矿物指沉积岩中非生物源的、以单独矿物形态或火山玻璃形式存在的碎屑，碎屑矿物研究通常是以砂粒级碎屑矿物为研究对象开展的。砂粒级碎屑矿物沉积作用与海洋水动力关系密切，这类颗粒物在海底的分布往往具有近源的特点。研究表明，碎屑矿物因其耐风化、稳定性强，不仅能保留丰富的母岩信息，而且还能反映运移过程的分异作用。海底沉积物砂粒级碎屑矿物的组成、矿物组合及分布规律研究为解释沉积物的物质来源、搬运堆积过程以及沉积环境等提供重要信息，在物源追踪、海洋沉积作用、环境演变研究以及海底砂矿资源勘探中具有突出的意义（朱而勤，1985；鄢全树等，2007；方建勇等，2012；Li et al.，2012；王昆山等，2013；Zhang et al.，2013；刘忠诚等，2014；王利波等，2014）。

一、碎屑矿物组成及分布

（一）碎屑组成与碎屑矿物类别

共鉴定有40种碎屑种类，其中碎屑矿物有34种。在0.063～0.25 mm粒级的颗粒物中，除了碎屑矿物外，还有非碎屑矿物六种。非碎屑矿物包括钙质生物碎屑、硅质生物碎屑、岩屑、碳屑、黏土团和风化矿物，其中钙质生物碎屑为有孔虫等钙质生物，硅质生物碎屑为硅藻、放射虫等硅质生物壳体组成部分，黏土团、风化矿物、碳屑、岩屑是部分矿物的风化及自身胶结组分。

（二）碎屑矿物丰度

碎屑矿物丰度（每克干样中含碎屑矿物的重量）变化范围为1.43×10^{-3}%～97.9%，均值为11.99%。碎屑矿物丰度总体上表现出从陆架到陆坡再到海盆逐渐降低的趋势。碎屑矿物丰度高值区主要分布于海南岛周缘陆架和台湾浅滩西南区域，这些区域的碎屑矿物丰度普遍高于50%。巽他陆架、黄岩岛、吕宋岛弧东部以及南海东南岛架西北部海域，碎屑矿物丰度也相对较高，通常为10%～30%。研究区其他区域的碎屑矿物丰度均小于10%（图3.14）。

碎屑矿物丰度与沉积物颗粒粗细具有一定程度的相关性，与砂含量有一定的正相关，而与平均粒径呈正相关关系（即与Φ值平均值呈负相关关系）（图3.15）。

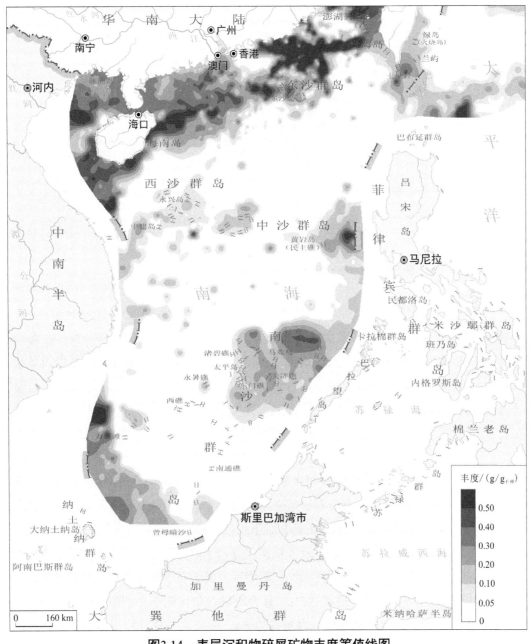

图3.14　表层沉积物碎屑矿物丰度等值线图

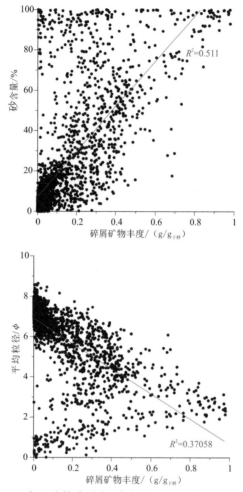

图3.15　碎屑矿物丰度与砂含量、平均粒径相关性图

（三）碎屑矿物分布特征

石英、长石在南海以及台湾岛以东海域分布最广泛。石英平均含量为25.61%，在海南岛近岸海域、台湾浅滩石英含量高，高达60%以上；南海北部陆架、台湾岛坡、菲律宾海盆以及黄岩岛海域含量次之，普遍为5%~50%；南海北部陆坡、南沙陆坡、南海海盆西北部海域含量低，普遍为0~5%[图3.16(a)]。长石平均含量为3.13%，高值区主要分布于巽他陆架西南海域，含量普遍高于7%；南海北部陆架（珠江口东部海域）、海南岛近岸以及东沙群岛海域含量次之，普遍为1%~5%；其余海域含量低[图3.16(b)]。

磁铁矿、钛铁矿、褐铁矿及赤铁矿为金属类矿物（王红霞等，2004；张凯棣，2016）。磁铁矿分布较广泛，平均含量为1.79%，高值区主要分布于黄岩岛海域，少量呈斑块状分布于台湾岛西南侧和东南侧岛坡以及巽他陆架，菲律宾海盆、南海北部陆架中部珠江口东部海域略高，含量约为5%以上，其余海域含量均低于0.5%[图3.16(c)]。钛铁矿、褐铁矿及赤铁矿仅分布于南海北部陆架、台湾岛坡、琉球岛坡、菲律宾海盆以及巽他陆架。钛铁矿平均含量为1.90%，高值区主要分布于巽他陆架、南海北部珠江口以西陆架以及台湾浅滩南部局部区域，含量普遍高达5%，其余海域含量均低于1%[图3.16(d)]。褐铁矿平均含量为2.34%，高值区主要分布于巽他陆架海域，含量高达9%，南海北部珠江口以西陆架、台湾岛东南侧岛坡等处略高，含量范围普遍为1%~3%，其余海域含量普遍偏低[图3.16(e)]。赤铁矿平均含量为0.62%，含量普遍偏低，仅巽他陆架处含量略高，局部含量高达2%[图3.16(f)]。

石榴子石、锆石、电气石、白钛石及金红石是不易风化和蚀变的矿物（Pettijohn，1957），在南海以及台湾岛以东海域分布少，均仅少量分布于南海北部陆架、琉球岛坡和菲律宾海盆区。石榴子石平均含量为0.52%，高值区主要分布于巽他陆架，少量呈斑点状分布于南海北部陆架[图3.17(a)]。锆石平均含量为1.05%，仅巽他陆架、南海北部珠江口东部陆架含量略高[图3.17(b)]。电气石平均含量为1.03%，仅巽他陆架含量略高[图3.17(c)]。白钛石平均含量为0.50%，含量普遍偏低，南海北部陆架及巽他陆架含量相对较高[图3.17(d)]。金红石平均含量为0.36%，巽他陆架、北部湾北部和南海北部珠江口以西陆架含量略高，其余海域含量低[图3.17(e)]。

云母及绿泥石为片状矿物，云母分布广泛，绿泥石分布较少。云母平均含量为2.15%，高值区主要分布于巽他陆架东北部海域，含量高达8%以上，南海北部陆架、黄岩岛海域含量次之，其余海域含量普遍偏低[图3.17(f)]。绿泥石主要分布于南海北部珠江口以西陆架、巽他陆架及南沙陆坡的西南海域，其余海域含量普遍偏低[图3.18(a)]。

黄铁矿主要分布于菲律宾海盆东部和北部、南海东南部陆坡、中沙群岛附近海域，少量分布于南海北部陆架与陆坡间以及南海西部陆坡南部海域。黄铁矿平均含量为1.05%，含量普遍低，高值区仅呈零星斑块状分布[图3.18(b)]。

海绿石主要分布于南海北部陆架、南海西部陆架和陆坡。海绿石平均含量为6.96%，相对高值区呈斑块状富集于东沙群岛以及呈条带状分布于南海北部上陆坡，高达30%以上[图3.18(c)]。

微结核主要分布于南海北部陆坡、南海海盆以及永暑礁附近海域。微结核平均含量为12.27%，高值区主要分布在南海海盆，含量普遍为5%~40%[图3.18(d)]。

角闪石主要分布于南海北部珠江口以西陆架、台湾岛东部、黄岩岛以及巽他陆架海域。角闪石平均含量为5.33%，高值区主要分布于黄岩岛、巽他陆架，含量高达20%，其余海域含量普遍偏低[图3.18(e)]。

辉石主要分布于南海北部珠江口以西陆架，以及台湾岛东部海域、巽他陆架及其附近陆坡。辉石平均含量为1.82%，高值区主要分布于南海北部珠江口以西陆架、菲律宾海盆东部海域，少量呈斑点状分布于巽他陆架，含量高达2.5%以上，其余海域含量低[图3.18(f)]。

绿帘石分布区域与赤铁矿类似，主要分布于南海北部陆架、台湾岛东部海域以及巽他陆架。绿帘石平均含量为0.85%，高值区仅分布于巽他陆架，其余海域含量普遍偏低，低于1%以下[图3.19(a)]。

火山玻璃主要分布于中东部深海海域，平均含量为12.91%。含量在30%以上高值区主要分布于菲律宾群岛以西海域，向周边海域逐渐降低趋势；南海西部、北部和西南部广大海域含量极少或基本不含[图3.19(b)]。根据火山玻璃分布特征，大致以北东向分界线分为南北两区。北高值区位于吕宋岛中南部以西海域，大致呈扇形往周边扩展，最北部可能有其他来源；南高值区位于民都洛岛与巴拉望岛北部之间的西北海域，向西南含量下降。对表层站位进行碎屑矿物鉴定，其中704个站位含火山玻璃，占总站位的27%，其中含量小于0.001%的站位有48个，0.001%~0.1%的站位有206个，0.1%~5%的站位有126个，5%以上的站位有324个，含量最高为95.08%各区间站位数见图3.20。

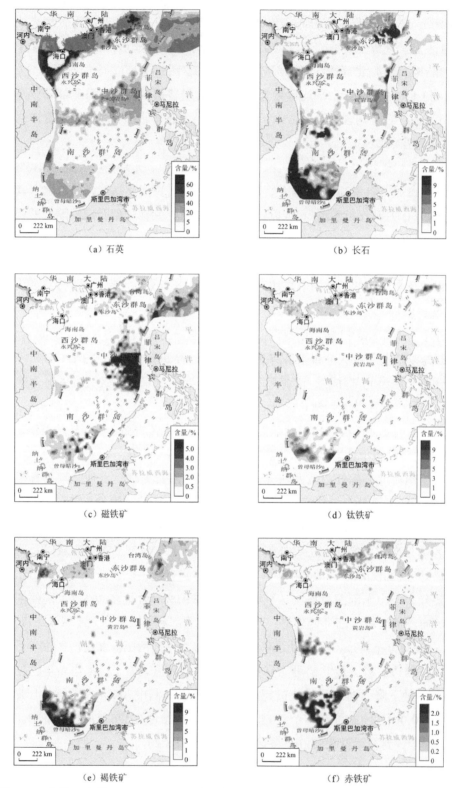

（a）石英　　　　　　　　　　　　　　　（b）长石

（c）磁铁矿　　　　　　　　　　　　　　（d）钛铁矿

（e）褐铁矿　　　　　　　　　　　　　　（f）赤铁矿

图3.16　表层沉积物石英、长石、磁铁矿、钛铁矿、褐铁矿和赤铁矿含量等值线图

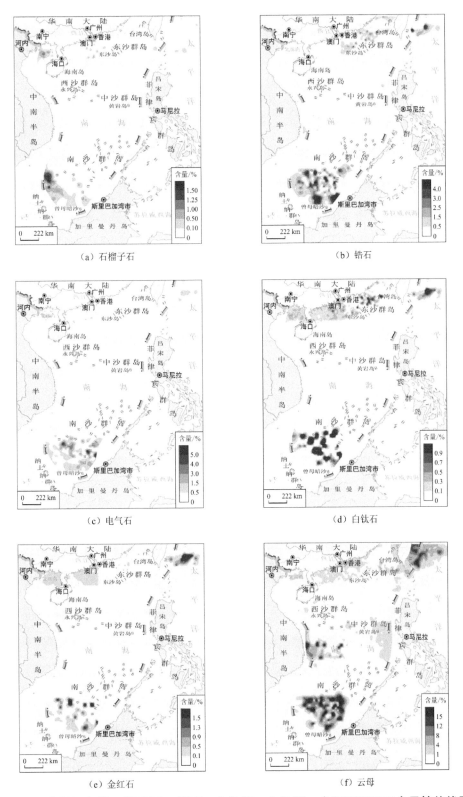

图3.17 表层沉积物石榴子石、锆石、电气石、白钛石、金红石和云母含量等值线图

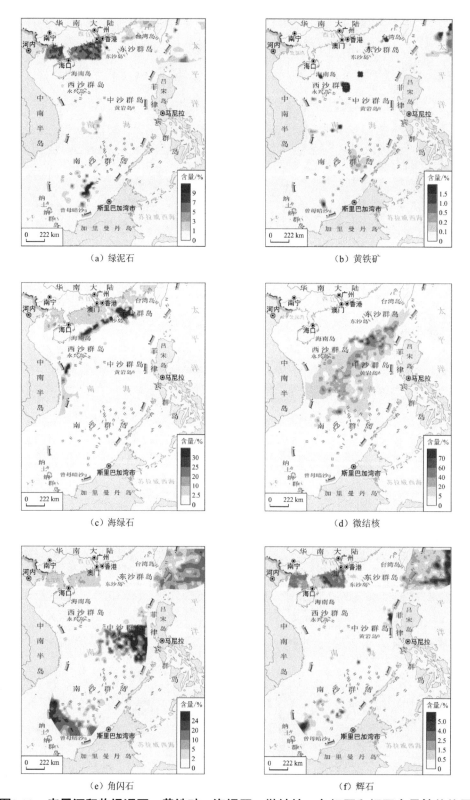

（a）绿泥石　　　　　　　　　　　（b）黄铁矿

（c）海绿石　　　　　　　　　　　（d）微结核

（e）角闪石　　　　　　　　　　　（f）辉石

图3.18　表层沉积物绿泥石、黄铁矿、海绿石、微结核、角闪石和辉石含量等值线图

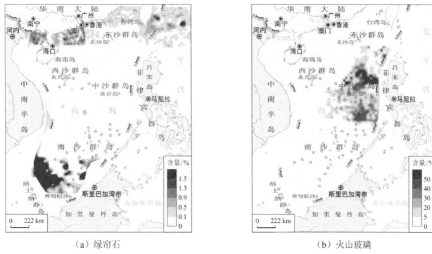

（a）绿帘石　　　　　　　　　　　　　（b）火山玻璃

图3.19　表层沉积物绿帘石、火山玻璃含量等值线图

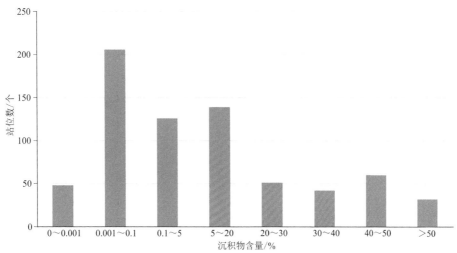

图3.20　南海含火山玻璃的表层沉积物含量区间与站位数关系图

二、碎屑矿物分区

根据各种碎屑矿物的分布，南海和台湾岛以东海域可分为四个矿物组合区，每个组合区又进一步根据各矿物组合区主要组成矿物含量变化将研究区划分为七个矿物亚区（图3.21）。

（一）Ⅰ区：南海陆架–台东岛坡区

此组合区的碎屑矿物丰度含量高、种类多，基本上分布有南海和台湾岛以东海域的所有矿物，出现概率高，主要为石英、长石、赤铁矿、磁铁矿、褐铁矿、辉石、角闪石、绿帘石、绿泥石、钛铁矿、锆石、云母、白钛石、金红石、电气石、石榴子石、海绿石等。该区碎屑矿物以陆源碎屑为主，自生矿物包含海绿石和少量黄铁矿，且未见火山玻璃。因此陆源碎屑为该区的主要物源，自生组分影响较小。

Ⅰ区陆源碎屑矿物中白钛石、褐铁矿、辉石、绿泥石、绿帘石、钛铁矿、石英、长石等主要碎屑矿物含量存在明显不同，进一步分为三个矿物亚区，即I_1、I_2、I_3。I_1矿物亚区位于南海北部珠江口以西、海南岛以北陆架，I_2矿物亚区位于南海北部珠江口以东陆架及台湾岛西南与东南岛架、岛坡，I_3矿物亚区位于海南岛近岸海域。I_1相较于I_2、I_3富含白钛石、褐铁矿、辉石、角闪石、绿帘石、绿泥石，其陆源碎屑矿物主要来源于珠江及广西、广东沿岸的风化剥蚀物；I_2中富含长石及锆石，有学者认为台湾岛物质对南海东北部陆架具有重要的贡献（闫慧梅等，2016；宋泽华等，2017），因此该区陆源碎屑不仅受珠江携带物质影响，而且台湾岛物质对其贡献也较大。I_3中陆源碎屑矿物分布规律与I_1差异较大，与I_2相近，根据其地理位置判定其陆源碎屑组分应主要来源于海南岛。

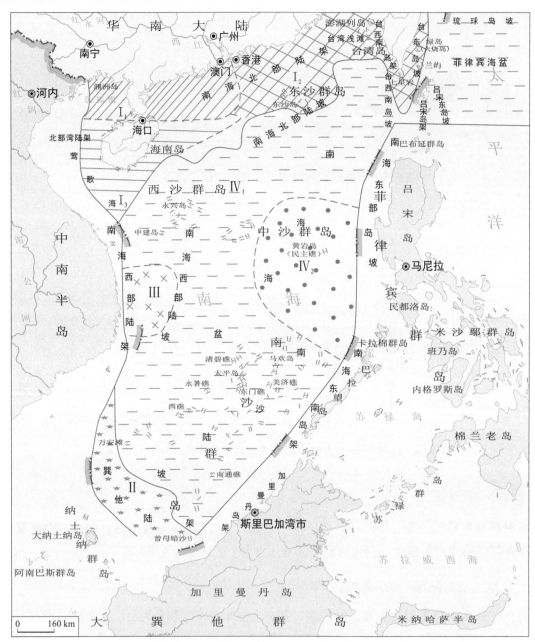

图3.21 南海和台湾岛以东海域表层沉积物碎屑矿物组合分区图

（二）Ⅱ区：巽他陆架区

此组合区的碎屑矿物丰度较高、种类多，基本分布着南海和台湾岛以东海域海区所有的陆源碎屑矿物种类，而且这些矿物种类的出现概率、含量均很高，主要为赤铁矿、磁铁矿、电气石、锆石、褐铁矿、辉石、角闪石、绿帘石、石榴子石、石英、钛铁矿、云母、长石。Wang 等（2006）分析了南海南部ODP1143站位柱状沉积物的黏土矿物、粒度和石英矿物特征，研究表明西部的湄公河是南海南部沉积物的主要物源之一，根据其地理位置推测南部诸岛屿的风化剥蚀物也可能是重要的物源。

（三）Ⅲ区：南海西部陆架、陆坡区

此组合区位于中南半岛东侧陆架和陆坡，该区含少量陆源碎屑矿物，如长石、石英、绿泥石、云母等。Ⅲ区恰好处于南海西部上升流区，而砂粒级沉积具有近源性特征，这说明南海西部上升流区水动力较强，可以把中南半岛风化的碎屑颗粒搬运沉积到此。前人通过黏土矿物、元素地球化学以及粒度分析结果也证实了湄公河输入的碎屑物质是南海西南部沉积物的主要物质来源（陈木宏等，2005；Liu et al.，2004；Wang et al.，2006）。

（四）Ⅳ区：南海陆坡、海盆及西菲律宾海盆区

此组合区总体上碎屑矿物丰度低、种类少，与该区域的生源碳酸盐的稀释作用和火山物质加入有关。根据碎屑矿物种类差异将该区划为两个亚区，即Ⅳ₁、Ⅳ₂。Ⅳ₁主要位于南海陆坡、海盆中西部等深水海域，粗粒陆源碎屑沉积一般具有近源性，很难搬运至深水海域，但南海陆坡、海盆处发育有生物岛礁等，沉积物中有大量的生物钙质和硅质介壳（陈忠等，2002；刘昭蜀等，2002），因此生源碎屑丰富。

Ⅳ₂主要位于黄岩岛附近海域，该区火山玻璃以及磁铁矿、角闪石、石英、长石含量高，并呈现由吕宋岛西部海域往周边扩散的特征。研究表明，南海海底火山活动频繁，影响范围可达大陆坡和深海盆区（Wiesner et al.，1995；Haeckel et al.，2001；杨群慧和林振宏，2002；季福武等，2004；陈忠等，2005）。南海自白垩世至早中新世发生了两期三幕海底扩张，其间伴随大量的中基性海底火山喷发；早中新世以后仍有持续的大规模的基性岩浆活动（杨群慧和林振宏，2002；陈忠等，2005）。南海东部深海盆由大洋玄武岩组成，深海平原上发育了众多由基性、超基性火山岩组成的海山，东邻琉球-台湾-菲律宾岛弧火山-地震带，西南部有苏门答腊-爪哇岛弧火山-地震带。第四纪以来，时有火山活动发生，因而表层沉积物中具有多期火山碎屑物质。

三、南海火山碎屑来源及南海周边火山分布特征

火山碎屑是南海沉积物中的特色组分，在此特别加以深入讨论。南海火山碎屑主要分布于南海东部，高含量区出现在紧邻吕宋岛-巴拉望岛北部海域，并呈现由该中心往周边扩散的特征，表明物源主要来自菲律宾群岛。大致呈南北两区的分布特征表明其可能来自不同的火山喷发。这与现代菲律宾群岛的大量火山喷发吻合。海域出现小范围的火山玻璃局部富集，可能表明其来自海域的火山喷发或海流等因素导致的相对富集。南海南缘苏门答腊岛、爪哇岛、小巽他群岛分布着大量火山及活火山，在风力作用下，巽他火山带喷发的火山玻璃可以被输送到南海的广阔海域并沉积下来（陈忠等，2005）。研究认为，南海南部ODP1143钻孔的火山玻璃主要来自苏门答腊的多巴火山（王汝建，2000；陈忠等，2005），但从大量表层沉积物火山玻璃分布来看，南海南缘火山的贡献应该很小，主要来自菲律宾群岛。

南海周边有两条重要的岛弧火山-地震带（图3.22），其中一条是南缘的苏门答腊-爪哇岛弧火山-地震带，属安山岩、玄武岩和流纹岩（冯文科等，1988；陈忠等，2005）；另一条就是东缘的琉球-台湾-菲律宾岛弧火山-地震带，属安山岩、石英安山岩或玄武岩。第四纪以来，这两条火山-地震带一直在活动，对南海的沉积作用可能产生了极大的影响（杨群慧等，2002）。南海东缘菲律宾群岛位于欧亚板块和菲律宾海板块的交界，是西太平洋边缘构造带的一部分，西部欧亚板块南海洋壳往东俯冲于菲律宾群岛之下，东部菲律宾海板块洋壳往西也俯冲菲律宾群岛之下，形成双向俯冲的复杂构造带，成为火山和

地震多发区，第四纪火山活动频繁（陈忠等，2005；李学杰等，2017）。

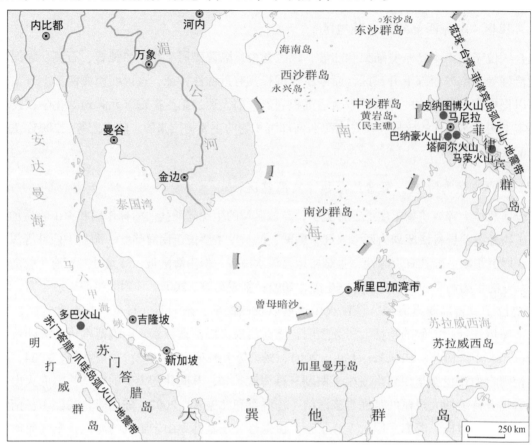

图3.22 南海周边部分活火山分布图

据统计菲律宾有多达22座活火山，其中吕宋岛有塔阿尔（Taal）火山、巴纳豪（Banahaw）火山、皮纳图博（Pinatubo）火山、马荣（Mayon）火山（图3.22），巴布延岛有巴布延克拉罗火山，内格罗斯岛有坎拉翁火山，棉兰老岛有拉冈火山、阿波火山，霍洛岛（和乐岛）有霍洛火山等。塔阿尔火山是菲律宾最活跃的火山之一，1572年有记录以来，共爆发33次。因突然、猛烈的喷发特征导致其存在巨大的潜在危害（Torres et al.，2013），其中1911年的爆发导致逾千人死亡。早期的火成岩以英安岩为主，SiO_2含量为64%~65%（Listanco，1994），但后期的火成岩和火山灰主要是玄武岩和玄武质安山岩（SiO_2含量为53%~56%），具有弧后盆地到岛弧玄武岩特征（Robin et al.，1994；Knittel and Dietimar，1994）。巴纳豪火山位于Makiling 和Malepunyo火山以东15 km处，位于Santa Cruz断层南北向的投影方向之上（Lagmay and Valdivia，2006），海拔为2170 m；主要由安山岩组成，其岩浆与塔阿尔火山相似，显示出碱性倾向（Miklius et al.，1991）；最近一次火山喷发在1843年。皮纳图博火山位于菲律宾吕宋岛，海拔为1486 m，该火山于1991年6月的爆炸式大喷发是20世纪世界上最大的火山喷发之一，喷出的岩浆为玄武岩和英安岩混合岩浆，主要成分是橄榄石、辉石、石英等，喷出大量火山玻璃达到南海中部、西部海域，并且影响到海洋生态系统（Pallister et al.，1992；Wiesner et al.，1995；Haeckel et al.，2001）。马荣火山是比科尔火山链的一部分，位于吕宋岛东南部，距马尼拉约500 km，是世界上最著名的活火山之一，被称为世界上最完美的火山锥，方圆130 km，高为2421 m。马荣火山在20世纪的喷发历史具有周期性，几乎每十年爆发一次（Jentzsch et al.，2001）。历史上有记载，马荣火山共喷发47次，最大的一次是1814年2月，火山岩浆埋没了卡格沙瓦（Cagsawa）城，造成1200人丧生。马荣火山的火成岩从玄武岩到安山岩均有分布，但大多数是玄武质安山岩，SiO_2含量为54%～58%，其岩浆整体碱性较塔阿尔火山弱（Castillo and Newhall，2004）。位于苏门答腊岛的西北部的多巴（Toba）火山是全球第二大超级火山；约75000 a B.P.的大爆发，喷出物体积达到了3200 km^3，被认为是25 Ma以来最大规模火山爆发，火山灰使得天空灰暗，南极的Vostok冰芯记载该喷发让地球上的气温平均下降了4℃（Aldiss and Ghazali，1984；Rose and Chesner，1990）。

第三节　浮游有孔虫分布

浮游有孔虫生活在海洋上层，受到水温、营养盐、光照、竞争关系等众多生态因子的影响（李建如，2005）。但学术界以往主要关注水温对浮游有孔虫群落组成的影响，以及利用浮游有孔虫属种组合的特征重建古温度变化。1971年，Berger基于浮游有孔虫属种在温度最适合时丰度最大，且呈正态分布，建立了温度与属种含量的函数关系式。1971年，Imbrie和Kipp创建了转换函数法，即通过因子分析与多元回归分析求出微体化石组合与海水冬、夏温度之间的关系，从而将古生物化石组合信息定量转换为古温度信息。浮游有孔虫化石群的属种含量常用于重建海水表面温度。1981年，Thompson基于北太平洋表层沉积物浮游有孔虫统计数据建立了线性转换函数PF-12E。Pflaumann和Jian（1999）认为基于开放大洋表层样浮游有孔虫含量统计数据建立的转换函数PF-12E在揭示边缘海浮游孔虫群落组合特征与表层海水温度之间的关系方面效果欠佳，于是基于南海30个表层样浮游有孔虫统计数据以及西太平洋开放大洋的浮游有孔虫统计数据，用SIMMAX-28转换函数更好地揭示了浮游有孔虫群落组合特征与表层海水温度之间的关系。尽管Pflaumann 和Jian（1999）一定程度上研究了南海表层浮游有孔虫属种组合与表层海水温度之间的统计关系，但研究的表层样品分布范围较为有限，本书针对覆盖南海以及台湾岛东部海域的表层沉积物，研究浮游有孔虫主要属种的分布特征，探讨浮游有孔虫群落与环境因子之间的关系。除了探讨环境因子对浮游有孔虫群落的影响外，本书还关注碳酸钙溶解作用、浮游有孔虫壳体再沉积作用等发生在海底的地质过程对浮游有孔虫化石群的影响，以及浮游有孔虫化石群特征揭示的海底地质过程。通常而言，浮游有孔虫生活时的海洋环境因子、海底碳酸钙溶解作用、海底底流（含浊流）活动等多种因素共同造就了海底沉积物中浮游有孔虫化石群的属种组合特征，而沉积物浮游有孔虫属种的丰度以及整个浮游有孔虫化石群的丰度（即本书中所说的浮游有孔虫丰度）还受到陆源物质稀释作用的影响。

一、*Globigerinita*

南海和台湾岛以东海域浮游有孔虫有15属，分别是*Beella*、*Candeina*、*Globigerina*、*Globigerinella*、*Globigerinita*、*Globigerinoides*、*Globoquadrina*、*Globorotalia*、*Hastigerina*、*Neogloboquadrina*、*Orbulina*、*Pulleniatina*、*Sphaeroidina*、*Sphaeroidinella*、*Sphaeroidinellopsis*，其中，优势属包括*Globigerinoides*、*Globorotalia*、*Neogloboquadrina*、*Globigerina*、*Pulleniatina*。

南海和台湾岛以东海域浮游有孔虫有53种。浮游有孔虫属*Globigerinoides*的种最多，共有14种，分别是*Globigerinoides altiaperturus*、*G. angustiumbilicata*、*G. conglobatus*、*G. fistulosus*、*G. helicina*、*G. immatulus*、*G. obliquies*、*G. pyramidalis*、*G. quadrilobatus*、*G. ruber*、*G. sacculifer*、*G. tenellus*、

G. transitoria、*G. triloba*。浮游有孔虫属*Globorotalia*有12种，分别是*Globorotalia. crassaformis*、*G. cultrata*、*G. flexuosa*、*G. inflata*、*G. limbata*、*G. menardii*、*G. multicamerata*、*G. scitula*、*G. theyeri*、*G. truncatulinoides*、*G. tumida*、*G. ungulata*。浮游有孔虫属*Globigerina*有8种，分别是*Globigerina baroemoenensis*、*G. bermudezi*、*G. bulloides*、*G. calida*、*G. falconensis*、*G. nepenthes*、*G. quinqueloba*、*G. rubescens*。种类型较少的浮游有孔虫属包括：*Beella*（*B. digitata*）、*Candeina*（*C. nitida*）、*Globigerinella*（*G. aequilateralis*）、*Globigerinita*（*G. glutinita*）、*Globoquadrina*（*G. globosa*）、*Hastigerina*（*H. digitata*、*H. pelagica*、*H. siphonifera*）、*Neogloboquadrina*（*N. blowi*、*N. dutertrei*、*N. eggeri*、*N. pachyderma*）、*Orbulina*（*O. bilobata*、*O. universa*）、*Pulleniatina*（*P. obliquiloculata*、*P. praecursor*、*P. primalis*）、*Sphaeroidinella*（*S. dehiscens*）、*Sphaeroidinellopsis*（*S. paenedehiscen*、*S. subdehiscens*）。

常见的浮游有孔虫种有22种，在所有表层沉积物样本中出现的频率为14.46%～67.49%（表3.1）。对于含浮游有孔虫样品的表层沉积物而言，浮游有孔虫常见种的平均含量通常都大于2%，其中优势种平均含量大于10%。表层沉积物浮游有孔虫优势属种分别为*G. ruber*、*G. menardii*、*N. dutertrei*、*P. obliquiloculata*、*G. quadrilobatus*，它们的平均含量为10.84%～23.02%（表3.1）。

表3.1 表层沉积物常见浮游有孔虫种的出现频率与含量统计表

属种名称	出现频率/%	平均含量/%	含量中值/%
G. ruber	67.49	23.02	21.49
G. menardii	67.13	14.51	9.37
N. dutertrei	64.25	10.98	8.45
P. obliquiloculata	63.27	10.84	8.93
G. quadrilobatus	60.55	16.77	14.68
G. sacculifer	58.87	7.47	6.14
G. bulloides	54.15	8.88	4.17
G. conglobatus	54.00	3.30	2.57
G. aequilateralis	53.41	3.70	3.37
O. universa	44.68	3.28	2.09
S. dehiscens	44.29	2.58	1.16
G. glutinata	43.66	4.97	2.32
G. truncatulinoides	42.81	2.17	1.59
G. calida	37.89	2.81	1.43
G. inflata	30.02	3.04	1.43
G. falconensis	27.33	1.32	0.93
N. pachyderma	25.81	2.82	1.70
G. tumida	24.52	2.58	1.20
G. scitula	18.95	1.13	0.57
G. rubescens	18.48	2.85	1.55
G. flexuosa	17.35	1.96	1.33
G. ungulata	14.46	2.09	1.54

二、浮游有孔虫丰度分布

南海和台湾岛以东海域浮游有孔虫丰度变化较大，变化范围为0～648403枚/g，丰度平均值约为4978枚/g。总体而言，浮游有孔虫丰度分布具有陆坡区高、海盆区低的特点（图3.23）。一个浮游有孔虫高丰度区分布在南海北部陆坡东沙群岛周缘相对平坦的区域，该区浮游有孔虫丰度为10144～648403枚/g，平均丰度约为120389枚/g，大体上从南西向北东方向呈减小趋势，展布方向与海岸线大体平行，东沙群岛的西南面陆坡比东北面陆坡浮游有孔虫丰度更高。另一个浮游有孔虫高丰度区位于南海南部114° E以东的陆坡，该区浮游有孔虫丰度为10447～84230枚/g，平均丰度约为29777枚/g，浮游有孔虫丰度等值线的分布呈椭圆，高值中心位于郑和群礁东部、半路礁与仙宾礁之间的陆坡。与南海北部陆坡东沙群岛周缘浮游有孔虫丰度分布相比较，南沙东南部海域浮游有孔虫丰度具有整体相对偏小、分布相对均匀的特点。

在南海西北部从中建阶地，经过西沙海槽、一统斜坡，直至东沙群岛北部陆架，存在一个北东向的浮游有孔虫高丰度带，大部分表层沉积物浮游有孔虫丰度为3000～10000枚/g。这一浮游有孔虫高丰度带的西北侧，向岸方向浮游有孔虫丰度呈减小趋势。除中沙海台和中沙北海岭外，在其东南侧向离岸方向呈减小趋势。中沙海台和中沙北海岭的展布走向是南西–北东向，该区域浮游有孔虫丰度从南西向北东方向逐渐减小。

中南半岛东南面的陆坡和西南次海盆南侧陆坡是浮游有孔虫丰度的相对高值区，浮游有孔虫丰度为1000～10000枚/g。该相对高值区的南部陆坡和陆架浮游有孔虫丰度较低，大部分沉积物浮游有孔虫丰度为100～1000枚/g，局部小于100枚/g。在中建南海盆，浮游有孔虫丰度也普遍较低，为10～1000枚/g。在南海海盆，除海山及周缘、坡度大的陆坡外缘外，浮游有孔虫丰度普遍低，均小于10枚/g，甚至缺失浮游有孔虫。

台湾岛与巴士海峡以东的太平洋深水海域多数表层沉积物贫浮游有孔虫，浮游有孔虫丰度小于10枚/g，部分海域甚至缺失浮游有孔虫。在琉球群岛南侧及琉球海沟一带，浮游有孔虫丰度相对较高，但多数不足100枚/g。

南海和台湾岛以东海域表层沉积物浮游有孔虫丰度与水深有一定关系。在水深小于150 m的表层沉积物中，浮游有孔虫丰度随水深增大而线性增大[图3.24(a)、(b)]。当水深超过150 m后，表层沉积物中的浮游有孔虫丰度与水深之间不呈线性关系[图3.24(c)]，而呈对数关系，即随着水深增大，浮游有孔虫丰度的对数值呈减小趋势[图3.24(a)]。在水深大于4000 m的海底，有很多表层沉积物不含浮游有孔虫，但浮游有孔虫丰度接近1枚/g的表层沉积物也较为常见。

63

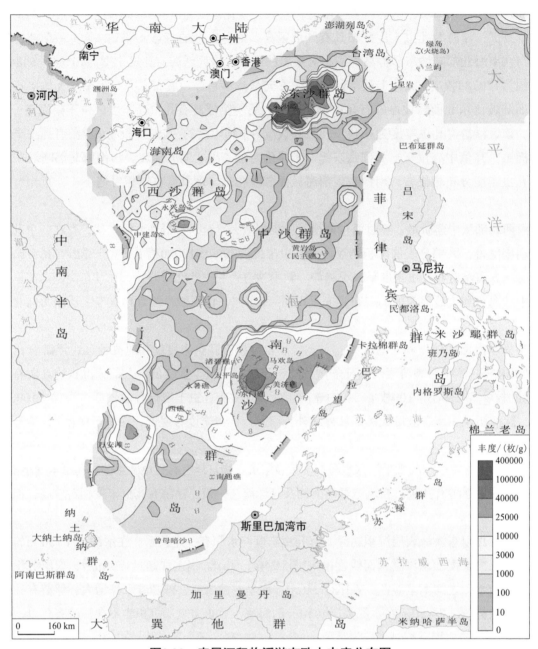

图3.23　表层沉积物浮游有孔虫丰度分布图

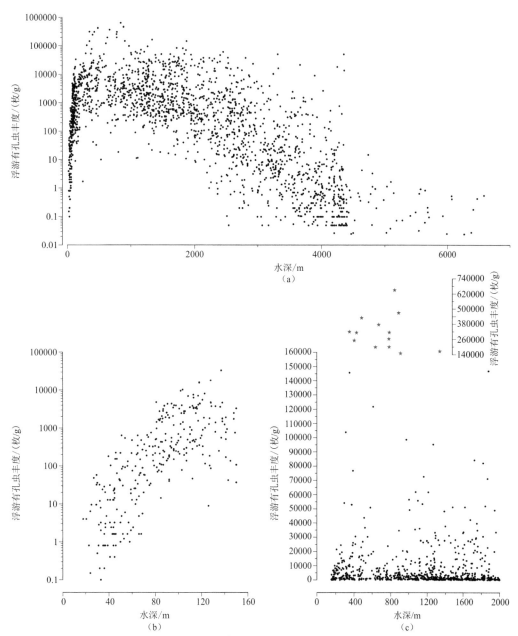

图3.24　表层沉积物浮游有孔虫丰度与水深散点图

三、浮游有孔虫主要属种分布

以全部表层沉积物样品为统计对象，研究区浮游有孔虫主要属种包括 *G. ruber*、*G. menardii*、*N. dutertrei*、*P. obliquiloculata*、*G. quadrilobatus*、*G. sacculifer*、*G. bulloides*、*G. conglobatus*、*G. aequilateralis*、*O. universa*、*S. dehiscens*、*G. glutinata*、*G. truncatulinoides*、*G. calida*、*G. inflata*、*G. falconensis*、*N. pachyderma*、*G. tumida*、*G. scitula*、*G. rubescens*、*G. flexuosa*、*G. ungulata*（表3.1），它们的含量分布情况如下。

G. ruber 含量为0～100%，平均含量约为19%（图3.25）。含量超过30%的表层沉积物具有局地分布的特点，在南海东北部陆架、海南岛周缘、中南半岛附近陆坡、西南次海盆等地多有出现。*G. ruber* 含量为0～30%的表层沉积物具有海盆尺度分布特点，其中含量为10%～30%的表层沉积物主要分布在南海陆

65

坡以及南海部分陆架；含量小于10%的表层沉积物主要分布在南海南部陆架及其相连的部分陆坡、南海北部珠江口以西、海南岛以北陆架、南海深海平原东北部、菲律宾深海平原等地。

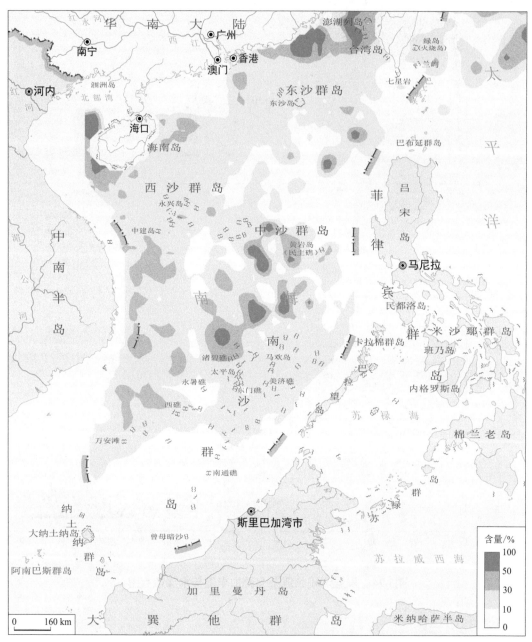

图3.25 *G. ruber*分布图

*G. quadrilobatus*含量为0～100%，平均含量约为19%[图3.26(a)]。含量超过40%的表层沉积物具有局地分布的特点，主要分布在南海深海平原的南部；含量为20%～40%的表层沉积物主要分布在南海东南部陆坡；含量为10%～20%的表层沉积物具有海盆尺度分布特点，主要分布在南海西部陆坡、陆架；含量小于10%的表层沉积物主要分布在南海东部陆架、陆坡和深海平原，在南海南部局部区域也有分布。

*P. obliquiloculata*含量为0～100%，平均含量约为8%[图3.26(b)]。分布具有明显的南北分区特点，南海北部陆坡和外陆架以及南海南部陆坡沉积物相对富含*P. obliquiloculata*，含量为5%～40%。南海中部陆坡和海盆、南海北部内陆架、菲律宾海深海平原沉积物含量较少，不足5%。

*G. menardii*含量为0～100%，平均含量约为12%[图3.26(c)]。含量大于30%的表层沉积物主要分布在南海深海平原；含量为10%～30%的表层沉积物主要分布在南海陆坡；含量小于10%的表层沉积物，主要分布在南海北部陆架、菲律宾海以及南海西部陆坡，在南海东南部陆坡及南海深海平原局部区域也有分布。

*G. sacculifer*含量为0～100%，平均含量约为6%[图3.26(d)]。在南海南部、海南岛周边、菲律宾海等局部区域，含量异常高；在南海大部分陆坡，含量较高，介于5%～15%；在南海海盆、南海北部陆架、菲律宾海以及南海西部越南岸外陆坡，含量较小，通常不足5%。

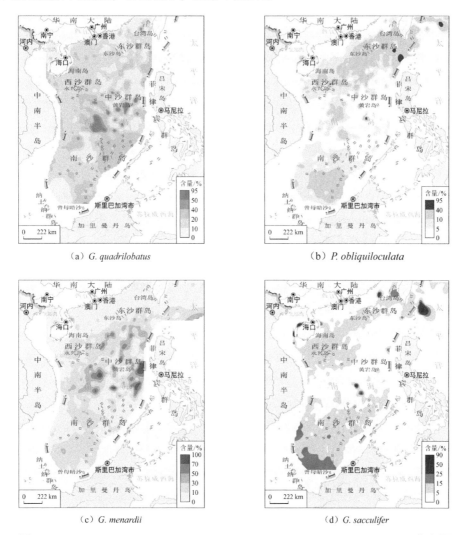

（a）*G. quadrilobatus*　　　　（b）*P. obliquiloculata*

（c）*G. menardii*　　　　（d）*G. sacculifer*

图3.26　*G. quadrilobatus*、*P. obliquiloculata*、*G. menardii*、*G. sacculifer*分布图

*G. bulloides*含量为0～100%，平均含量约为5%[图3.27(a)]。含量大于20%的表层沉积物主要分布在南海东北部沿岸附近；介于5%～20%的表层沉积物主要分布在南海东北陆架、陆坡以及南海西部越南岸外陆坡；除上述较富含*G. bulloides*区域外，研究区大部分区域表层沉积物通常较贫*G. bulloides*，该种含量常不足5%。

*G. aequilateralis*含量为0~28%，平均含量约为2%[图3.27(b)]。南海及台湾岛东部海域大部分表层沉积物含量较低，不足3%；相对富含*G. aequilateralis*的表层沉积物主要分布在南海南部陆架、陆坡以及南海北部陆坡。

*G. conglobatus*含量为0~50%，平均含量约为2%[图3.27(c)]。相对富含*G. conglobatus*的表层沉积物主要分布在南海北部陆坡，含量为3%~10%；含量大于10%表层沉积物仅局部分布；南海西南部海域含量中等偏低，介于1%~3%；含量不足1%的表层沉积物主要分布在南海北部陆架、南海深海平原、南海东南部陆坡、菲律宾深海平原等。

*G. glutinata*含量为0~100%，平均含量约为2%[图3.27(d)]。研究区大部分海域表层沉积物含量较少，不足2%；含量较高（>2%）的表层沉积物主要分布在南海西部中南半岛东侧陆坡、南海东北部陆架与陆坡、南海深海平原东部。

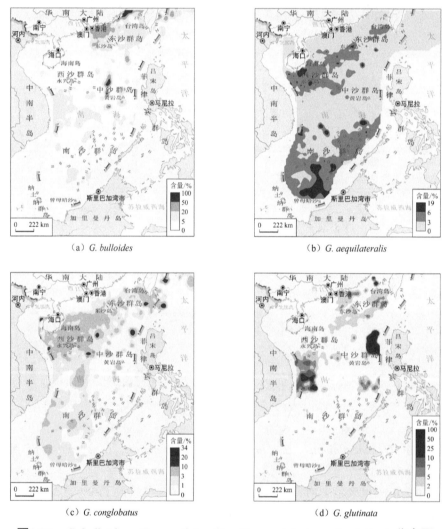

（a）*G. bulloides*

（b）*G. aequilateralis*

（c）*G. conglobatus*

（d）*G. glutinata*

图3.27 *G. bulloides*、*G. aequilateralis*、*G. conglobatus*、*G. glutinata*分布图

*O. universa*含量为0~100%，平均含量约为1.5%[图3.28(a)]。含量大于3%的表层沉积物主要分布在南海东南部陆坡，其余海域大多数表层沉积物贫*O.universa*。

*G.calida*含量为0~100%，平均含量约为1%[图3.28(b)]。相对富含*G.calida*的表层沉积物分布于南海东南部巴拉望岛西侧陆坡、南海西部中南半岛东侧陆坡，以及南海北部珠江口东南侧陆架；其余区域表层沉

积物贫*G.calida*，含量通常不足1%。

 *G. truncatulinoides*含量为0～50%，平均含量约为0.9%[图3.28(c)]。含量大于1%的表层沉积物主要分布在南海西部中南半岛附近陆坡，以及海南岛东南侧陆坡；研究区其余海域含量通常不足1%。

 *G. inflata*含量为0～28%，平均含量约为0.9%[图3.28(d)]。含量大于1%的表层沉积物主要分布在南海北部陆坡；研究区其余海域含量通常不足1%。

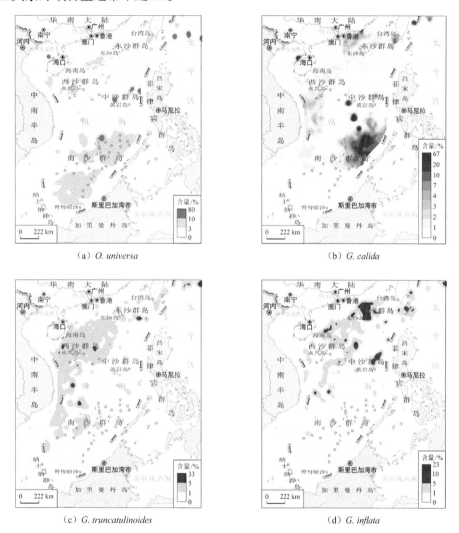

    （a）*O. universa*   （b）*G. calida*

    （c）*G. truncatulinoides*   （d）*G. inflata*

图3.28 *O. universa*、*G. calida*、*G. truncatulinoides*、*G. inflata*分布图

 *S. dehiscens*含量为0～100%，平均含量约为1%[图3.29(a)]。含量大于1%的表层沉积物主要分布在南海西北部靠近南海深海平原的陆坡，以及台湾岛附近的菲律宾海等；研究区其余海域含量通常不足1%。

 *N. pachyderma*含量为0～50%，平均含量约为0.7%[图3.29(b)]。含量相对较高（大于1%）区域分布较广，总体在南海东南部陆坡、南海西北部陆坡；研究区其余海域含量通常不足1%。

　　除了上述常见的浮游有孔虫外，还有一些出现频次较高的浮游有孔虫种[图3.29(c)、(d)和图3.30]，但它们在研究区多数区域含量都小于1%，仅在局部区域含量较高，例如，*G. rubescens*百分含量在南海东南部巴拉望岛西北部陆坡相对较高，*G. flexuosa*百分含量在海南岛东南侧陆坡相对较高。

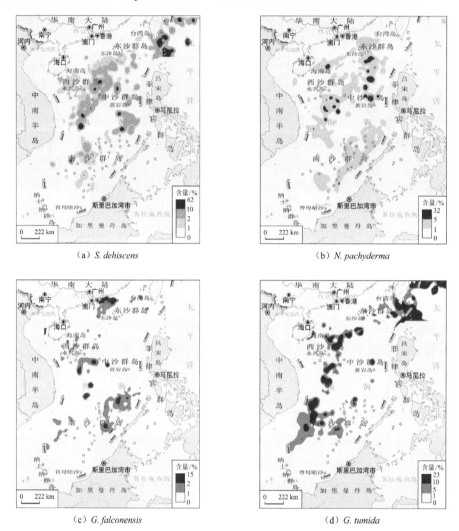

　　　　（a）*S. dehiscens*　　　　　　　　　　　（b）*N. pachyderma*

　　　　（c）*G. falconensis*　　　　　　　　　　　（d）*G. tumida*

图3.29　*S. dehiscens*、*N. pachyderma*、*G. falconensis*、*G. tumida*分布图

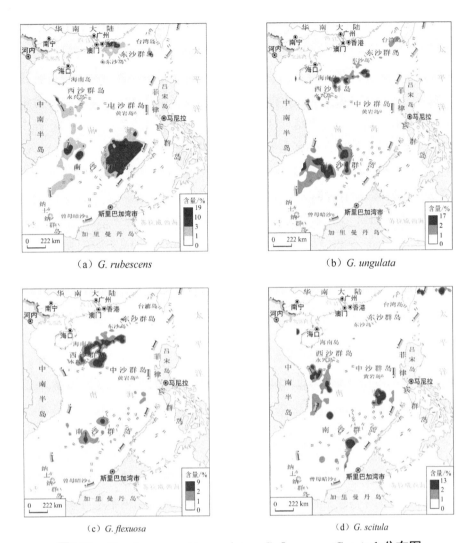

（a）*G. rubescens*　　　　　　　（b）*G. ungulata*

（c）*G. flexuosa*　　　　　　　（d）*G. scitula*

图3.30　*G. rubescens*、*G. ungulata*、*G. flexuosa*、*G. scitula*分布图

四、浮游有孔虫属种含量变化揭示的海洋环境特征

前人常用沉积物中浮游有孔虫化石组合特征重建浮游有孔虫生活时的海水古温度，本书也试图通过表层沉积物浮游有孔虫含量变化特征研究南海及台湾岛东南部海洋环境，但浮游有孔虫化石群组合面貌除了受浮游有孔虫生活时的环境影响外，还受到海底沉积作用、溶解作用等多种因素的影响。尤为重要的是，浮游有孔虫生活在海水时的群落组合面貌经过海底沉积过程和（或）碳酸钙溶解作用改造后若发生显著变化，则基于其开展海水环境变化研究需考虑更多的制约条件。实际上，从上文浮游有孔虫主要属种含量的分布可以看出，尽管各属种分布的分区性比较明显，但亦存在含量的极端高值，有些表层沉积物甚至仅含一种浮游有孔虫（即含量100%），这种海底沉积物浮游有孔虫化石群显然与海底地质过程关系密切，不能简单用于海洋环境特征分析。因此，有必要剔除活体浮游有孔虫群落和浮游有孔虫化石群组合特征显著不同的样品的干扰。

在碳酸钙溶解作用强烈的区域，沉积浮游有孔虫壳体遭受强烈的溶蚀，导致浮游有孔虫沉积化石群与海水中浮游有孔虫群落的组合面貌截然不同。但在碳酸钙溶解作用不太强烈或较弱的区域，识别浮游有孔虫群落被沉积和溶解显著改造的样品通常较为困难，本书将浮游有孔虫化石群中常见浮游有孔虫种的百分含量特别异常高的表层样作为异常样品予以剔除（下文中将浮游有孔虫化石群与活体浮游有孔虫群落显著不同的样品统称为异常样品，将浮游有孔虫化石群与活体浮游有孔虫群落特征基本一致的样品统称为正常样品）。此外，本书将G. ruber百分含量小于10%的表层沉积物亦作为异常样品剔除，因为G. ruber是本书研究的表层样中统计学上最常见的浮游有孔虫种，同时亦是热带海洋极常见的浮游有孔虫种，在浮游有孔虫化石群组合面貌与对应活体浮游有孔虫群落基本一致的表层沉积物中，该种百分含量不应过低。每种浮游有孔虫在活体浮游有孔虫群落中的丰富程度是不同的，因此其在浮游有孔虫化石群中特别异常高的标准亦不同。在本书中，表层沉积物中浮游有孔虫种百分含量特别异常高的标准根据全部样品中该种的百分含量直方图确定，例如，将G. ruber含量>30%视作其百分含量特别异常高的标准，而将O. universa含量>8%视作该种百分含量特别异常高的标准。

　　根据上述浮游有孔虫化石群与活体浮游有孔虫群落显著不相同的判断原则，列举出23个判断标准（表3.2），据此剔除异常样品后剩余374个样品。需要说明的是，表3.2中所列标准均为判定异常样品的必要条件，只有同时不满足全部标准的表层沉积物才具备可以基于浮游有孔虫化石群组合特征反演浮游有孔虫生活海水环境的充分条件。当然，理论上仍不能排除经过上述筛选后得到的样品中还存在部分异常样品的可能性，为了进一步消除异常样品对环境分析的影响以及找出影响浮游有孔虫生活的趋势性的环境因子，研究采取以下三个策略：①剔除全部水深大于3000 m的表层样，这类样品有15个，其水深范围为3048～4048 m，这些样品在较强的碳酸钙溶解环境中依然未表现出浮游有孔虫常见属种百分含量的异常特征，这可能与特殊的沉积过程有关。②剔除了深海平原海山上的样品，这类样品有10个，尽管可能为正常样品，但其地理位置在空间分布上均为孤立点，与邻近点的距离较大，不利于揭示区域性的影响浮游有孔虫生活的环境因子。③从374个表层样中剔除水深大于3000 m的表层样和海山上表层样后，对349个正常样品（图3.31）采用克里金插值法获得各个网格节点上的浮游有孔虫常见属种的百分含量，然后进一步用插值滤波方法（克里金插值网格间距采用Suffer软件默认设置，网格滤波采用13×13移动平均低通滤波法；13×13的滤波尺寸是经过比对G. ruber百分含量克里金插值数据在多种滤波尺寸的滤波效果基础上优选的方案）平滑各插值节点上的相关数据，最后对这些经滤波处理后的网格节点上的浮游有孔虫常见属种百分含量进行因子分析，探讨浮游有孔虫百分含量与海洋环境特征之间的关系。下文有关浮游有孔虫种百分含量的描述均只针对349个被视为能够用于浮游有孔虫生活环境研究的表层样而言，文中的所有统计数据皆基于实测资料，有关浮游有孔虫常见种百分含量的分布图均是基于实测数据经克里金插值和滤波处理后的网格化数据。

表3.2　异常样品的判断标准一览表

序号	判断指标	异常样品判断标准
1	浮游有孔虫丰度	<50 枚 /g
2	G. ruber 百分含量	<10% 或者 >30%
3	G. menardii 百分含量	>20%
4	N. dutertrei 百分含量	>20%
5	P. obliquiloculata 百分含量	>20%
6	G. quadrilobatus 百分含量	>35%
7	G. sacculifer 百分含量	>15%
8	G. bulloides 百分含量	>20%
9	G. conglobatus 百分含量	>6%
10	G. aequilateralis 百分含量	>10%
11	O. universa 百分含量	>8%
12	S. dehiscens 百分含量	>4%

续表

序号	判断指标	异常样品判断标准
13	*G. glutinata* 百分含量	>8%
14	*G. truncatulinoides* 百分含量	>4%
15	*G. calida* 百分含量	>15%
16	*G. inflata* 百分含量	>13%
17	*G. falconensis* 百分含量	>4%
18	*N. pachyderma* 百分含量	>5%
19	*G. tumida* 百分含量	>4%
20	*G. scitula* 百分含量	>2.5%
21	*G. rubescens* 百分含量	>5%
22	*G. flexuosa* 百分含量	>2.5%
23	*G. ungulata* 百分含量	>4%

图3.31　用于研究浮游有孔虫属种含量与海洋环境特征关系的表层沉积物站位分布图

（一）筛选站位浮游有孔虫属种含量分布

经统计，有22个浮游有孔虫常见种，其中，平均含量大于2%的浮游有孔虫种有10个，分别是 *G. ruber*、*G. quadrilobatus*、*P. obliquiloculata*、*N. dutertrei*、*G. menardii*、*G. sacculifer*、*G. bulloides*、*G. aequilateralis*、*G. conglobatus*、*G. glutinata*；平均含量为1%～2%的浮游有孔虫种有两个，为*G. calida* 和*G. truncatulinoides*；平均含量小于1%的浮游有孔虫种有九个，分别是*G. inflata*、*S. dehiscens*、*N. pachyderma*、*G. falconensis*、*G. tumida*、*G. rubescens*、*G. ungulata*、*G. flexuosa*、*G. scitula*。

*G. ruber*是研究区最常见的浮游有孔虫种，平均含量约为22.7%，在南海海域呈现北高南低的特点 [图3.32(a)]，在中南半岛东侧海域最高，从越南岸外向东北方向百分含量呈减小趋势。*G. ruber*含量在南海西部和北部整体比南海南部偏高，从越南岸外到台湾岛西部，主要为22%～24%；而在南海南部陆坡，含量多为21%～23%；此外，在南海北部东沙群岛西部附近海域存在东北-南西走向的含量低值区，其含量为21%～22%。

*G. quadrilobatus*是研究区常见浮游有孔虫种中平均含量第二高的种[图3.32(b)]，平均含量约为16.4%。含量高值区位于南海东南部陆坡，主要为20%～28%；第二高值区位于南海西北部，含量为16%～20%；在南海西南部和南海东北部，含量都相对较低，主要为12%～16%。

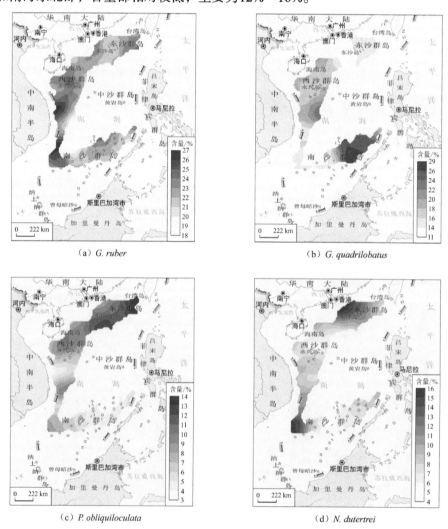

（a）*G. ruber*　　　　　　　　　（b）*G. quadrilobatus*

（c）*P. obliquiloculata*　　　　　　　（d）*N. dutertrei*

图3.32　筛选站位*G. ruber*、*G. quadrilobatus*、*P. obliquiloculata*、*N. dutertrei*分布图

*P. obliquiloculata*是研究区常见浮游有孔虫种中平均含量第三高的种，平均含量约为9.8%[图3.32(c)]。含量高值区主要分布在海南岛至台湾岛之间的南海北部区域，变化范围主要为8%～12%；在南海17°N以南区域，含量整体偏低，尤其是南海东南部区域，*P. obliquiloculata*平均含量小于5%；在越南岸外约12°～13°N附近区域，*P. obliquiloculata*平均含量相对较高，为8%～9%。

*N. dutertrei*是研究区常见浮游有孔虫种中平均含量第四高的种[图3.32(d)]，平均含量约8.5%。含量高值区主要分布在南海西南部和南海东北部，变化范围主要为10%～16%；在南海东南部和西北部，含量普遍较低，变化范围主要为5%～9%。

*G. menardii*是研究区常见浮游有孔虫种中平均含量第五高的种[图3.33(a)]，平均含量约为8.2%。含量高值区主要分布在越南岸外13°～14°N区域，其含量约为12%，从该高值区域往北达海南岛东南部，再往东北达台湾岛西部附近海域，含量呈现减小趋势；在南海东南部区域，含量处于中等水平；南海西南部是含量低值区，通常不超过5%。

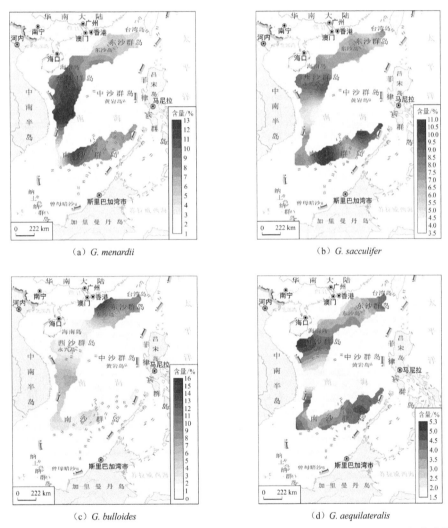

（a）*G. menardii*　　　　　　　　　　（b）*G. sacculifer*

（c）*G. bulloides*　　　　　　　　　　（d）*G. aequilateralis*

图3.33　筛选站位*G. menardii*、*G. sacculifer*、*G. bulloides*、*G. aequilateralis*分布图

*G. sacculifer*是研究区常见浮游有孔虫种中平均含量第六高的种[图3.33(b)]，平均含量为7.5%。该种含量在南海整体变化比较均衡，南部比北部略高；从南海西北部到南海东北部，含量略呈减小趋势；在越南岸外12°～14°N区域，为含量低值区。

*G. bulloides*是研究区常见浮游有孔虫种中平均含量第七高的种[图3.33(c)]，平均含量约为4.7%。含量

高值区主要分布在南海东北部；次高值区分布在越南岸外12°～14°N区域。在南海东北部，*G. bulloides*含量主要变化范围为6%～16%，在越南岸外12°～14°N区域为6%～7%。

*G. aequilateralis*是研究区常见浮游有孔虫种中平均含量第八高的种[图3.33(d)]，平均含量约为3.9%。南海西北部和东南部是*G. aequilateralis*含量高值区，主要变化范围为4%～5%，其中，从南海西北部（海南岛西南部）往东北方向，含量呈减少趋势，在台湾岛西南部海域又有所增多；含量低值区主要位于越南岸外12°～14°N区域，常小于2%。

*G. conglobatus*是研究区常见浮游有孔虫种中平均含量第九高的种[图3.34(a)]，平均含量约为2.9%。南海西北部为含量高值区，主要变化范围为3%～4%；在南海14°N以南，含量整体偏低，其中，越南岸外12°～14°N区域为一个低值区，含量通常小于2%，在8°～14°N区域，*G. conglobatus*百分含量自西向东呈逐渐减小趋势。

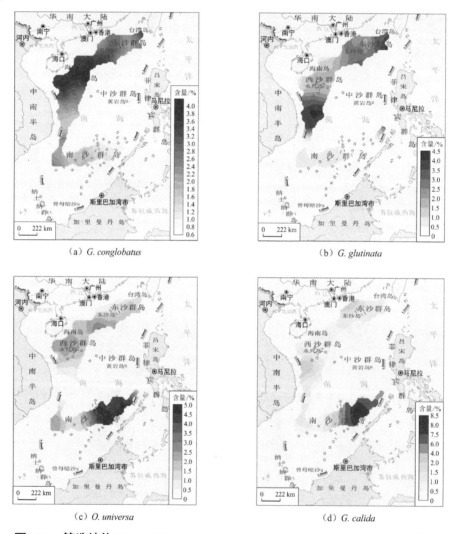

（a）*G. conglobatus*　　　　　　（b）*G. glutinata*

（c）*O. universa*　　　　　　（d）*G. calida*

图3.34　筛选站位*G. conglobatus*、*G. glutinata*、*O. universa*、*G. calida*分布图

*G. glutinata*是研究区常见浮游有孔虫种中平均含量第十高的种[图3.34(b)]，平均含量约2.1%。含量高值区分布在越南岸外12°～16°N区域和南海东北部。在越南岸外12°～16°N区域，*G. glutinata*含量主要变化范围是3%～4%；在南海东北部，该种含量主要变化范围是2%～3%。在南海南部，*G. glutinata*含量整体偏低，通常小于1%；在南海西北部，含量也较低，主要变化范围为1%～2%。

*O. universa*是研究区常见浮游有孔虫种中平均含量第十一高的种[图3.34(c)]，平均含量约为2.1%。含量高值区主要位于南海东南部，主要变化范围为3%～5%；在南海其余区域，该种含量较低，尤其是越南岸外10°～15°N区域，不足1%。

*G. calida*平均含量约为1.5%，含量高值区位于南海东南部，变化范围为2%～5%；在南海其余区域，该种含量较低，通常小于2%[图3.34(d)]。

*G. truncatulinoides*平均含量约为1.4%，含量高值区主要位于南海西北部，从越南岸外12°N至珠江口南面20°N区域，平均含量变化范围为1%～2%；南海南部、东北部为含量低值区，通常小于0.8%[图3.35(a)]。

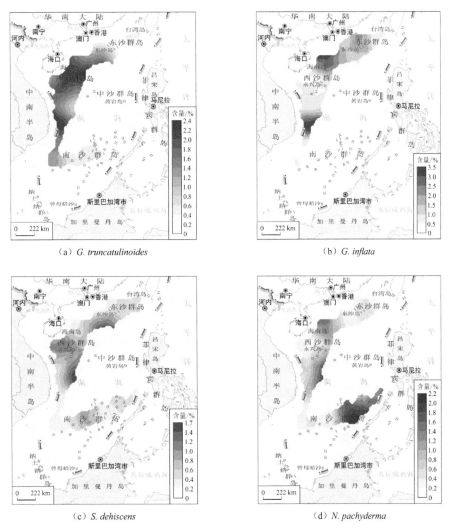

（a）*G. truncatulinoides*　　　　　　　（b）*G. inflata*

（c）*S. dehiscens*　　　　　　　（d）*N. pachyderma*

图3.35　筛选站位*G. truncatulinoides*、*G. inflata*、*S. dehiscens*、*N. pachyderma*分布图

*G. inflata*平均含量约为0.9%，其含量高值区主要位于越南岸外12°～14°N区域和海南岛东部，主要变化范围为2%～3.5%；在东沙群岛附近区域，含量也较高，变化范围为1.5%～2%；在南海南部，含量普遍较低，小于0.5%[图3.35(b)]。

*S. dehiscens*平均含量约为0.8%，其含量高值区南海西北部，主要变化范围为0.8%～1%；其余多数地方不足0.5%[图3.35(c)]。

*N. pachyderma*平均含量约为0.6%，其含量高值区主要分布在南海东南部，主要变化范围为1.5%～2%；其余区域百分含量较低[图3.35(d)]。

*G. falconensis*平均含量约为0.5%，其含量相对高值区主要位于南海西北部、南海南部礼乐滩附近区域以及珠江口外的陆坡区域，主要变化范围为0.6%～1%；在其他区域，含量较低，其等值线的分布局地差异性较大[图3.36(a)]。

*G. tumida*平均含量约为0.5%，其含量相对高值区位于南海西南部、南海东北部。在南海西南部，主要变化范围为1%～2%；在南海东北部，主要变化范围为0.8%～1.5%。含量低值区分布在南海西北部和东南部，通常小于0.6%[图3.36(b)]。

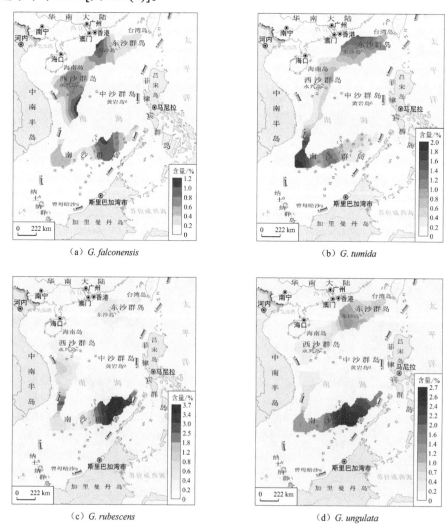

（a）*G. falconensis*   （b）*G. tumida*

（c）*G. rubescens*   （d）*G. ungulata*

图3.36　筛选站位*G. falconensis*、*G. tumida*、*G. rubescens*、*G. ungulata*分布图

　　*G. rubescens*平均含量约为0.5%，其含量相对高值区位于南海西南部，主要变化范围为2%～3%；含量次高值区位于中南半岛东南侧附近海域，主要变化范围为1%～2.4%；其余区域整体以*G. rubescens*含量低为特点，通常不超过0.5%[图3.36(c)]。

　　*G. ungulata*平均含量约为0.5%。在南海南部，尤其是南海东南部，*G. ungulata*含量相对较高，主要变化范围为1%～2.6%；南海东北部也是一个含量相对高值区，主要变化范围为0.6%～1.2%[图3.36(d)]。

　　*G. flexuosa*平均含量约为0.4%。其等值线没有明显的区域分布特点，仅在局部区域可见趋势性变化，如在南海东北部，*G. flexuosa*含量自西向东呈减小趋势[图3.37(a)]。

　　*G. scitula*平均含量约为0.2%，其含量相对高值区主要分布在越南岸外附近海域，主要变化范围为0.5%～1.4%；其余区域含量较低，通常小于0.3%[图3.37(b)]。

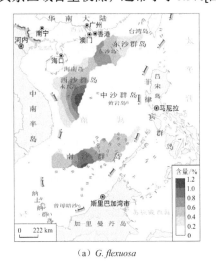　　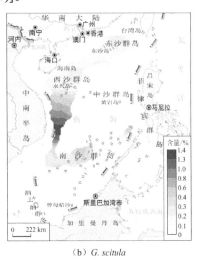

(a) *G. flexuosa*　　　　　　　　　　　　(b) *G. scitula*

图3.37　筛选站位*G. flexuosa*、*G. scitula*分布图

（二）浮游有孔虫属种含量分布反映的海洋环境特征

　　上文所描述的常见种除了少数种外，总体上均表现出一定的趋势性变化特征。通过因子分析方法研究常见种组合情况，并进一步研究这些浮游有孔虫组合的环境意义。检验统计量KMO等于0.608，说明上文所列的常见浮游有孔虫种适合做因子分析。使用主成分分析法抽取因子，以抽取的主成分特征值大于1为标准，特征值和特征向量的计算基于常见浮游有孔虫种之间的相关矩阵。主成分分析法共抽取得六个成分，累积解释总方差的87.239%（表3.3）；在此基础上，使用Promax斜交旋转法获得最终六个因子，这六个因子的模式矩阵见表3.4，各因子得分的分布见图3.38。

　　第一因子得分在南海东南部较高，在其余区域整体偏低[图3.38(a)]。在第一因子上，正载荷数值较大的浮游有孔虫种有*G. rubescens*、*G. calida*、*G. ungulata*、*N. pachyderma*、*G. quadrilobatus*（表3.4），这些浮游有孔虫百分含量在南海东南部都以高值为特征；负载荷绝对值较大的浮游有孔虫种有*G. conglobatus*、*P. obliquiloculata*、*G. truncatulinoides*，这些浮游有孔虫百分含量在南海西北部、北部以高值为特征（表3.4）。

　　第二因子在越南岸外附近海域得分最高，在南海东北部得分次高[图3.38(b)]。在第二因子上，正载荷值较大的浮游有孔虫种有*G. glutinata*、*G. scitula*、*G. bulloides*、*G. inflata*、*N. dutertrei*（表3.4），这些浮游有孔虫百分含量在南海越南岸外附近海域较高，此外，*G. bulloides*百分含量在南海东北部最高；负载荷绝对值较大的浮游有孔虫种有*G. aequilateralis*、*G. sacculifer*、*O. universa*，这些种在南海越南岸外附近海域百分含量较低，在南海东南部、西北部百分含量较高。

表3.3　主成分分析法提取的六个成分的方差解释情况

成分	初始方法提取		
	特征值	方差/%	累积方差/%
主成分1	7.952	36.146	36.146
主成分2	3.767	17.122	53.268
主成分3	2.798	12.718	65.986
主成分4	1.809	8.224	74.210
主成分5	1.641	7.461	81.671
主成分6	1.225	5.568	87.239

表3.4　模式矩阵Promax斜交旋转法因子分析模式矩阵

浮游有孔虫	第一因子	第二因子	第三因子	第四因子	第五因子	第六因子
G. rubescens	**0.885**	−0.095	0.022	−0.204	0.029	0.070
G. calida	**0.834**	−0.102	0.037	−0.082	0.174	−0.068
G. ungulata	**0.772**	−0.191	−0.262	0.128	0.018	−0.186
G. quadrilobatus	**0.633**	0.008	**0.451**	−0.131	0.296	0.002
N. pachyderma	**0.633**	0.167	**0.440**	−0.185	0.244	−0.172
G. glutinata	−0.315	**0.746**	0.010	0.025	0.108	−0.054
G. scitula	0.249	**0.703**	0.281	−0.170	**−0.467**	0.179
G. bulloides	−0.092	**0.647**	**−0.604**	0.026	0.064	−0.131
G. inflata	−0.370	**0.334**	0.127	**−0.564**	−0.216	−0.311
N. dutertrei	−0.034	**0.322**	**−0.828**	−0.151	0.159	0.224
G. menardii	−0.036	0.289	**0.896**	0.282	−0.172	−0.074
S. dehiscens	−0.527	0.130	**0.546**	**0.486**	0.266	−0.210
G. flexuosa	−0.043	0.096	0.126	**1.019**	0.453	−0.079
G. falconensis	0.042	0.124	−0.033	0.481	**1.110**	0.244
G. ruber	−0.120	−0.008	−0.256	−0.044	0.283	**1.023**
G. tumida	0.022	0.012	**−0.817**	0.149	−0.139	0.049
O. universa	0.384	**−0.588**	0.122	−0.029	0.247	−0.085
G. sacculifer	−0.039	**−0.762**	0.138	0.320	**−0.430**	−0.100
G. aequilateralis	−0.217	**−1.017**	0.026	−0.196	−0.090	0.046
G. truncatulinoides	**−0.726**	−0.099	**0.479**	−0.223	0.018	0.369
P. obliquiloculata	**−0.826**	−0.083	−0.277	−0.235	0.057	−0.279
G. conglobatus	**−1.080**	−0.299	0.122	−0.089	0.197	0.072

注: 加粗为主要因子载荷。

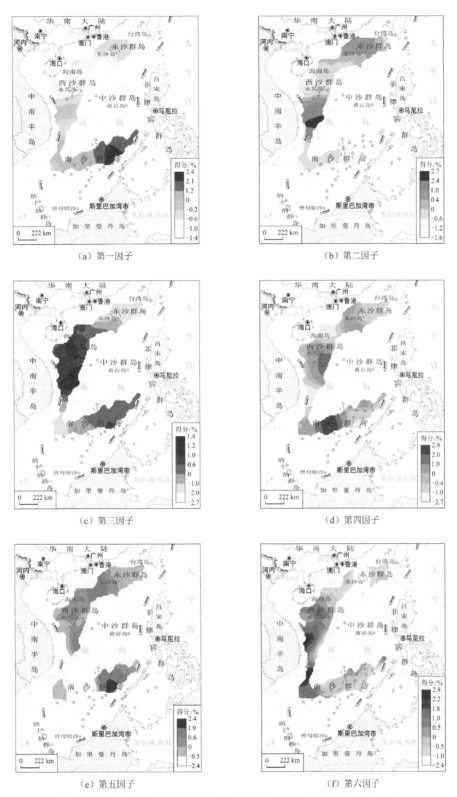

（a）第一因子　　　　　　　　　　　（b）第二因子

（c）第三因子　　　　　　　　　　　（d）第四因子

（e）第五因子　　　　　　　　　　　（f）第六因子

图3.38　筛选站位浮游有孔虫主要属种六个因子的得分分布图

第三因子得分在南海西北部数值最高，在南海东南部数值次高[图3.38(c)]，在南海西南部和东北部数值较低。在第三因子上，正载荷数值较大的浮游有孔虫种有 *G. menardii*、*S. dehiscens*、*G. truncatulinoides*、*G. quadrilobatus*、*N. pachyderma*（表3.4），其中，*G. menardii*、*G. truncatulinoides*、

G. quadrilobatus，百分含量在南海西北部较大，*G. menardii*、*G. quadrilobatus*、*N. pachyderma*在南海东南部百分含量较大；负载荷绝对值较大的浮游有孔虫种有*N. dutertrei*、*G. tumida*、*G. bulloides*，这些浮游有孔虫百分含量在南海西南部和东北部含量较高。

第四因子得分在南海南部礼乐滩西侧海域、南海西北部和东北部得分较高，在越南岸外西南部海域、海南岛东部局部区域得分较低[图3.38(d)]。在第四因子上，正载荷数值较大的浮游有孔虫种有*G. flexuosa*、*S. dehiscens*等（表3.4），这些浮游有孔虫种在礼乐滩西侧海域、南海西北部百分含量明显高；负载荷绝对值较大的浮游有孔虫种有*G. inflata*，该种在越南岸外12°～14° N区域、海南岛东部局部区域百分含量较高（表3.4）。

第五因子在南海东南部和北部得分较高，在越南岸外东南侧海域得分较低[图3.38(e)]。在第五因子上，正载荷数值较大的浮游有孔虫种有*G. falconensis*（表3.4），该种百分含量分布与第五因子得分分布相似；负载荷绝对值较大的浮游有孔虫种有*G. scitula*、*G. sacculifer*，这两个种百分含量在南海南部与第五因子得分大体相反。

第六因子在南海的因子得分差异变化不明显，在南海西部得分相对较高，在南海东南部和东北部含量较低[图3.38(f)]，主要反映*G. ruber*百分含量的趋势变化。在第六因子上，正载荷数值较大的浮游有孔虫种有*G. ruber*（表3.4），该种百分含量分布与第六因子得分分布相似。

通过比较因子得分的分布特征、各主要浮游有孔虫种在各因子上的载荷情况，以及各个种百分含量分布情况，结合南海环境变化特征，可进一步探索各因子的环境意义。第二因子具有较明确的环境意义，该因子在中南半岛东侧附近海域得分较高，而*G. glutinata*、*G. scitula*、*G. bulloides*在第二因子上的载荷较高，它们的百分含量在中南半岛东侧附近海域也都较高，特别地，*G. bulloides*是一个在上升流环境下较繁盛的典型冷水种，且物理海洋学观测和研究表明中南半岛东侧附近海域的确存在显著的上升流，因此，第二因子主要反映上升流对浮游有孔虫群落组成的影响。根据第二因子的分布情况，还可以看到南海东北部也是第二因子得分高值区，该区域对应着*G. bulloides*百分含量高值区域，因此推测这一区域也发育较强的上升流。

第一因子得分具有明显的南北差异特征，南海东南部为因子得分高值区，南海北部为因子得分低值区，南海西南部和西部的因子得分中等。第三因子得分具有南海东南部与西北部高、南海西南部和东北部较低的特点。第一因子和第三因子在南海东南部海域都有较高的得分，因此，第一因子和第三因子在南海东南部可能具有共同的属性。第一因子和第三因子之所以在南海东南部海域都有较高的得分，主要因为*G. quadrilobatus*、*N. pachyderma*在该区域百分含量均相对较高。但有两个浮游有孔虫种显示了第一因子和第三因子环境意义的本质差别，即*P. obliquiloculata*在第一因子上具有绝对值较大的负载荷，而在第三因子上的载荷的绝对值很小，*P. obliquiloculata*百分含量高值区主要分布在南海北部；另一个种是*G. truncatulinoides*，该种百分含量在第一因子上有绝对值较大的负载荷，而在第三因子上有较大的正载荷，*G. truncatulinoides*百分含量高值区主要分布在南海西北部及附近海域。*P. obliquiloculata*在西太平洋黑潮影响区较繁盛，被当作研究黑潮变化的指标种，如果将因子解释为代表黑潮经过巴士海峡侵入南海后的影响过程，似乎也是合理的，黑潮侵入南海后在从北往南运移过程中逐渐变性，其影响也逐渐减弱，根据第一因子得分分布情况，可知黑潮影响越弱的区域第一因子得分越高，在第一因子上载荷较大的浮游有孔虫*G. rubescens*、*G. calida*、*G. ungulata*、*G. quadrilobatus*、*N. pachyderma*相对繁盛。形成对比的是，*G. truncatulinoides*、*P. obliquiloculata*、*G. conglobatus*在第一因子上有绝对值较大的负载荷，推测在黑潮影响较大的南海北部相对繁盛。

能揭示第三因子环境含义的浮游有孔虫主要有*G. menardii*、*S. dehiscens*、*G. tumida*、*N. dutertrei*，其中，前两个浮游有孔虫种都在南海西北部、西部离岸相对较远的开放海域含量较高，而后两个浮游有孔虫种主要在南海东北部和西南部含量较多，上述四个种都属于深水种，说明第三因子主要反映水深较大水层的环境差异，*G. menardii*更适宜在暖水中生活，而*N. dutertrei*更适宜在冷水中生活，推测第三因子反映了南海西北部深层水较暖、南海西南部和东北部深层水较冷的特点。在此认识下，还可进一步推测，第三因子代表的较深水层环境要素在黑潮影响较弱的南海东南部促进了*G. quadrilobatus*和*N. pachyderma*的相对繁盛，南海东南部深层水也较暖。因此，第三因子代表较深水层冷暖的变化。

第四因子主要反映*G. flexuosa*百分含量变化情况，*G. flexuosa*百分含量在第四因子上的载荷高达1.019。第五因子主要反映*G. falconensis*的百分含量变化情况，*G. falconensis*的百分含量在第五因子上的载荷高达1.11。然而，由于*G. flexuosa*、*G. falconensis*百分含量不高，故在此不进一步探索二者的环境意义。

第六因子主要反映*G. ruber*百分含量变化情况，在第六因子上的载荷绝对值高的浮游有孔虫种仅有*G. ruber*。*G. ruber*适宜生活在近海表面的环境中，因此，第六因子主要反映近表层海洋环境的变化。第六因子得分和*G. ruber*百分含量均具有中南半岛东侧、东南侧附近海域较高的特点；从中南半岛东侧附近海域向南海东北部、从中南半岛东南侧附近海域向南海东南部，第六因子得分和*G. ruber*百分含量都均呈现减小的趋势。据此分析，表层海水温度并非第六因子得分和*G. ruber*百分含量变化的主控因素，因为中南半岛东部上升流区近表层海水温度较低，但该区域第六因子得分和*G. ruber*百分含量都很高，南海南部位于西太平洋-印度洋暖池区，该区域近表层海水温度也比南海北部高，但南海南部和北部的第六因子得分和*G. ruber*百分含量却相差不大。推测研究区第六因子得分和*G. ruber*百分含量变化的主要控制因素是营养物质含量的多少，上升流区营养物质较高，*G. ruber*百分含量也相对较高。

第四节 钙质超微化石分布

钙质超微化石是海洋浮游植物颗石藻的钙质细小圆粒颗石沉积于海底沉积物中的组分。前人通过钙质超微化石主要用于研究古生产力的变化、碳酸钙溶解作用等，不过，南海钙质超微化石属种组合空间分布特征相关的研究工作还比较少见，前人在利用钙质超微化石重建古生产力变化时常引用其他海域的数据（张试颖和刘传联，2005）。本节基于实测资料讨论南海及台湾岛东部海域表层沉积物钙质超微化石分布特点。

一、属种组成及主要属种

南海和台湾岛以东海域钙质超微化石有32属，分别是*Anguloithina*、*Braanudosphaera*、*Calcidiscus*、*Calciosolenia*、*Ceratolithus*、*Coccolithus*、*Coccosphere*、*Coronocycus*、*Coronoshaera*、*Cricolithus*、*Cyclagelosphaera*、*Cyclicargolithus*、*Dictyococcites*、*Discoaster*、*Discosphaera*、*Emiliania*、*Florisphaera*、*Gephyrocapsa*、*Helicosphaera*、*Heliothus*、*Oolithus*、*Pontosphaera*、*Pseudoemilian*、*Reticulofenstra*、*Rhabdosphaera*、*Scapholithus*、*Scyphosphaera*、*Sphenolithus*、*Syracosphaera*、*Thoracosphaera*、*Umbellosphaera*、*Umbilicosphaera*。

南海和台湾岛以东海域钙质超微化石有56种。钙质超微化石属*Helicosphaera*和*Reticulofenstra*的种数最多，*Helicosphaera*属的种包括*Helicosphaera carteri*、*H. euphratis*、*H. hyalina*、*H. intermedia*、*H. kamptneri*、*H. wallichii*，*Reticulofenstra*属的种包括*Reticulofenstra asanoi*、*R. haqii*、*R. minutula*、*R. perplex*、*R. pseudoumbilica*、*R. psudoemiliani*。钙质超微化石属*Calcidiscus*和*Discoaster*的种也较多，均有四种，*Calcidiscus*属的种包括*Calcidiscus jonesii*、*C. leptoporus*、*C. macintyrei*、*C. tropicus*，*Discoaster*属的种有*Discoaster antarcticus*、*D. brouwri*、*D. pentaraditus*、*D. variabilis*。钙质超微化石属*Ceratolithus*有三种，分别为*Ceratolithus cristatus*、*C. simplex*、*C. telesmus*。钙质超微化石属*Coccolithus*和*Dictyococcites*的种均为两种，分别为*Coccolithus miopelagicus*、*C. pelagicus*，以及*Dictyococcites antarcticus*、*D. productus*。钙质超微化石属*Calciosolenia*、*Cricolithus*、*Cyclicargolithus*各有一个种，分别是*Calciosolenia murrayi*、*Cricolithus jonesii*、*Cyclicargolithus floridanus*。

表层沉积物中常见的钙质超微化石种有23个，它们在表层样中出现的频率的超过10%（表3.5）。但常见钙质超微化石属种的含量差异非常大，优势属种包括*Gephyrocapsa oceanica*、*Gephyrocapsa* spp. (small)、*Emiliania huxleyi*、*Florisphaera profunda*，它们的平均含量介于20%～50%，而其他常见属种在沉积物中的平均含量不足1%（表3.5）。

表3.5　表层沉积物常见钙质超微化石属种的出现频率与含量统计

属种名称	出现频率/%	平均含量/%	含量中值/%
Gephyrocapsa oceanica	79.03	21.21	13.87
Gephyrocapsa spp. (small)	75.23	20.96	18.65
Emiliania huxleyi	73.35	18.33	14.29
Florisphaera profunda	64.87	46.72	49.81
Calcidiscus leptoporus	63.32	0.90	0.36
Helicosphaera wallichii	61.36	0.48	0.27
Umbilicosphaera mirabilis	54.59	0.53	0.34
Umbilicosphaera sibogae sibogae	53.05	0.56	0.38
Umbilicosphaera irregularis	46.83	0.60	0.29
Helicosphaera carteri	38.64	0.36	0.15
Syracosphaera spp.	36.38	0.31	0.19
Scapholithus fossilis	35.55	0.29	0.21
Umbilicosphaera tenuis	35.30	0.41	0.23
Cricolithus jonesii	34.13	0.23	0.14
Helicosphaera kamptneri	32.04	0.17	0.11
Rhabdosphaera clavigera	31.62	0.26	0.18
Pontosphaera spp.	28.91	0.16	0.11
Helicosphaera hyalina	28.40	0.22	0.14
Syracosphaera pulchra	25.23	0.56	0.25
Ceratolithus cristatus	23.27	0.19	0.10
Thoracosphaera spp.	20.80	0.40	0.13
Discoaster spp.	19.51	0.50	0.11
Sphenolithus spp.	18.80	0.78	0.12
Oolithus fragilis	16.67	0.18	0.09
Ceratolithus telesmus	15.29	0.12	0.09
Coccolithus pelagicus	13.70	0.39	0.22
Reticulofenstra spp.	12.07	0.78	0.11
Rhabdosphaera stylifer	11.36	0.16	0.12
Braanudosphaera bigelowii	10.07	0.60	0.53

二、钙质超微化石丰度分布

南海和台湾岛以东海域钙质超微化石丰度为0～7400枚/10个视域，平均丰度约为800枚/10个视域。丰度高值区分布在南海东南部和南海西部陆坡的中建阶地–中建南斜坡（图3.39）。南海东南部钙质超微化石丰度为2000～7400枚/10个视域，中建阶地–中建南斜坡钙质超微化石丰度为2000～4700枚/10个视域。

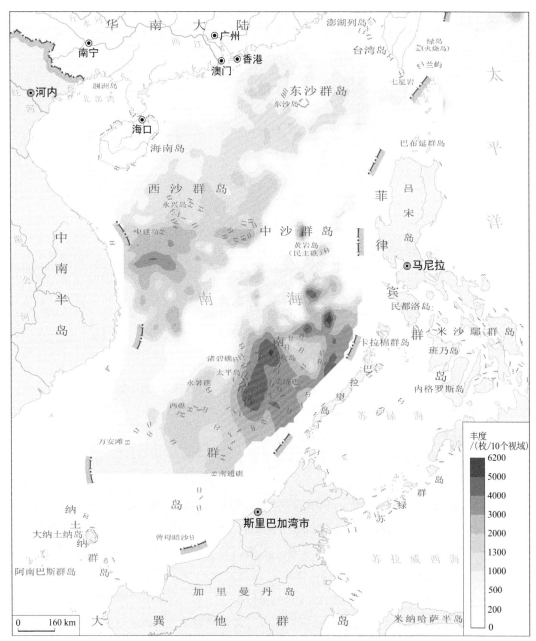

图3.39　表层沉积物钙质超微化石丰度等值线分布图

从南海东南部钙质超微化石丰度高值区往西南方向，钙质超微化石丰度在南薇滩附近逐渐减小，钙质超微化石丰度降低至约1000枚/10个视域。南薇滩以西、中建阶地–中建南斜坡以南，表层沉积物钙质超微化石丰度普遍较低，多数表层沉积物的钙质超微化石丰度为500～1000枚/10个视域。从中建阶地–中建南斜坡超微化石丰度高值区往东北，直到台湾岛附近，钙质超微化石丰度呈减小趋势，这一丰度减小趋势带覆盖了南海北部陆坡和陆架大部分，该带内的超微化石丰度为500～1300枚/10个视域。

南海和台湾岛以东海域表层沉积物钙质超微化石低丰度区主要位于南海海盆区和太平洋深水区，在南海北部陆架近岸区一定范围内也有分布。特别地，在南海海盆内，局部出现钙质超微化石丰度相对较高的区域主要位于南海东南部与中建阶地–中建南斜坡这两个钙质超微化石高丰度带之间的深海平原，在海山附近的深海平原钙质超微化石丰度也较高。

整体而言，表层沉积物钙质超微化石丰度与水深之间的相关性不强（图3.40）。在水深小于4000 m区域内，钙质超微化石丰度约为1000枚/10个视域的表层沉积物大量分布，但富含钙质超微化石和贫钙质超微化石的表层沉积物也很多。

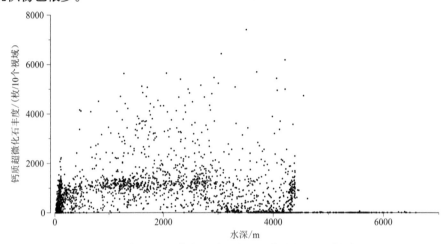

图3.40　表层沉积物钙质超微化石丰度与水深散点图

三、钙质超微化石主要属种分布

钙质超微化石主要属种包括*F. profunda*、*G. oceanica*、*Gephyrocapsa* spp. (small)和*E. huxleyi*。

*F. profunda*含量为0～100%，平均含量约为30%（图3.41）。除深海平原部分区域外，*F. profunda*百分含量分布趋势为随离岸距离的增加而增大，在深海平原很多表层沉积物含较少*F. profunda*。含量超过40%的表层沉积物主要分布在两个区域：①南海东南部陆坡及其相邻的深海平原；②南海西北部中南半岛至西北次海盆一带的陆坡与相邻的深海平原。

Gephyrocapsa spp. (small)含量为0～100%，平均含量约为16%（图3.42）。富含*Gephyrocapsa* spp. (small)的表层沉积物主要分布在南海东北部陆架、中南半岛附近的陆坡以及西沙海域等区域。在南海南部，含量整体处于中等水平，一般为5%～15%；在海南岛以北、珠江口以西陆坡，以及吕宋岛西侧的南海深海平原、菲律宾海等区域含量较低，通常不足5%。

*G. oceanica*含量为0～100%，平均含量约为16%（图3.43）。*G. oceanica*分布具有明显纬向分带特点，在南海北部和南部，表层沉积物含*G. oceanica*相对较多，含量通常大于10%；而在南海的中部，含量通常低于10%。在南部北部海南岛以北、珠江口以西，含量以低值为特征；在台湾岛以东海域，含量也较低，通常不足10%。

*E. huxleyi*含量为0～88%，平均含量约为13%（图3.44）。含量大于30%的高值区，主要分布在海南岛东南侧陆坡；在南海其余陆坡区域，含量主要变化范围为5%～30%，处于中等水平；在南海深海平原、菲律宾海以及南海北部海南岛以北、珠江口以西陆架，含量偏低，通常不足5%。

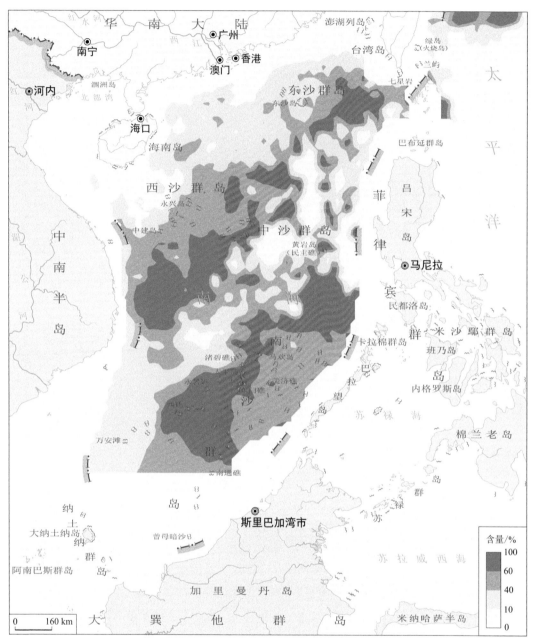

图3.41　*F. profunda*分布图

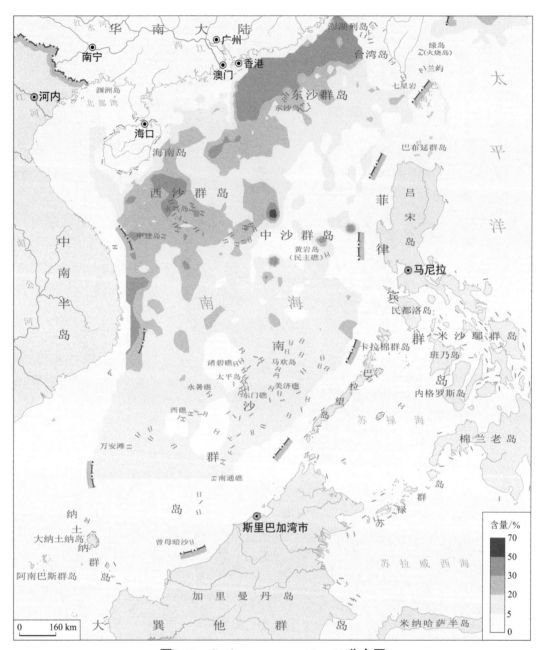

图3.42　*Gephyrocapsa* spp. (small)分布图

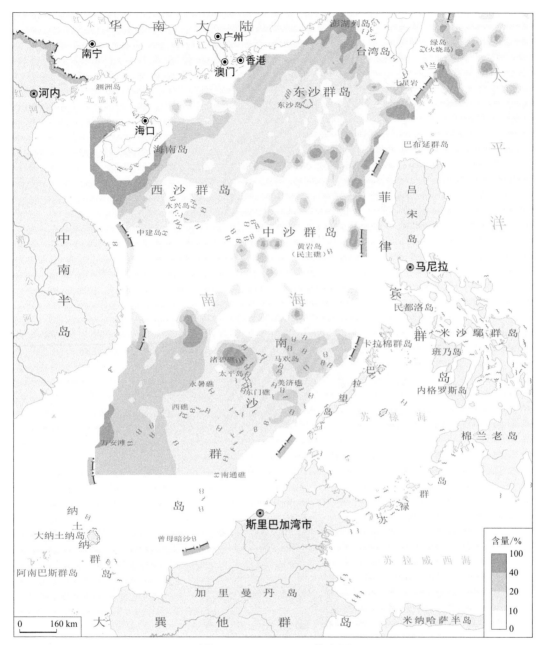

图3.43 *G. oceanica*分布图

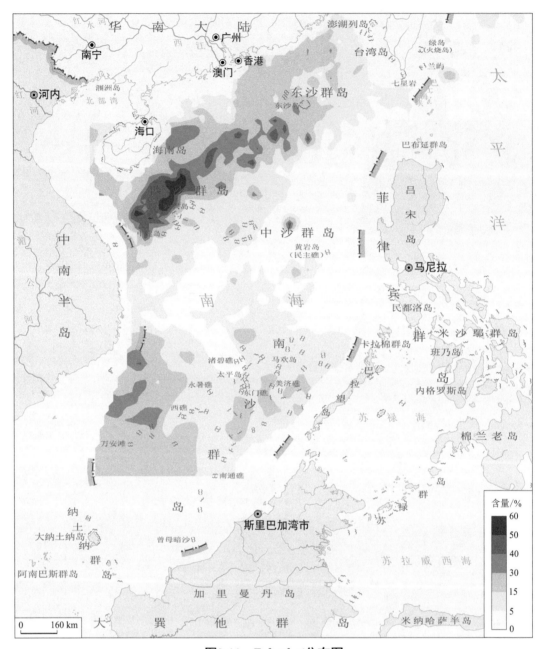

图3.44 *E. huxleyi*分布图

[图3.45(b)]，其次为*Nitzschia marina* [图3.47(b)]，其他主要种还有*Hemidiscus cuneiformis* [图3.47(a)]、*Azpeitia africana* [图3.45(a)]和*Rhizosolenia bergonii* [图3.47(d)]。*A. nodulifera*在琼东南陆坡、南海西部陆坡和东部次海盆占绝对优势，最高含量位于琼东南陆坡和西沙群岛[图3.45(b)]；*N. marina*主要分布在南海北部陆坡东部和东部次海盆东北部[图3.47(b)]，自吕宋海峡向西沿陆坡延伸展布，具有同样分布特征的还有*A. africana*、*R. bergonii*和*H. cuneiformis*。目前，对*Chaetoceros messanensis*、*Fragilariopsis doliolus*和*Roperia tesselata*的生态习性还存在争议，一般认为是热带-亚热带暖水远洋种，但也有人认为是典型的热带种。这三个种主要分布在南海北部陆坡，南海北部陆坡沉积硅藻多样性明显高于南海西部陆坡，可能受东北部吕宋海峡海流的影响。

南海深海盆沉积硅藻也以热带浮游远洋种为主，其中，*A. nodulifera*为最优势种，在该海域分布较均匀，一般含量在50%左右；*N. marina*为次优种，该种主要分布在南海海盆的北部；*H. cuneiformis*、*R. bergonii*的分布区局限于陆坡与海盆的过渡区。*Thalassionema nitzschioides*和*Thalassiosira eccentrica*一般被认为是全世界广布的广温广布浮游种，在南海主要分布在吕宋海峡入口、深海盆东部和东南部礼乐岛坡[图3.47(e)、(f)]。

表3.6 南海沉积物主要硅藻种平均百分含量及其生态习性一览表

种名	缩写	平均百分含量/%	生态习性*
Azpeitia nodulifera	*Anodu*	30.66	热带浮游远洋种
Nitzschia marina	*Nmari*	7.11	热带浮游远洋种
Hemidiscus cuneiformis	*Hcune*	2.19	热带浮游远洋种
Azpeitia africana	*Aafri*	1.30	热带浮游远洋种
Rhizosolenia bergonii	*Rberg*	1.19	热带浮游远洋种
Chaetoceros messanensis	*Cmess*	3.28	热带-亚热带暖水远洋种
Fragilariopsis doliolus	*Fdoli*	0.55	热带-亚热带暖水远洋种
Roperia tesselata	*Rtess*	0.51	热带-亚热带暖水远洋种
Thalassionema nitzschioides	*Tnitz*	3.90	广温广布浮游种
Thalassiosira eccentrica	*Tecce*	2.17	广温广布浮游种
Cyclotella striata	*Cstri*	14.34	暖水-温水半咸水潮间带种或沿岸种
Paralia sulcata	*Psulc*	7.41	咸水-半咸水广温底栖浅海种
Cyclotella stylorum	*Cstyl*	3.01	暖水-温水半咸水潮间带或沿岸种
Coscinodiscus radiatus	*Cradi*	1.33	咸水-半咸水广温浮游浅海种
Actinoptychus undulatus	*Aundu*	1.12	暖水-温水半咸水潮间带种或沿岸种
Coscinodiscus decrescens	*Cdecr*	1.08	咸水-半咸水广温底栖浅海种
Coscinodiscus oculus-iridis	*Cocul*	0.55	广温半咸水潮间带种或沿岸种
Actinocyclus octonarius	*Aocto*	1.20	广温半咸水潮间带种或沿岸种
Actinoptychus splendens	*Asple*	0.66	暖水-温水半咸水潮间带种或沿岸种

*硅藻生态习性据王开发等，1985；蒋辉，1987；陆钧，1999；郭玉洁，2003；Hasle et al.，1997；Ren et al.，2014。

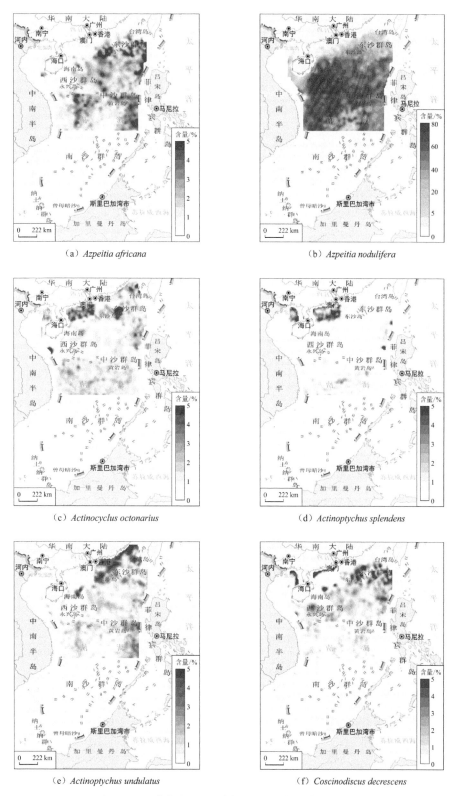

（a）*Azpeitia africana*　　　　　　　　　（b）*Azpeitia nodulifera*

（c）*Actinocyclus octonarius*　　　　　　（d）*Actinoptychus splendens*

（e）*Actinoptychus undulatus*　　　　　　（f）*Coscinodiscus decrescens*

图3.45　表层沉积硅藻主要属种相对百分含量空间展布图（一）

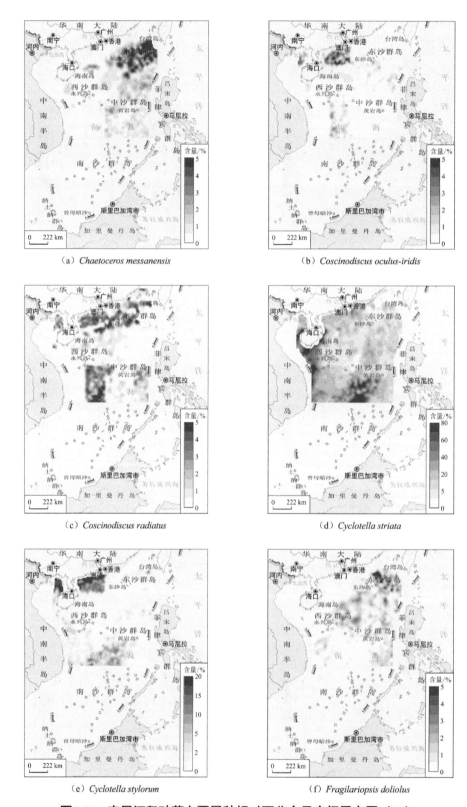

（a）*Chaetoceros messanensis* （b）*Coscinodiscus oculus-iridis*

（c）*Coscinodiscus radiatus* （d）*Cyclotella striata*

（e）*Cyclotella stylorum* （f）*Fragilariopsis doliolus*

图3.46 表层沉积硅藻主要属种相对百分含量空间展布图（二）

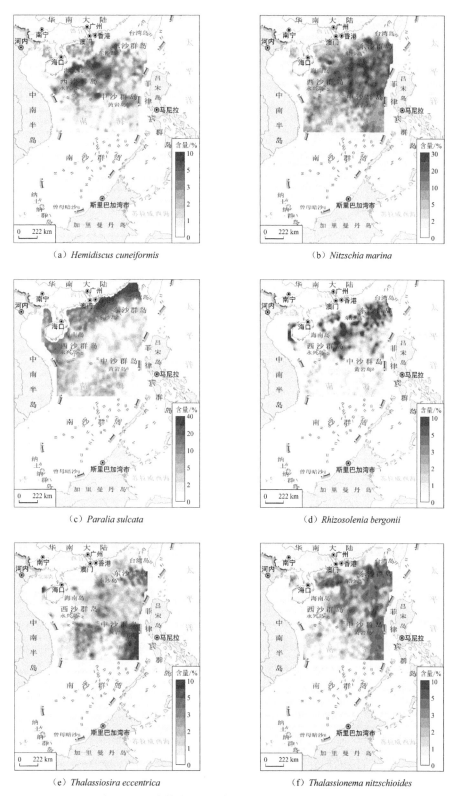

（a）*Hemidiscus cuneiformis*

（b）*Nitzschia marina*

（c）*Paralia sulcata*

（d）*Rhizosolenia bergonii*

（e）*Thalassiosira eccentrica*

（f）*Thalassionema nitzschioides*

图3.47　表层沉积硅藻主要属种相对百分含量空间展布图（三）

二、硅藻分布与环境因子的关系

冗余分析（RDA）表明，前两轴的特征值分别为0.190和0.052，可以解释24.20%的变异（表3.7）。此外，前两轴硅藻种-环境因子相关系数较高，分别为0.800和0.703，并可解释二者对应关系82.10%的变化特征（表3.7）。RDA第一轴贡献总典型变量的64.40%（表3.7），与溶解氧浓度（$r=0.7674$）、硅酸盐浓度（$r=0.4993$）呈显著正相关关系，与磷酸盐浓度（$r=0.3085$）、硝酸盐浓度（$r=0.2935$）呈一定正相关关系，而与表层海水温度（$r=-0.8443$）和盐度（$r=-0.3764$）呈显著负相关关系（表3.8）。RDA第二轴可解释17.70%的总典型变量（17.70%由表3.7中第二轴解释的82.10%减去第一轴解释的64.40%得到），与硝酸盐浓度、盐度呈显著正相关关系（相关系数分别为0.8666、0.3966），而与硅酸盐浓度存在一定负相关关系（相关系数分别为-0.2235、-0.3346）（表3.8）。

表3.7　冗余分析（RDA）结果表

项目	第一轴	第二轴	第三轴	第四轴	总方差
特征值	0.190	0.052	0.037	0.009	1.000
硅藻种-环境因子相关系数（累积百分比差异）	0.800	0.703	0.616	0.394	
硅藻种数据	19.00	24.20	27.90	28.80	
硅藻种-环境因子关系/%	64.40	82.10	94.70	97.80	

表3.8　环境因子和RDA第一、二轴的关系表

环境因子	第一轴	第二轴
表层海水温度	−0.8443	−0.3346
盐度	−0.3764	0.3966
溶解氧浓度	0.7674	0.0538
磷酸盐浓度	0.3085	0.1395
硝酸盐浓度	0.2935	0.8666
硅酸盐浓度	0.4993	−0.2235

RDA排序图（图3.48）表明，热带远洋种（包括*A. nodulifera*、*A. africana*、*N. marina*、*H. cuneiformis*、*R. bergonii*）与表层海水温度均呈小角度显著正相关关系。广温广布种（包括*C. messanensis*、*T. eccentrica*、*F. doliolus*、*R. tesselata*）与表层海水温度和盐度均呈小角度正相关关系。多数沿岸种和浅海种（包括*C. stylorum*、*A. splendens*、*C. oculus-iridis*、*C. striata*）均与盐度呈显著负相关关系，而*A. undulatus*与盐度呈显著正相关关系。此外，*P. sulcata*与磷酸盐浓度呈显著正相关关系，*C. radiatus*和*A. octonarius*受到了磷酸盐浓度、硅酸盐浓度和溶解氧浓度的共同影响。

从图3.48还可以看出，位于南海北部陆架粤东海域的站位硅藻组合面貌与硝酸盐浓度呈高度正相关关系，而与盐度和磷酸盐浓度呈一定程度正相关关系，*P. sulcata*和*A. undulatus*是这些站位最主要的硅藻种类。位于南海北部陆架粤西海域和北部湾的站位硅藻组合面貌与硅酸盐浓度呈高度正相关关系，与盐度呈高度负相关关系，这些站位沉积硅藻以沿岸种（包括*C. stylorum*、*A. splendens*、*C. oculus-iridis*、*C. radiatus*和*A. octonarius*）占优势。位于海南岛周边和南海西部陆架的站位硅藻组合面貌与表层海水温度、硅酸盐浓度呈正相关关系，与盐度、硝酸盐浓度呈负相关关系，*C. striata*是这些站位硅藻群落的主要成分。位于南海北部陆坡和深海盆的站位在图上聚集在一起，表明这些站位硅藻组合面貌受到多种环境因子的共同影响，其中表层海水温度是最突出的影响因素。南海北部陆坡和东部次海盆东北部沉积硅藻

主要由*N. marina*、*T. nitzschioides*、*R. bergonii*组成，而东部次海盆和西南次海盆主要由*A. nodulifera*、*A. africana*组成，广温广布种*C. messanensis*、*F. doliolus*、*R. tesselata*仅主导局部海域的硅藻群落结构。

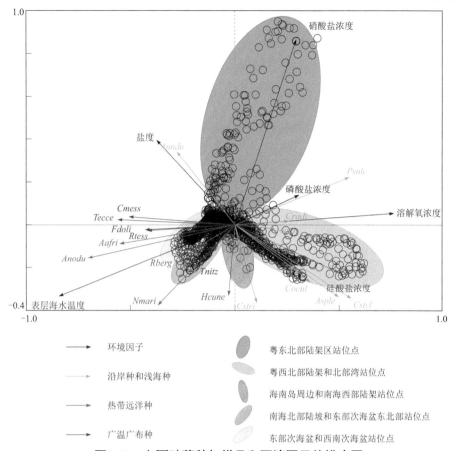

图3.48　主要硅藻种与样品和环境因子的排序图

三、硅藻组合分区及其受环境因素的影响

（一）陆架区

北部陆架粤东海域硅藻分布为*Paralia sulcate-A. undulatus*组合，常见还有*A. octonarius*、*C. radiatus*等沿岸种和浅海种，基本平行珠江口以东的岸线延伸展布。这一区域海洋环境受广东沿岸流和黑潮入侵的共同控制（舒业强等，2018），海水表现为低温高盐特征（Locarnini et al.，2013；Zweng et al.，2013），此外在粤东上升流作用下，海水中的营养盐磷和氮浓度也较高（Garcia et al.，2013）。营养盐和硝酸盐浓度可能较大地影响了这一区域的硅藻群落，此外盐度和磷酸盐浓度也对硅藻群落带来一定影响。

北部陆架粤西海域和北部湾海域硅藻分布为*C. stylorum-C. striata-A. splendens-C. decrescens*组合，常见还有*C. oculus-iridis*、*P. sulcate*、*A. octonarius*、*C. radiatus*等沿岸种和浅海种，位于珠江口以西、琼州海峡以北。粤西西向沿岸流（即广东沿岸流西段）是影响该区域的主要海流（舒业强等，2018），低盐低密度的珠江冲淡水在季风和沿岸流的作用下向粤西自然扩展，导致这一区域形成低温低盐的海水环境，溶解氧浓度高，此外北部湾内的海水硅酸盐浓度显著高于南海（Garcia et al.，2013），这些因素共同导致了该区广温性半咸水潮间带种或沿岸种的繁盛。海水盐度和硅酸盐浓度是控制硅藻群落的主要环境因素，溶解氧和磷酸盐浓度存在一定影响。

海南岛周边海域和南海西部陆架硅藻分布为*C. striata-P. sulcate*组合，以*C. striata*占绝对优势为显著特征。多种海水环境因素共同控制了这一区域的硅藻群落，其中低硝酸盐浓度、低盐度和高磷酸盐浓度的影响更大。南海西边界流在流经越南中部沿岸后流速加快、流幅变窄（王东晓等，2019），且该区存在典型的夏季上升流，将冷的沿岸水体向南海内区输送（Xie et al.，2003；舒业强等，2018）。如此低温、低盐、高流速的共同作用，可能促进了越南岸外陆架甚至更远的南海深水区*C. striata*的优势生长。

（二）陆坡区

南海北部陆坡及东部次海盆东北部海域为*N. marina-R. bergonii-A. africana-C. messanensis-F. doliolus*组合，这些都是热带远洋种或黑潮暖流指示种（蒋辉，1987；冉莉华和蒋辉，2005）。表层海水温度、盐度和磷酸盐浓度是影响该区硅藻群落的主要因素。黑潮入侵显著影响了这一区域的表层流场和深层环流（舒业强等，2018），表层高温高盐的西太平洋水直接控制着该区现代硅藻群落发育，造就了适宜热带远洋的硅藻类型的繁盛，中深层等深流（南海北部陆坡流）（Xie et al.，2003；舒业强等，2018）和吕宋海峡"深海瀑布"（王东晓等，2016，2019）亦同时影响了硅藻遗壳的溶解、搬运、沉积等一系列过程。

琼东南陆坡和西部陆坡海域硅藻分布为*A. nodulifera-N. marina-H. cuneiformis-C. radiatus*组合，以*A. nodulifera*占绝对优势为特征。表层海水温度是起决定性的环境因素。该区域是沟通南海北部流系和西部流系的转换地带（舒业强等，2018；王东晓等，2019），且西沙区域地形对环流有复杂的影响。*A. nodulifera*因其较强的硅化作用和良好的抗溶解性（冉莉华和蒋辉，2005），在此复杂的海流作用下，相对其他易溶种得到了更好地保存。

（三）深海盆区

总体上，南海深海盆区的硅藻分布呈现为*A. nodulifera-N. marina-T. nitzschioides-C.striata*组合，主要受表层海水温度的控制。不同海区具有略微不同的硅藻组合特征，西南次海盆可见一定数量的*C. striata*、*C. stylorum*、*C. radiatus*等沿岸种，靠近巴拉望岛的礼乐斜坡周边，分布高含量的*T. nitzschioides*和*T. eccentrica*。这一硅藻群落结构上的差别，可能与营养盐条件有关，西南次海盆表层海水具有相对较高的磷酸盐和硅酸盐浓度，而靠近巴拉望岛的营养盐浓度均呈现低值（Garcia et al.，2013）。不可否认的是，沿岸种在深海盆区的显著分布（陆钧，1999，2001；冉莉华和蒋辉，2005），有可能来自深海重力流沉积。沿岸种*C. striata*的空间展布特征，表明可能存在南海西部陆架的物质穿越南海西部陆坡经盆西峡谷至西南次海盆的搬运路径。同时，沿岸种自西南向东北的楔形展布与西南次海盆形态相似，进一步证明地形控制的重力流可能对深海（西南次海盆）沉积硅藻群落产生影响。

（四）与前人研究的对比

基于系统调查获取的丰富数据，结合前人有关沉积硅藻组合分区的研究结果，本书清晰地揭示了南海中北部表层沉积硅藻的高分辨空间分布特征（表3.9）。

南海北部陆架，前人在进行沉积硅藻组合划分时，偏向于将其作为一个整体。虽然也有人提到在河流冲淡水的影响下，存在一定数量的淡水种类和近岸低盐种（孙美琴等，2014），但都强调热带远洋种和广温广布种在该区的共同繁盛。我们认为可以将珠江口进一步划分粤东北部陆架区和粤西北部陆架区，分别对应*P. sulcate-A. undulatus*和*C. stylorum-C. striata-A. splendens-C. decrescens*这两个组合，这种划分强调了潮间带种（或沿岸种）和浅海种在北部陆架沉积硅藻中的优势地位，而且两个区域沉积硅藻的主要组分和优势类型是不同的，珠江冲淡水和沿岸流体系可能是造成硅藻群落差异的主因。

前人对南海西部陆架的研究相对比较薄弱，由于数据不够详细，对沉积硅藻的认识还不全面，本研究可对这一区域研究加以补充和佐证。前人认为潮间带种、浅海种和热带远洋种共同构成了区域的沉积硅藻群落特征，我们认为潮间带种或沿岸种*C. striata*在该区域具有突出地位，并推测存在向西部陆坡和深海盆的物质输送，进而影响后者的沉积硅藻群落结构。

表3.9 南海中北部表层沉积硅藻组合分区沿革对比表

区域	陆钧（1999，2001）	Jiang 等（2004）	孙美琴等（2014）	本研究
南海北部陆架	*T. nitzschioides-C. messanensis*	*N. Marina*、*A. nodulifera*、*Azpeitia neocrenulata*、*R. bergonii*、*Thalassiosinema frauenfeldii*	*P. sulcata-A. nodulifera-Pyxidicula weyprechtii-Diploneis*	*P. sulcate-A. undulatus*（粤东北部陆架） *C. stylorum-C. striata-A. splendens-C. decrescens*（粤西北部陆架和北部湾）
南海西部陆架	—	—	*C. stylorum-P. sulcata-A. nodulifera-P. weyprechtii*	*C. striata-P. sulcate*
南海北部陆坡	*T. nitzschioides*	*F. Doliolus*、*T. frauenfeldii*、*Thalassionema* cf. *frauenfeldii* 和 *T. eccentrica*	—	*N. marina-R. bergonii-A. africana-C. messanensis- F. doliolus*
南海西部陆坡	*C. messanensis-A. nodulifera-N. marina-T. nitzschioides-Thalassiothrix longissima*	*Nitzschia braarudii*、*Thalassiosira oestrupii*、*Roperia tessalata*、*C. stylorum* 和 *C. striata*	*A. nodulifera-T. longissima-R. tesslata-C. radiatus*	*A. nodulifera-N. marina-H. cuneiformis-C. radiatus*
南海深海盆	*A. nodulifera-T. nitzschioides*	*F. Doliolus*、*N. braarudii*、*C. stylorum* 和 *C. striata*	*A. nodulifera-R. tesslata-T. longissima*	*A. nodulifera-N. marina-T. nitzschioides-C. striata*

陆钧（1999，2001）和Jiang等（2004）的分区方案表明，南海北部陆坡的沉积硅藻群落特征与南海北部陆架有承继关系，认为广温广布种*T. nitzschioides*和热带种或热带–亚热带暖水远洋种*F. doliolus*是南海北部陆坡沉积硅藻的主要类型。我们认为*F. doliolus*、*R. bergonii*、*C. messanensis*是这一区域沉积硅藻的特征类型，并推断黑潮入侵和中深层等深流（南海北部陆坡流）是塑造该区域沉积硅藻群落特征的主要控制因素。

对南海西部陆坡，我们的认识与前人相似，认为热带远洋种是该区域沉积硅藻的主要类型，优势种为*A. nodulifera*、*N. marina*，同样也认为沿岸种*C. stylorum*、*C. striata*和浅海种*C. radiatus*普遍出现于此区域。

对于南海深海盆，前人研究相对较薄弱，对硅藻组合的划分存在很大的分歧。陆钧（1999，2001）和孙美琴等（2014）认为，热性远洋种和广温广布种是深海盆沉积硅藻的主要类型（不过不同的研究得到的优势属种有差别），且含有一定数量的沿岸种（陆钧，2001）。Jiang等（2004）进一步认为潮间带种或沿岸种与热性种共同组成了该区域的优势种类型。本研究根据大量的调查数据，建立了深海盆*A. nodulifera-N. marina-T. nitzschioides-C. striata*的沉积硅藻组合，佐证了前人的初步认识解决了观点的分歧，并依据沿岸种的空间分布特征，推断重力流对西南次海盆沉积具有很大的影响。

四、小结

本研究通过对南海全域区域地质调查得到的硅藻数据进行整理和研究，查明了南海中北部表层沉积硅藻的空间分布特征，并探讨了硅藻分布与海洋环境因子的定量关系，得到以下结论。

（1）南海北部陆架和南海西部陆架沉积硅藻以潮间带种或沿岸种和浅海种为主，在珠江口以东的粤东北部陆架，可见*P. sulcata*集中分布，粤西北部陆架的多样性最高，可见*C. stylorum*集中分布，南海西部陆架则是*C. striata*占明显优势。南海北部陆坡和南海西部陆坡以热带浮游远洋种为主，其中*A. nodulifera*和*N. marina*分别在琼东南陆坡、南海西部陆坡和南海东北部陆坡占优势，*C. messanensis*、*F. doliolus*集中分布于南海北部陆坡。南海深海盆以热带浮游远洋种为主，*A. nodulifera*为最优势种，其次为*N. marina*，而*T. nitzschioides*和*T. eccentrica*主要在吕宋海峡入口、南海深海盆东部和东南部礼乐岛坡集中分布。

（2）研究区可分为六个硅藻组合，其中陆架区的三个组合主要受到盐度、硝酸盐浓度、磷酸盐浓度和硅酸盐浓度的影响，陆坡区的两个组合主要受表层海水温度、盐度和磷酸盐浓度的作用，而深海盆的一个硅藻组合主要受表层海水温度的影响。

（3）对比前人研究，本研究提高了对南海沉积硅藻空间分布的精度，补充了研究相对薄弱的西部陆架和深海盆的最新研究成果，并修正了前人对该区硅藻组合分区的不足，解决了前人观点中的分歧。

本研究对环境因子与沉积硅藻之间的定量关系分析主要基于线性关系分析，而二者之间存在不同类型、不同程度的非线性关系。此外，捕食、竞争等生物相互作用和硅藻死后溶解、搬运、沉积等物理过程，亦会明显增加沉积硅藻空间分布的复杂性。综合考虑环境因素、生物相互作用以及沉积过程是后续研究的方向。

第六节　放射虫分布

放射虫是一类重要的硅质浮游生物，其在海水中的生态过程与在海底的保存状况具有特殊的生态环境指示作用（陈木宏等，2008）。前人对南海现代放射虫生态及对海洋环境的指示开展了大量的研究，主要包括放射虫的种类组成与分类（谭智源和宿星慧，1981；宿星慧，1982；宿星慧和谭智源，1985；陈木宏和谭智源，1989，1996；张兰兰等，2006）、空间分布与海洋环境因子（如温度、盐度、营养盐、水深等）及与不同水团之间的关系（陈文斌，1987；Chen and Tan，1999；王金宝等，2005；张兰兰等，2005）等。此外，程振波等（2004）还报道了台湾岛东部海域放射虫调查结果。其中，最为重要的是陈木宏和谭智源（1996）收集整理了中国科学院南海海洋研究所历年在南海中、北部的调查结果，并编著《南海中、北部沉积物中的放射虫》，随后又合著《中国近海的放射虫》（谭智源和陈木宏，1999）。在《南海中、北部沉积物中的放射虫》中，作者阐述了南海中、北部放射虫主要属种的分布特征，并定性地描述了温度、盐度、水团、营养盐、水深、水动力条件、火山活动等环境因子对放射虫分布的影响。陈木宏等（2008）对南海表层沉积物中放射虫分布与环境因子的关系进行了系统的总结，结果表明：①放射虫种类多样性和丰度随水深增加而增加；②上升流和海底火山活动可明显促进放射虫的繁殖发育；③海底浊流等形成的再沉积现象使种类多样性和个体丰度相比于周围正常沉积显著减少；④南海放射虫组合以热带–亚热带为主，但也包含有一定数量的冷水种或极区种。程振波等（2004）将台湾岛东部海域放射虫分布的环境影响因素归纳为：黑潮、海底地形和陆源沉积物、底质、水深和上升流等。此外，王金宝（2003，2010）对南海部分海域放射虫的生态习性和季节波动特征进行了深入的研究，该成果为研究放射虫对环境变化响应机制提供了重要的素材。

不过，由于过去的调查普遍缺少环境因子的实测数据，很难开展放射虫与环境因子的定量关系的研究；此外，对放射虫种类调查材料多为沉积物中的化石，而放射虫化石埋葬后经历了死亡后的搬运、生物扰动、溶蚀等过程，这些过程会对放射虫群落组成产生较大影响。放射虫与环境因子定量关系的研究主要为王金宝（2010）开展的不同环境因子（温度、盐度、深度、硅酸盐、磷酸盐）对放射虫种类、数量影响评价，结果表明放射虫数量与采样深度呈显著正相关关系。此外，陈木宏等（1999）建立了放射虫组合与上覆水体中初级生产力的转换函数，有望在地层中得到广泛应用。同样，因本次调查缺少海洋环境因子实测数据，本书的重点放在放射虫群落特征和主要属种的分布，不深入讨论影响放射虫分布的环境因素。

本次调查在南海东部、中部和台湾岛东部海域表层沉积物中共鉴定出放射虫76属106种。其中平均含量大于1%的常见种11个，介于0.1%与1%之间的一般种54个，其他41个种的平均含量<0.1%，为少见种。统计结果表明南海沉积物中主要属种包括：*Stylodictya validispina*（17.1%）、*Tetrapyle quadriloba*（15.84%）、*Phorticium pylonium*（11.77%）、*Euchitonia trianglulum*（11.63%）、*Spongodiscus americanus*（5.88%）、*Lithelius nautiloides*（3.39%）、*Euchitonia elegants*（3.06%）、*Spongaster tetras*（2.24%）、*Artostribium auritum* group（1.59%）、*Dictyocoryne truncatum*（1.44%）和*Botryocyrtis scutum*（1.08%）。下文就放射虫群落特征和主要属种百分含量来介绍南海东北部、中部和台湾岛东部海域中放射虫基本面貌（南海西北部和南部海域没有开展放射虫鉴定分析工作）。

一、群落多样性

从调查的结果来看，表层沉积物中放射虫的丰度和简单分异度都相差较大：丰度为0.3～88600枚/g，平均丰度为3366枚/g，中位数为502枚/g；简单分异度为0～46种，平均16种，中位数为17种。从放射虫丰度空间分布模式来看[图3.49(a)]，丰度最高的区域位于南海西部陆坡，一般高于10000枚/g；南海北部陆坡和台湾岛东部海域相对较高，为100～10000枚/g；而南海海盆中部和南海北部陆架丰度很低，一般低于100枚/g，大部分区域低于10枚/g。放射虫简单分异度分布模式与丰度的空间分布相似[图3.49(b)]，表现为南海西部陆坡、南海北部陆坡和台湾岛东部海域简单分异度相对较高，一般多于20种；而南海海盆中部和南海北部陆架简单分异度则很低，一般少于10种。从丰度、简单分异度与水深关系图[图3.50(a)、(b)]上看，丰度和简单分异度的分布一定程度上受水深控制。水深<1000 m，放射虫丰度和简单分异度有随水深增加而不断增加的趋势；水深为1000～4000 m，放射虫丰度和简单分异度基本维持在较高水平；水深>4000 m，丰度和简单分异度大致有随水深增加而减小的趋势。

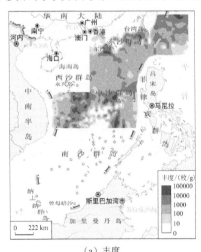

（a）丰度

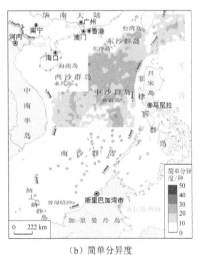

（b）简单分异度

图3.49　放射虫丰度和简单分异度分布图

陈木宏等（2008）认为南海在水深约4200 m以浅范围内放射虫丰度总体随水深增加而逐渐增加，而4200 m以深的海域会发生生物硅溶解，使得放射虫丰度下降，这与我们的调查结果基本一致。水深对放射虫的富集机制为：①放射虫可生活在不同的水层，从表层到数千米的深层水，水深越大，沉降到海底的种类越丰富，个体数量也越多；②随着水深越深，距离河口海岸的距离越大，受陆源碎屑稀释作用越弱，越有利于放射虫的富集保存。

此外，上升流和火山活动也能促进放射虫的富集。例如，台湾岛东部海域存在一些上升流区（程振波等，2004），带来了丰富的营养物质，使得该海域的放射虫丰度和简单分异度都相对较高。吕宋岛-巴拉望火山活动频繁，为放射虫的生长繁殖提供了充足的食物来源（陈木宏等，2008）；因此，南海东部岛坡区也表现丰度和简单分异度的相对高值。

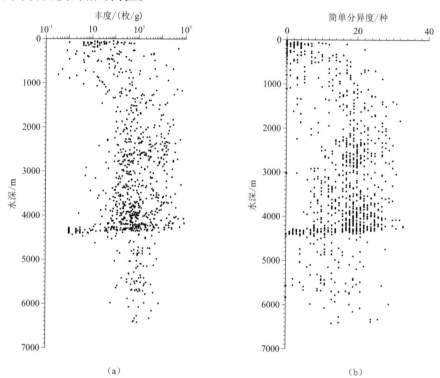

图3.50　放射虫丰度和简单分异度与水深的关系图

二、主要属种分布

（一）*Stylodictya validispina*

*S. validispina*高含量区（>20%）主要分布在珠江口外东侧和南海东部岛坡；在南海西部陆坡和南海海盆中部的含量中等（10%~20%）；在台湾浅滩和台湾岛东部海域的含量很低，基本未检出[图3.51(a)]。

（二）*Tetrapyle quadriloba*

*T. quadriloba*的空间分布与*S. validispina*十分相似，高含量区（>20%）主要分布在珠江口外东侧和南海东部岛坡；在南海西部陆坡的含量中等（10%~20%）；在台湾浅滩和台湾岛东部海域的含量很低，基本未检出[图3.51(b)]。

（三）*Phorticium pylonium*

*P. pylonium*高含量区（>20%）主要分布在南海北部陆坡和南海西部陆坡；南海东部岛坡和南海海盆中部的含量中等（10%~20%）；在台湾浅滩和台湾岛东部海域的含量很低，基本未检出[图3.51(c)]。

（四）*Euchitonia trianglulum*

*E. trianglulum*高含量区（>20%）主要分布在南海西部陆坡和南海海盆中部；在南海北部陆坡的含量相对中等（10%~20%）；在台湾浅滩和台湾岛东部海域的含量很低，基本未检出[图3.51(d)]。

（五）*Spongodiscus americanus*

*S. americanus*高含量区（>15%）主要分布在南海西部陆坡和南海东部岛坡；在南海北部陆坡的含量中等（5%~15%）；在台湾浅滩和台湾岛东部海域的含量很低，基本未检出[图3.51(e)]。不过，前人的调查表明该种在南海全海域的平均含量较低（陈木宏等，2008）。

（六）*Lithelius nautiloides*

*L. nautiloides*高含量区（>20%）主要分布在南海西部陆坡和南海海盆中部；在南海北部陆坡的含量中等（5%~15%）；在南海东部岛坡、台湾浅滩和台湾岛东部海域的含量很低或未检出[图3.51(f)]。不过，前人的调查表明该种在南海全域的平均含量较低（陈木宏等，2008）。

（七）*Euchitonia elegants*

*E. elegants*在南海零星分布，高含量区主要分布于东沙群岛和台湾岛东部海域，在南海东部岛坡也有零星出现，在其他海域含量极低或未检出[图3.51(g)]。

（八）*Spongaster tetras*

*S. tetras*在南海零星分布，高含量区主要分布在南海海盆中部，在珠江口外及南海北部陆架外缘也有局部分布，在其他海域的含量很低或未检出[图3.51(h)]。该种在南海1025 m至4000多米数量丰富（陈木宏和谭智源，1996）。

（九）*Artostribium auritum* group

A. auritum group在南海零星分布，高含量区主要分布在南海西部陆架和南海海盆中部，在其他区域的含量很低或未检出[图3.51(i)]。

（十）*Dictyocoryne truncatum*

*D. truncatum*在南海零星分布，高含量区主要在台湾岛东部海域和吕宋海峡，在南海海盆中部也局部分布，不过含量一般较低[图3.51(j)]。

根据陈木宏和谭智源（1996）的属种描述，这些优势种多数为世界广布种，且以深水种为主。例如，*S. validispina*属于"底层水种"，在冲绳海槽、挪威外海也有分布。*T. quadriloba*在南海水深100 m以下水体中十分丰富，属于"深层水种"，在东海西部、东海大陆架、冲绳海槽、大西洋、印度洋和太平洋也有分布。*P. pylonium*主要分布在南海水深100~4000 m的范围内，且为世界性分布种，在东海西部、东海大陆架、冲绳海槽以及地中海、大西洋和太平洋的表层和各个不同深度水层均有分布。*E. trianglulum*在南海680 m至1000多米水深数量较丰富，属于"深层水种"。*L. nautiloides*为典型"冷水种"，其在南极水域也有分布。*E. elegants*在东海西部大陆架、大西洋赤道区和太平洋热带区广泛分布。*S. tetras*为"底层水种"，在东海西部、东海大陆架、台湾海峡、太平洋、大西洋和印度洋也有广泛分布。*D. truncatum*的地理分布包括冲绳海槽、菲律宾海、太平洋热带海和大西洋墨西哥湾等。

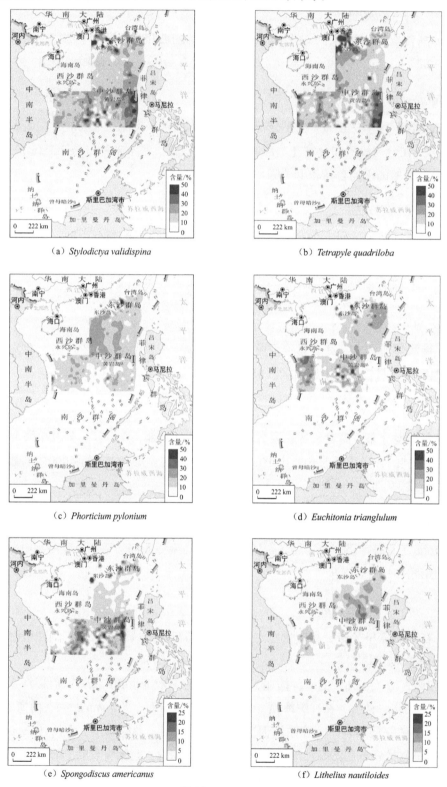

（a）*Stylodictya validispina*

（b）*Tetrapyle quadriloba*

（c）*Phorticium pylonium*

（d）*Euchitonia trianglulum*

（e）*Spongodiscus americanus*

（f）*Lithelius nautiloides*

图3.51　放射虫主要属种分布图

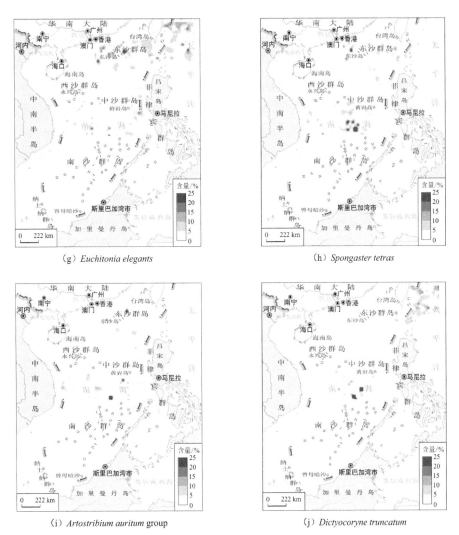

图3.51 放射虫主要属种分布图（续图）

三、放射虫组合及其与水团的关系

为探讨放射虫空间分布规律，我们挑选平均含量＞0.5%的29个属种数据进行R型因子分析。经最大方差旋转，提取前四个因子，分别解释9.74%、7.19%、6.74%和4.85%的方差，各属种因子得分（载荷）见表3.10。根据因子得分可知，因子1在*Carposphaera* sp.、*Amphisphaera kina*、*Amphisphaera aotea*和*Acrosphaera spinosa*上有大正载荷，在*S. validispina*、*T. quadriloba*、*P. pylonium*、*E. trianglulum*和*S. americanus*上有大负载荷；因子2在*L. nautiloides*、*Carpocanium diadema*和*Theocosphaera grecoi*上有大正载荷，在*P. pylonium*、*E. trianglulum*上有较大正载荷；因子3在*E. elegants*、*D. truncatum*和*Dictyocoryne profunda*上有大正载荷；因子4在*S. americanus*、*S. tetras*和*Druppatractus testudo*上有大正载荷。

表3.10 放射虫属种因子得分（载荷）表（高载荷值用加粗数字表示）

	因子1	因子2	因子3	因子4
Stylodictya validispina	**−0.465**	−0.136	**−0.426**	−0.152
Tetrapyle quadriloba	**−0.413**	−0.236	**−0.422**	−0.218
Phorticium pylonium	**−0.331**	**0.415**	**−0.337**	−0.247
Euchitonia trianglulum	**−0.251**	**0.488**	−0.101	0.270
Spongodiscus americanus	**−0.300**	0.005	−0.156	**0.378**
Lithelius nautiloides	−0.058	**0.706**	−0.100	−0.019
Euchitonia elegants	−0.096	−0.144	**0.519**	−0.092
Spongaster tetras	−0.056	−0.030	−0.044	**0.739**
Artostribium auritum group	−0.101	0.119	0.021	−0.035
Dictyocoryne truncatum	0.015	−0.094	**0.571**	−0.014
Botryocyrtis scutum	−0.216	−0.142	−0.175	−0.124
Carposphaera sp.	**0.631**	−0.110	−0.008	−0.045
Amphisphaera kina	**0.672**	−0.119	0.202	−0.035
Dictyocoryne profunda	0.203	−0.149	**0.701**	−0.071
Dictyocephalus papalis	0.021	−0.064	−0.031	0.045
Druppatractus testudo	−0.020	0.233	0.010	**0.633**
Carpocanium diadema	−0.145	**0.617**	−0.066	0.015
Pterocorys hertwigii	0.166	−0.007	0.007	−0.117
Theocosphaera grecoi	−0.091	**0.673**	−0.048	0.111
Amphisphaera aotea	**0.685**	−0.128	0.117	−0.040
Heliodiscus asteriscus	0.034	−0.071	0.131	−0.150
Acrosphaera spinosa	**0.642**	−0.087	−0.057	−0.065
Eucyrtidium accuminatum	0.050	−0.072	0.227	−0.072
Hexacontium senticetum	−0.038	−0.016	−0.131	0.103
Pterocanium praetextum	−0.093	−0.049	0.016	−0.029
Hexastylus dimensivius	**0.444**	−0.124	0.103	0.014
Octopyle quadrata	−0.038	−0.097	−0.072	−0.006
Actinomma delicatulum	0.241	−0.164	**0.355**	−0.053
Giraffospyris angulata	−0.040	−0.087	−0.148	−0.025

根据因子分析的结果，可将放射虫属种划分为四个组合：组合1以*S. validispina*、*T. quadriloba*、*P. pylonium*、*E. trianglulum*和*S. americanus*为代表属种，该组合主要分布在水深相对较浅的陆架和陆坡区；组合2以*L. nautiloides*为主要的特征种，代表适应冷水的属种；组合3以*E. elegants*和*D. truncatum*为代表属种，该类群主要分布在台湾岛东部海域，在南海的含量相对较低；组合4以*S. tetras*为主要的特征种，主要分布在南海海盆深水区，在水深相对较浅的陆架和陆坡区含量相对较低。

谭智源和陈木宏（1999）认为南海中、北部沉积物中的放射虫组合能反映表层水团的性质，将放射虫组合对应五个主要的水团，从华南沿岸往南依次为南海北部沿岸水、过渡外陆架水、南海太平洋表层水、南海中央表层水和泰国湾–巽他陆架表层水（图3.52）。从我们划分的四个放射虫组合来看，组合1主要分布区受南海北部沿岸水和南海太平洋表层水两个水团的影响；组合2受南海太平洋表层水的影响；组合3受南海北部沿岸水的影响；组合4受南海中央表层水的影响。

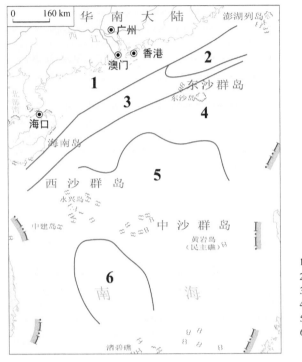

1区　南海北部沿岸水（中区）
2区　南海北部沿岸水（东区）
3区　过渡外陆架水
4区　南海太平洋表层水
5区　南海中央表层水
6区　泰国湾–巽他陆架表层水

图3.52　南海中、北部水团分布示意图（据谭智源和陈木宏，1999，修改）

第七节　底栖有孔虫分布

底栖有孔虫生活在海底，是底栖动物群落的重要组成部分，是最丰富、分布最广的微型底栖动物。由于死后壳体能够在沉积物中很好地保存下来，底栖有孔虫通常被作为海洋环境变化研究的良好载体。前人对南海现代底栖有孔虫的群落组成、分布特征及其对沉积环境的指示开展了大量的调查和研究，研究区包括珠江口（李淑鸾，1985，1988；李涛等，2011a，2011b）、北部湾（李保华等，2010）、海南岛近岸（李保华等，2008）及南海东北部（涂霞，1983）等。对南海全海域的底栖有孔虫调查工作由蔡慧梅和陈木宏（1987）完成，他们研究了不同地貌单元（近岸浅海、陆架、陆坡和海盆）中的底栖有孔虫组合特征，并探讨了底栖有孔虫组合对沉积环境的指示意义，取得的主要认识：①温度对底栖有孔虫的分布具有重要影响。南海北部有孔虫数量少、个体小，种类少；台湾海峡以南，尤其东沙群岛以南海域，底栖有孔虫数量多、个体大，种类丰富，多为喜暖种；陆坡和海盆亦有不少的深水耐冷底栖种。②盐度是影响底栖有孔虫分布的重要因素。南海北部底栖有孔虫以广盐种占优势；台湾浅滩以南的海域海水盐度稳定，底栖有孔虫的数量、壳体大小和分异度增加。③底栖有孔虫数量随水深变化而变化。在陆棚和陆坡区，有孔虫数量随水深增加而增加，而在3000 m以深的海盆区，底栖有孔虫数量明显减少。④海底底质影响底栖有孔虫群落结构。近岸泥质沉积区以瓷质壳有孔虫为主，内陆架的砂质沉积区以胶结壳有孔虫为主，陆架中细砂沉积区以玻璃质壳有孔虫为主。本次调查进一步补充完善了前人的调查成果，在南海以及台湾岛东部海域进行底栖有孔虫种类调查，探讨了底栖有孔虫群落多样性、主要属种分布以及底栖有孔虫的分布与水深、沉积物粒度及有机碳含量的定量关系。

本次调查共鉴定出底栖有孔虫163属471种。其中平均含量大于1%的常见种28个，平均含量为0.1%～1%的一般种126个，其他317种平均含量均小于0.1%，为少见种。统计结果表明南海沉积物中主要属种包括：*Cyclammina compressa*（平均含量2.61%）、*Karreriella bradyi*（2.54%）、*Trochammina globigeriniformis*（2.40%）、*Rhabdammina scabra*（2.08%）、*Cibicides* spp.（1.94%）、*Oridorsalia umboynatus*（1.92%）、*Reophax* sp.（1.89%）、*Pseudorotalia indopacifica*（1.84%）、*Hoeglundina elegans*（1.58%）、*Ammonia annectens*（1.58%）、*Melonis affinis*（1.49%）、*Bulimina marginata*（1.43%）、*Eggerella bradyi*（1.28%）、*Hanzawaia mantaensis*（1.23%）和*Textularia* sp.（1.22%）等。

一、群落多样性

表层沉积物中底栖有孔虫的丰度和简单分异度（种数）在空间上的差异大：丰度介于0～100000 枚/g，平均丰度为58枚/g，中位数为30枚/g；简单分异度为0～46种，平均为10种，中位数为8种。从底栖有孔虫丰度空间分布趋势来看[图3.53(a)]，在南海北部外陆架、海南岛以南、南海西部陆架、中沙群岛等区域，底栖有孔虫丰度相对较高，多为1000～10000枚/g，最高可达100000枚/g；在南海北部内陆架、南海西部陆坡和北部湾等区域，底栖有孔虫丰度相对较低，多为10～1000枚/g；在台湾岛东部海域和南海海盆，底栖有孔虫丰度最低，一般低于10枚/g。简单分异度与丰度具有相似的空间分布模式[图3.53(b)]，具体表现为在陆架区简单分异度相对较高，一般大于15种；在陆坡区简单分异度相对较低，一般为5～15种；在海盆区，简单分异度最低，一般小于5种。从底栖有孔虫丰度和简单分异度与水深关系[图3.54(a)、(b)]上看，丰度和简单分异度的分布一定程度上受水深的影响，当水深小于4500 m时丰度呈现随水深变深而降低的趋势，从10^2及以上量级减少为10^1量级；当水深小于3000 m时，简单分异度表现出随水深变深而降低的趋势，从10^1量级减少为10^0量级。

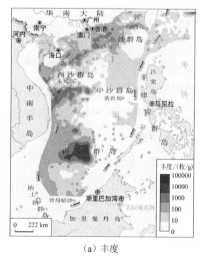
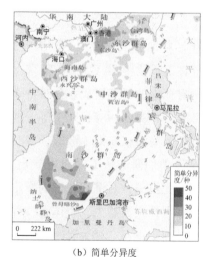

（a）丰度 　　　　　　　　　　　　　　　（b）简单分异度

图3.53　底栖有孔虫丰度和简单分异度分布图

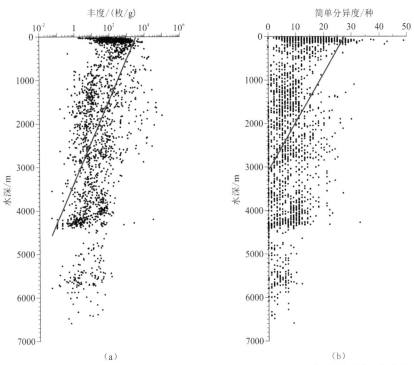

图3.54　底栖有孔虫丰度和简单分异度与水深的关系图（蓝色线为拟合曲线）

二、主要属种分布

（一）*Cyclammina compressa*

*C. compressa*主要分布在南海中部和东部，高含量分布区主要包括：南海西部陆坡（西沙群岛以南）、南海北部陆坡（台湾岛东南）和南海东部岛坡（吕宋岛以西）等深海海域，在巴士海峡也有分布，含量一般低于10%，在南部海域（南沙海域）以及台湾岛东部海域未检出[图3.55(a)]，砂环虫属（*Cyclammina*）是常见的深海胶结壳类底栖有孔虫，主要生活在水深3000～5000 m海底，是典型的深水种（汪品先等，1988）。

（二）*Karreriella bradyi*

*K. bradyi*的分布区域与*C. compressa*比较相似，不同的是*K. bradyi*在南海南部也少量出现，而*C. compressa*在南海南部以及台湾岛东部海域未检出。*K. bradyi*的高含量分布区主要位于吕宋岛东北方，为东部次海盆和南海东部陆坡所在处[图3.55(b)]。该种百分含量有随水深增加而不断增加的趋势，且含量超过20%的站位主要分布在3700～4400 m [图3.56(a)]，是典型的深水种。

（三）*Trochammina globigeriniformis*

*T. globigeriniformis*分布区域也与*C. compressa*相似，主要分布在南海中部和东部，高含量分布区位于吕宋岛西部，包括南海东部岛坡和南海海盆北部[图3.55(c)]，在西沙群岛南部某些区域含量也相对较高，而在南沙海域以及台湾岛东部海域未检出。该种百分含量有随水深增加而不断增加的趋势，且含量超过20%的站位主要分布在3700～4400 m [图3.56(b)]，是典型的深水种。

（四）*Rhabdammina scabra*

*R. scabra*的高含量区主要分布在台湾岛东部海域，在吕宋海峡和南海东部岛坡部分区域含量也相对较高，在南海其他区域则少见[图3.55(d)]。该种含量有随水深增加而不断增加的趋势[图3.56(c)]，含量超过20%的站位主要分布在5000～6000 m，是典型的深水种。

（五）*Cibicides* spp.

Cibicides spp.的高含量区主要分布在中沙群岛以北、台湾浅滩和吕宋海峡等水深较浅的海域[图3.55(e)]，在海南岛周边也有分布，不过含量相对较低，在南海南部则未检出。

（六）*Oridorsalia umboynatus*

*O. umboynatus*的高含量区主要分布在西沙海域以及南海北部陆坡区，在南海南部海域也有少量分布，主要分布于东南部，在台湾岛东部海域未检出[图3.55(f)]。该种含量表现出随水深增加呈增加的趋势[图3.56(d)]，含量超过20%的站位主要分布在1000～3000 m。

（七）*Reophax* sp.

Reophax sp.的高含量区主要分布在台湾岛东部海域和吕宋海峡，在粤西岸外含量也较高，在南海中部含量则相对较低，在南海南部以及台湾岛东部海域未检出[图3.55(g)]。该种百分含量随水深增加而不断增加[图3.56(e)]。

（八）*Pseudorotalia indopacifica*

*P. indopacifica*的高含量区主要分布在北部湾和粤西海岸，在台湾岛周边和巽他陆架也有少量分布，含量很低，而在南海其他区域以及台湾岛东部海域则未检出[图3.55(h)]。

（九）*Hoeglundina elegans*

*H. elegans*的高含量区主要分布在南沙陆坡和南海北部陆坡，在水深较浅的陆架区和水深更深的海盆区含量都相对较低，在台湾岛东部海域则未检出[图3.55(i)]。

（十）*Ammonia annectens*

*A. annectens*的高含量区主要集中在北部湾和粤西沿岸，海南岛周边也有分布，含量相对较低[图3.55(j)]，该种在陆坡及海盆等深海未检出，是典型的浅水种。

（十一）*Melonis affinis*

*M. affinis*的高含量区主要分布在南海北部陆坡和西沙海域，在中沙海域也有局部分布，在南海南部以及台湾岛东部海域未检出[图3.55(k)]。

（十二）*Bulimina marginata*

*B. marginata*的高含量区主要分布在南海北部陆坡和粤东岸外，在巽他陆架也有少量分布，在南海海盆区及台湾岛东部海域未检出[图3.55(l)]，该种百分含量有随水深增加不断减少的趋势[图3.56(f)]。

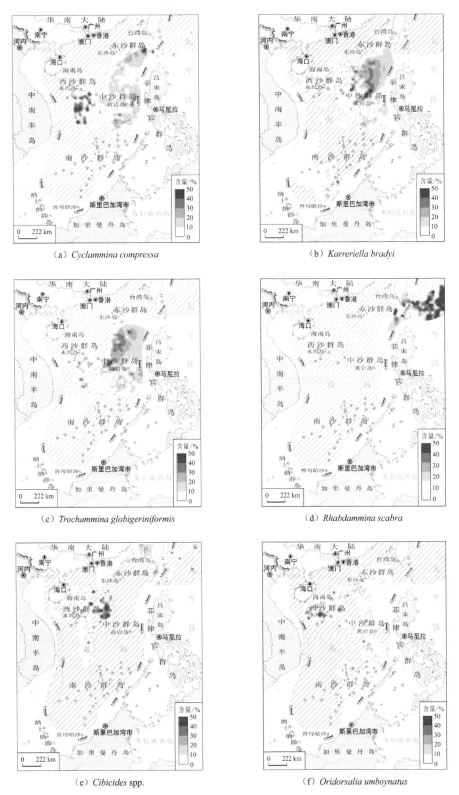

（a）*Cyclammina compressa*

（b）*Karreriella bradyi*

（c）*Trochammina globigeriniformis*

（d）*Rhabdammina scabra*

（e）*Cibicides* spp.

（f）*Oridorsalia umboynatus*

图3.55 底栖有孔虫主要属种分布图

111

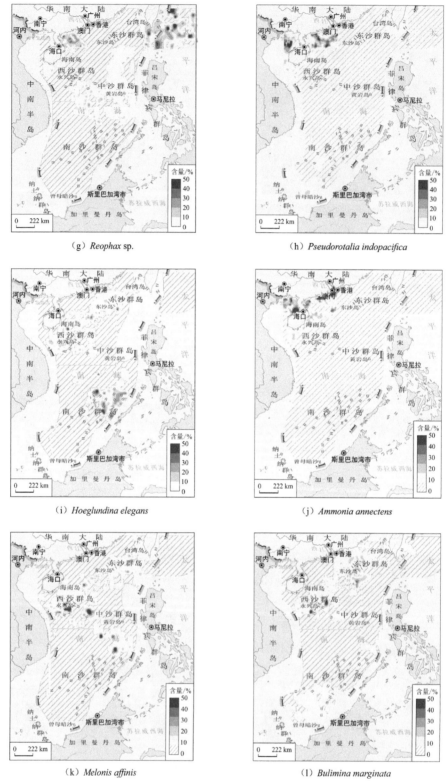

（g）*Reophax* sp.

（h）*Pseudorotalia indopacifica*

（i）*Hoeglundina elegans*

（j）*Ammonia annectens*

（k）*Melonis affinis*

（l）*Bulimina marginata*

图3.55　底栖有孔虫主要属种分布图（续图）

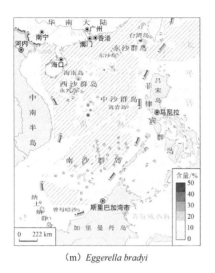
（m）*Eggerella bradyi*

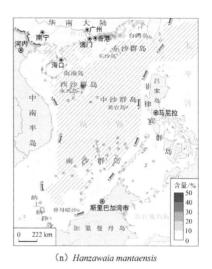
（n）*Hanzawaia mantaensis*

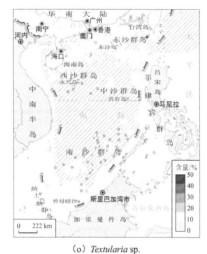
（o）*Textularia* sp.

图3.55 底栖有孔虫主要属种分布图（续图）
斜线填充区域表示该种未检出

（十三）*Eggerella bradyi*

*E. bradyi*的高含量区主要分布在南海北部陆坡区，在中沙海域、南沙海域以及台湾浅滩部分区域含量也较高[图3.55(m)]。该种百分含量有随深水增加而不断增加的趋势[图3.56(g)]，是一类冷水指示种（汪品先等，1988）。

（十四）*Hanzawaia mantaensis*

*H. mantaensis*的高含量区主要集中在粤东海岸，在海南岛西部部分区域含量也相对较高，在巽他陆架含量相对较低，南海其他区域及台湾岛东部海域未检出[图3.55(n)]，是典型的浅水种。

（十五）*Textularia* sp.

Textularia sp.的高含量区主要分布在台湾浅滩和南海北部陆架，在其他区域含量很低，在南海中部和台湾岛东部海域未检出[图3.55(o)]。该种主要分布水深2000 m以浅海域，含量有随水深增加而不断减少的趋势[图3.56(h)]。

根据汪品先等（1988）中的属种描述，这些优势种多数为世界广布种，在我国东海也广泛分布，且以深水种为主。例如，*C. compressa*主要分布在现代大西洋、印度洋、太平洋深水区以及东海陆坡和海槽区，是美国弗吉尼亚（Vergnia）岸外海底峡谷700～1100 m水深海底的活体有孔虫代表种之一。*K. bradyi*分布于太平洋、大西洋，在东海海槽区亦有广泛分布。*T. globigeriniformis*分布于世界各大洋的深海，在东海海槽区亦有分布。*P. indopacifica*分布于印度洋和太平洋海域中，东海主要见于中、外陆架暖水区，属于暖水种。*H. elegans*是世界性种，在大西洋、太平洋、墨西哥湾等较深水区均有分布，在东海中、外陆架亦有分布，丰度较高。*M. affinis*在各大洋内主要分布在500～1700 m的次深海区，是一种深水种。*B. marginata*是世界性种，在地中海、大西洋、太平洋、墨西哥湾均有分布，是东海陆架常见种，分布在30～150 m水层。*H. mantaensis*在东海和黄海亦有分布，一般在中陆架较丰富。

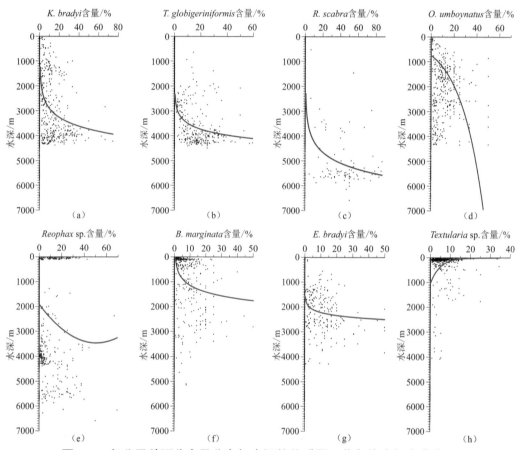

图3.56　部分属种百分含量分布与水深的关系图（蓝色线为拟合曲线）

三、底栖有孔虫分布与环境因子的定量关系

底栖有孔虫的分布主要受温度、水深、盐度、pH、含氧量、底质类型、食物供应、沉积速率以及水动力条件等诸多因子的影响（涂霞，1983；Murray，2006；李涛等，2011a）；反之，利用底栖有孔虫群落的分布特征能指示自然环境状况。一般而言，当环境有利于有孔虫生长繁殖时，有孔虫丰度和群落多样性会相应增加；相反，当环境不适宜时，有孔虫丰度和群落多样性会降低。此外，环境条件还能改变底栖有孔虫属种组成，环境因子对某些特定的属种（耐受种）有利，使其在群落中的相对丰度增加；同时，对另外一些属种（敏感种）不利，它们在群落中的相对丰度会相应降低。也就是说，环境能增加耐受种的相对丰度同时降低敏感种的相对丰度。因此，通过研究有孔虫多样性以及群落结构与环境因子的关系，能评价环境对有孔虫群落的影响以及有孔虫对环境变化的响应。

我们利用主成分分析法研究了底栖有孔虫群落丰度、简单分异度以及15个主要属种百分含量与水深、沉积物粒度和有机碳等自然因子之间的相关关系。在主成分分析排序图中（图3.57），有孔虫参数与环境因子之间的相关性由两者之间的夹角（余弦值）来衡量：夹角＜90°时为正相关，夹角=90°时无相关性，夹角＞90°时为负相关，且夹角越小，两者的正相关性越强。结果表明，从群落多样性角度来看，底栖有孔虫丰度和简单分异度与砂含量呈正相关关系，而与粉砂和黏土含量呈负相关关系。这种相关性表明沉积物中粗颗粒含量越高，有孔虫丰度和群落多样性就越高。一方面，沉积物颗粒粗细可能影响沉积物中的含氧量。沉积物颗粒越粗、孔隙度就越高，海水中的氧气越有可能进入沉积物内（Li T. et al.，2015），沉积物中的含氧量就越高。而氧气是多数有孔虫赖以生存的环境因子，因此我们推测含氧量是控制有孔虫丰度和群落多样性的一个重要的限制因子，尤其在深海缺氧环境下，沉积物中含氧量是决定有孔虫是否生存的关键因子。另一方面，虽然沉积物颗粒越粗、水动力越强，对有孔虫壳体的沉积和保存不利，但粗颗粒物同时为附着类底栖有孔虫提供了遮蔽场所，有利于有它们的生长繁殖。从属种组成来看，不同的属种对自然因子的响应不同。例如，*T. globigeriniformis*、*K. bradyi*和*C. compressa*的百分含量与水深有关：水深越深，它们的百分含量就越高。这指示其为典型的深水种，在深水环境中比其他属种更能适应环境。不过，水深不是影响生物分布的直接环境因子，而与水深相关的一些环境因子（Boltovskoy and Wright，1976），如碳酸钙饱和度、温度、压力等，才是影响生物分布的直接环境因子。水深越深、水温越低、压力越高，碳酸钙越不饱和。据此，推测这三个种是耐冷底栖种，且相对其他种更耐高压且更抗溶蚀。*H. mantaensis*、*Textularia* sp.和*H. elegans*百分含量与砂含量有关，沉积物中砂含量越高，它们百分含量越高。这表明其为浅水或半深水种，适宜于氧气充足的浅海和半深海环境。此外，这三个种与有机碳含量呈负相关关系。有机碳的高含量会引起藻类和细菌等的勃发，从而消耗大量氧气，使得沉积物中含氧量降低，因此推测这三个种可能代表了好氧有孔虫群体。*R. scabra*和*Reophax* sp.等属种百分含量与粉砂、黏土和有机碳含量呈正相关关系。一般而言，有机碳含量越高，有孔虫获得的食物越丰富，因此这两个种代表了与食物供给紧密相关的有孔虫群体。食物供给不足或过多，都会抑制底栖有孔虫的生长，而只有在营养状况适中的情况下，底栖有孔虫才会繁盛（Gooday et al.，1999）。南海海底为寡营养环境，*R. scabra*和*Reophax* sp.主要分布在台湾岛东部海域和吕宋海峡，这两个区域的营养物质水平总体略高于南海平均水平。粉砂和黏土含量越高，水动力强度越低，越有利于壳体的沉积和保存。

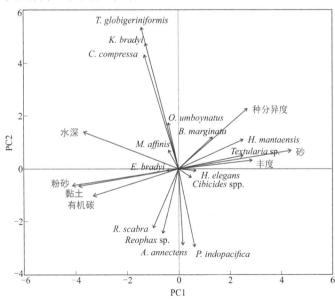

图3.57　南海表层沉积物底栖有孔虫与环境因子主成分分析排序图

第八节 孢 粉 分 布

南海孢粉工作开始于20世纪80年代，首先是对海底表层沉积物进行了区域性调查工作。进入21世纪以来特别是近十年，随着南海三次大洋钻探的顺利开展，南海沉积物孢粉学研究取得了较大的进展（Sun and Li，1999；Sun et al.，2000，2003；张玉兰等，2002；Luo et al.，2005；常琳等，2013；Dai and Weng，2015；Yu et al.，2016）。已有的研究认为，南海北部的大型河流输送是河口及滨海陆架上沉积花粉的主要来源途径，季风及其驱动的洋流则是具气囊花粉和孢子向离岸较远的开放大洋传播的重要载体，南海南部海域河流和沿岸流是花粉传播的主要动力。南海北部孢粉组合显示以低山常绿阔叶林组合为特征的植被群落景观与现代华南地区一致，并且反映出人类活动的影响，而南海南部海域花粉主要来源于南部岛屿。在第四纪冷暖气候变化中，南海北部化石孢粉揭示的陆表植被面貌总体上呈现间冰期热带亚热带常绿阔叶林繁盛、冰期温带常绿落叶林繁盛的主要特征，冰盛期陆表出现草地的覆盖。但是，华南大陆及台湾省的湖泊和泥炭地沉积孢粉资料表明冰期草本花粉的增长并不明显（Dodson et al.，2019）。因此，基于海洋沉积进行的植被重建和季风演化解释有可能存在不合理处（Chen et al.，2020）。以往的研究中缺乏高空间分辨率的表层孢粉数据，导致对现代海底孢粉的传播、散布和沉积机制的认识不足，从而局限了对地质历史上化石孢粉数据的古环境、古气候信息的科学提取。本书通过梳理整合我国1∶100万海洋区域地质调查工作中积累的孢粉分析数据，总结南海表层沉积物中孢粉主要类型的高分辨空间展布特征，为进一步揭示南海表层孢粉的来源及搬运、沉积模式提供基础材料。

一、孢粉主要类型分布特征

南海表层沉积的孢粉成分复杂、类型多样、丰度不一、分区明显。按照孢粉类型分为三类，包括木本植物花粉、草本植物花粉和蕨类孢子。其中，蕨类孢子含量最多且种类丰富，木本植物花粉含量次之，草本植物花粉相对少见。

（一）蕨类孢子

蕨类孢子是南海表层沉积物中孢粉的最主要类型，平均含量高达68%。总体上，除南海北部陆架和西南次海盆外，南海大部分区域均以蕨类孢子为绝对优势，含量普遍超过70%，尤其是东部次海盆、西沙群岛、南沙群岛和巽他陆架等地区含量甚至达到80%以上。蕨类孢子在西南次海盆和菲律宾海盆含量多低于20%，而南海北部陆架尤其是东沙群岛、台湾浅滩等地区相对较为少见[图3.58(a)]。

1. 鳞盖蕨属

鳞盖蕨属（*Mircrolepia*）是最主要的蕨类孢子类型，集中分布在北部陆坡和西沙群岛周边海域，含量均在50%以上，局部超过80%。海南岛周边陆架亦有鳞盖蕨属高含量分布区，南海东部海盆和南海东南部陆坡较为多见，北部陆架、南部巽他陆架及菲律宾海盆等区域，鳞盖蕨属少见[图3.58(b)]。

2. 水龙骨科孢子

水龙骨科（Polypodiaceae）孢子主要分布在南海西部陆坡和南海东南部陆坡，含量多超过20%。东部次海盆、南海北部陆架、南海北部陆坡及菲律宾海盆等区域水龙骨科孢子含量普遍低于10%[图3.58(c)]。

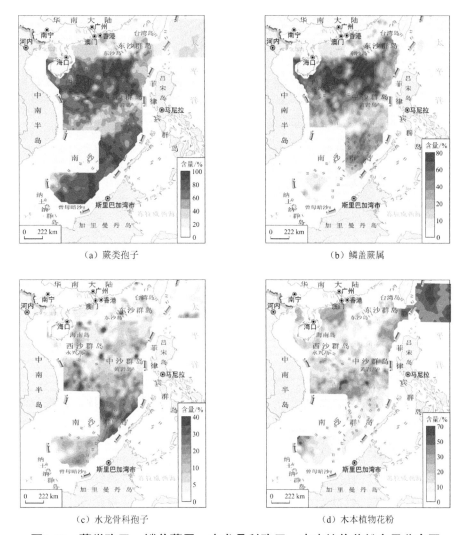

（a）蕨类孢子　　　　　　　　　　　　　　　（b）鳞盖蕨属

（c）水龙骨科孢子　　　　　　　　　　　　　（d）木本植物花粉

图3.58　蕨类孢子、鳞盖蕨属、水龙骨科孢子、木本植物花粉含量分布图

（二）木本植物花粉

　　木本植物花粉在南海大多数表层沉积物中均有出现，平均含量约为30%。总体上，木本花粉在台湾岛以东的菲律宾海盆含量占优势[图3.58(d)]，普遍高于60%，其次为台西南岛坡、西南次海盆、珠江口以西的南海北部陆架等地区含量普遍高于40%。南海北部陆坡、南海东南部陆坡、巽他陆架等区域木本植物花粉含量相对较低，多为10%～20%。东沙群岛、台湾浅滩和西沙群岛等地区木本植物花粉相对较为少见。

　　南海表层沉积物木本植物花粉的最主要成分是松属（*Pinus*）花粉。松属花粉高含量区主要分布于南海西部陆坡、西南次海盆、吕宋岛弧东西两侧海盆以及巽他陆架南部[图3.59(a)]，含量超过30%。在北部陆架、北部陆坡及南沙群岛等区域，松属花粉含量相对较低。松属花粉具气囊结构，可随风和水流传播至远离源区沉积，因此在海盆区表现为百分含量高，而在近岸区域由于其他花粉多就近沉积导致其含量相对较低。

（三）草本植物花粉

　　草本植物花粉除珠江口以西的南海北部陆架和台湾岛周边的花东海盆、琉球岛坡及台西南岛坡外，在南部海域绝大多数表层沉积物中零星分布。南海北部陆架草本花粉以禾本科为主要类型，含量与水深呈负相关关系，水深增大含量逐渐降低；而台湾岛周边花东海盆、琉球岛坡及台西南岛坡以蒿属为主要类型，含量与离岸距离呈负相关关系，离岸越远含量越低[图3.59(b)]。

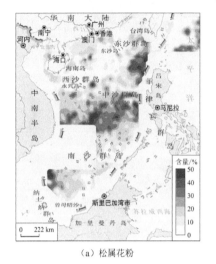

（a）松属花粉

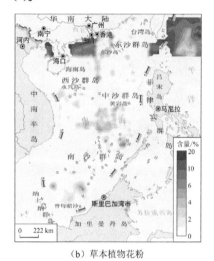

（b）草本植物花粉

图3.59　松属花粉、草本植物花粉含量分布图

二、孢粉母体植物生态类型

结合华南地区和台湾省的植被分布情况，按照母体植物生态习性和分布地带，综合纬度分带性质和垂直分带性质，参考前人划分方案（Zheng and Lei，1999；Sun et al.，2003；Yu et al.，2016），可将木本植物花粉划分成六个生态类型组合。

（1）红树林，主要分布在河口海岸带，主要有红树属、木榄属、海桑科、秋茄树属等。

（2）低地和亚低山森林，通常分布于海拔600 m以下地区，特征为发育半常绿林和热带雨林，群落中常见的花粉包括桑科、无患子科、椴树科、大戟科、番荔枝科、皂荚科、龙脑香科等，包括阿丁枫属、紫金牛属、马槟榔属、山龙眼属、天料木属、金丝桃属、杜茎山属、木兰属、铁仔属、木犀榄属、蒲桃属等。

（3）低山常绿阔叶林，通常分布于海拔600～1500 m地带，特征为发育常绿林和热带山地雨林；群落中常见的花粉包括樟科、壳斗科、木兰科等，包括栲属、栎属、石斛属、青冈属、金缕梅属、冬青属、油杉属、罗汉松属、陆均松属、杉科、铁杉属等。

（4）中山常绿–落叶阔叶混交林，通常分布于海拔1500～3000 m地带，以温带落叶阔叶林为主，随海拔升高出现暖温带–中温带–寒温带针叶林；群落中常见的花粉包括桤木属、桦木属、鹅耳枥属、山核桃属、栗属、榛属、白蜡树属、胡桃属、枫香属、枫杨属、蔷薇科、柳属、榆属、罗汉松属、油杉属、铁杉属等。

（5）亚高山针叶林，海拔超过3000 m，以寒温带针叶林为特征，主要包括冷杉属和云杉属。

（6）次生林，主要由松属、合欢属、木麻黄属等组成，包括现代常见的马尾松和金合欢属等树木，多数是由人类栽培而成，指示的植被更多是源于现代人类的造林活动。

林下生活草本植物和蕨类植物。草本花粉常见的有禾本科、藜科、蒿属、莎草科等，其他多见的还有石竹科、菊科、葎草属、蓼属等。蕨类孢子中含量最丰富的类型是鳞盖蕨属、芒萁属和水龙骨科。

三、南海孢粉来源和传输过程

我国华南地区植被主要有亚热带常绿阔叶林、亚热带季风常绿阔叶林，而台湾岛、海南岛、中南半岛及东南亚加里曼丹岛、巴拉望岛、吕宋岛等热带岛屿主要植被为热带雨林、热带季雨林。其中，海南岛地带性植被为热带季雨林和雨林，植被的组成以热带植物区系为主，并同东南亚的植物区系组成有密切联系。植被的水平和垂直分布规律很显著：由低海拔到高海拔依次分布了季雨林、雨林、山地雨林、山地季风常绿阔叶树以及山顶矮林和灌木草丛，海滨生长着热带刺灌丛和海滨红树林等。虽然海南岛的森林约占岛屿的36%，但天然林（阔叶林）所占比重不大，且阔叶林斑块大小的变异很大，这除了与地形因素有关外，还表明人类活动的影响（罗传秀等，2012）。越南境内发育热带雨林、季雨林、耕地。南海周边其他岛屿，如苏门答腊岛、加里曼丹岛、中南半岛、马来半岛及菲律宾群岛分布热带雨林、热带季雨林，少雨地方为热带稀树草原，主要乔木是龙脑香科树种，山地龙脑香林以赛娑罗奴为主，伴生覆盘树和菲律宾猕猴桃（张玉兰等，2002）。

前人研究认为南海北部花粉数量的最高浓度出现在台湾海峡及巴士海峡处，反映冬季风及洋流是花粉传播的主要动力（Sun and Li，1999），也有研究认为河流输送对海洋孢粉起到主要作用，同时风力和洋流对花粉的输送也起到一定作用（戴璐等，2012；罗传秀等，2012；Dai and Weng，2015）。本书研究结果显示，无论是孢子浓度、花粉浓度还是主要属种（如松属、壳斗科、草本花粉等）的丰度在珠江河口都是最高的，表明在大型河流输入物质的情况下，其他传输模式对花粉沉积的影响是相对较弱的。

海洋孢粉沉积与洋流的关系多被认为有如下两种情形，一是认为高能量的环境如洋流等不利于沉积孢粉，因此洋流对孢粉的沉积具有削弱作用；二是认为洋流在流动的过程中，作为水流能携带孢粉，在多种海流交互作用下，能形成堆积孢粉的环境。本书研究结果显示，孢子的百分比数随离岸距离增加，孢子主要通过河流和洋流传播，易于在水里传播输送。而洋流经过的区域，花粉的沉积密度很低，可能表明花粉的传输和沉积主要受到空气和河流的影响，在洋流中的传输和沉积比较有限。

第九节 黏土矿物分布

一、黏土矿物的组成与分布

黏土矿物是海底环境中分布广泛的一类矿物，通常以伊利石、绿泥石、高岭石和蒙脱石等四种矿物为主，是一类微细粒（一般小于2 μm）的层状或片状水合铝硅酸盐矿物（周怀阳等，2004）。海洋中的黏土矿物主要来源于大陆岩石的风化作用，由于黏土矿物对地质作用和气候环境变化非常敏感，因此，海洋表层沉积物中黏土矿物的组成和分布可以反映沉积物来源以及源区气候环境变化（赵全基，1992；Liu et al.，2016），前人对南海表层沉积物开展了大量黏土矿物调查工作（何锦文和唐志礼，1985；唐志礼和王有强，1992；周怀阳等，2004；刘志飞等，2007；邱燕，2007；吴敏等，2007；李学杰等，2008；邱中炎等，2008；葛倩等，2010；Liu et al.，2010；Liu et al.，2010a；刘志飞和李夏晶，2011；张晓飞等；

2012；徐勇航等，2013；何海军等，2016；Liu et al.，2016；宋泽华等，2017；靳华龙等，2019）。

蒙脱石是南海表层沉积物中平均含量最高的黏土矿物，同时是含量差异最大的黏土矿物，含量为0~96%，平均含量为34%（Liu et al.，2016）。蒙脱石含量最高的地区（＞60%）位于吕宋岛以西，从靠近吕宋岛的90%以上向西部海盆区下降至40% [图3.60(a)]。在巽他陆架、北部湾和东沙群岛周边大部分地区，蒙脱石的含量也很高，通常大于40%。相比之下，台湾岛周边海域、华南近海和北加里曼丹岛近海的蒙脱石含量很低，通常小于5%。

表层沉积物中伊利石的平均含量仅次于蒙脱石，为1%~73%，平均含量为32%（Liu et al.，2016）。南海东北部的伊利石最为丰富，从台湾岛向其西部延伸出两个高值带（＞40%），一个带向西南延伸至南海北部陆坡下部，另一个带向西延伸至南海北部陆架[图3.60(b)]。南海深海平原大部分地区伊利石含量普遍高于30%。然而，吕宋岛西侧南海深海平原和北部湾大部分地区的伊利石含量较低，通常不到20%。

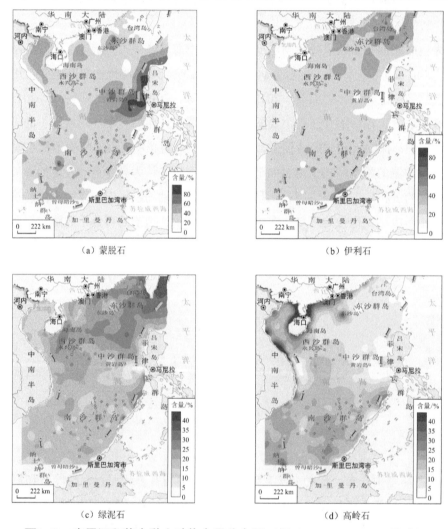

（a）蒙脱石 （b）伊利石

（c）绿泥石 （d）高岭石

图3.60　表层沉积物中黏土矿物含量分布图（据Liu et al.，2016，修改）

　　表层沉积物中绿泥石的含量较前面两种矿物明显下降，变化范围为0～41%，平均含量为18%（Liu et al.，2016）。绿泥石具有与伊利石相似的分布规律[图3.60(b)、(c)]，但其含量通常比伊利石少约20%。绿泥石含量高值区分布在台湾岛周边及南海东北部（＞24%），另外海南岛东南海域、中沙群岛以西海域含量通常也较高（>20%），吕宋岛以西海域和北部湾含量通常较低，含量小于10%[图3.60(c)]。

　　高岭石为南海表层沉积物中平均含量最低的黏土矿物，但不同海域含量同样相差较大，为0～81%，平均含量为16%（Liu et al.，2016），其分布呈现三个显著特征：①高岭石高值区（＞50%）分布非常有限，仅见于华南地区和越南北部的狭窄海岸带；②南海南部（包括巽他陆架）高岭石含量中等（15%～30%）；③在南海中东部和东北部，高岭石含量很低，大多不到10%，甚至不到5% [图3.60(d)]。高岭石含量分布的主要特征是从南海西南部到南海东北部含量呈减小趋势。

二、黏土矿物来源

　　南海表层黏土矿物的分布表现出明显的物源控制特征，特别是河流系统附近区域。蒙脱石和伊利石在南海表层沉积物黏土矿物中占主导地位，平均含量分别为34%和32%。虽然，蒙脱石在四种黏土矿物中平均含量最高，但实际上除了东部吕宋岛、南部巴拉望岛（南部）和泰国河流沉积物的蒙脱石含量较高外（Liu et al.，2009，2016），南海周边其他河流沉积物蒙脱石含量均不高，特别是南海北部的珠江和台湾岛以及南部的马来半岛和加里曼丹岛北部都基本不含蒙脱石。蒙脱石含量最高的区域分布在吕宋岛以西的南海东部岛坡区，且含量从吕宋近岸向西至南海深海平原逐渐降低，表明这些区域的蒙脱石来源于南海东部的吕宋岛弧，与吕宋河流沉积物中非常高的蒙脱石含量（平均含量为87%；Liu et al.，2009）吻合，为中基性火山岩风化形成。海南岛以东、东沙群岛以西、北部湾、巽他陆架的蒙脱石含量也大于40%，但这些区域周边河流蒙脱石都很低（＜15%），表明蒙脱石由较远的源区搬运而来。南海伊利石高值区呈带状分布在靠近台湾岛的南海东北部以及巽他陆架，与台湾岛河流（Liu et al.，2010a）和加里曼丹岛北部河流富伊利石（Liu et al.，2007a，2012）吻合。

　　高岭石和绿泥石在南海表层沉积物中含量相对较低，平均含量分别为16%和18%。高岭石的分布呈现明显的规律，高值区分布在华南沿海、海南岛周边较狭窄的区域，与珠江、海南岛河流高含量的高岭石吻合（Liu et al.，2007b，2016）。因此，华南沿海和海南岛构成了高岭石主要源区。较狭窄的海底高岭石富集区与广泛分布的富高岭石的河流形成鲜明对比，这可能与高岭石在海洋中较容易发生絮凝作用有关。高岭石主要通过中酸性岩（如花岗岩）的化学风化作用形成，经过河流搬运至海洋后，在河口入海口遇到碱性的海水极易发生絮凝作用而沉降，因此，在海洋中搬运距离比较短，从而造成多数海洋环境下的高岭石含量偏低。南海表层绿泥石的分布趋势与伊利石高度相似（R^2=0.85；图3.61），但同一站位绿泥石的含量较伊利石低约20%。与伊利石类似，绿泥石在台湾岛周边最高，与台湾岛河流具有高含量的绿泥石（平均含量36%）（Liu et al.，2010b）吻合。

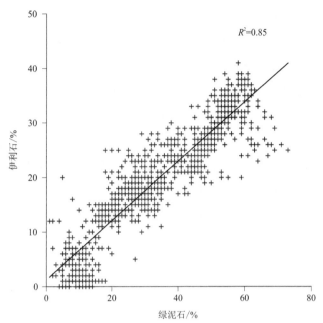

图3.61　表层沉积物中伊利石与绿泥石的相关性散点图

第十节　元素地球化学分布

　　南海沉积物质来源丰富多样，具有鲜明的区域性特征，提供了南海自身演变以及与周边大陆、海洋间物质能量交换等多种信息（朱赖民等，2007）。元素地球化学为示踪沉积物物源与沉积环境的重要手段，沉积过程受河流输入、地形、海流、氧化还原环境等不同因素的控制，能够反映一系列自然来源和过程及人为活动的影响（赵建如，2016）。

　　自20世纪60年代以来，国内外学者对南海沉积物的地球化学分布做了大量工作，主要分不同区域尺度进行了常量、微量、稀土元素等地球化学分析，包括南海西北部（蔡观强等，2013；赵建如，2016）、北部（陈绍谋等，1983，1986；赵利等，2016）、中部（李粹中，1985，1987b；张富元，1991；钟和贤等，2009；汪卫国和陈坚，2011）及南部（王贤觉，1988）等。稀土元素具有相对稳定的地球化学特征，在海洋环境中配分模式保持不变，前人针对稀土元素地球化学特征进行了深入的探讨（古森昌等，1989；高志友，2005；朱赖民等，2007；刘建国等，2010；窦衍光等，2012；张楠等，2014；刘芳文等，2017），认为表层沉积物中稀土元素分布主要与陆源物质输入、生物活动和火山物质补给密切相关。以上研究成果为南海沉积物的分布格局与物源分析、沉积地层对比和古气候古环境探讨奠定了良好的基础。

　　综合来看，南海表层沉积物地球化学特征研究受取样范围有限及测试手段差异影响，研究较为零散，详尽程度不一，缺乏系统性、整体性的综合地球化学研究成果，一定程度上制约了对整个南海海域沉积物来源、输运和沉积过程的认识。为此，我们在前人工作的基础上，依据《1∶1000000海洋区域地质调查规范》，对我国南部海域进行了系统化、标准化的调查取样，在此基础上对获取的沉积物样品进行了常量、微量和稀土元素全分析，结合数理统计，深入探讨了南海表层沉积物的地球化学特征、元素的运移与富集规律以及南海沉积环境的区划。

一、元素含量分布特征

（一）常量组分特征

常量组分是矿物的化学表现形式，对南海表层沉积物进行了12种常量组分分析，包括SiO_2、Al_2O_3、Fe_2O_3、MgO、TiO_2、K_2O、Na_2O、MnO、P_2O_5、CaO、$CaCO_3$和有机碳，各常量组分含量统计表见表3.11，分布特征如下。

SiO_2：含量高值区位于南海北部陆架（特别是台湾浅滩、北部湾陆架）、南海南部巽他陆架，此区域水深较浅，波浪和潮汐作用强，沉积于该区域的沉积物经水动力分选后，富含粗粒的石英碎屑矿物，具有较高的SiO_2含量（普遍在60%以上），与砂质沉积分布具有一定的相似性。含量中值区位于东部次海盆中东部及台湾岛以东花东海盆等深水区，区域水深一般大于3500 m，以细粒黏土沉积为主，含量普遍为50%~60%，部分SiO_2含量分布区呈斑块状，这可能由于生物成因硅的加入，即丰富的硅藻和放射虫等浮游生物摄取海水中的溶解硅，形成的生物硅质壳。含量低值区主要位于南海北部、西北部陆坡，特别是东沙群岛、西沙群岛、中沙海台，以及南部的南沙群岛、礼乐海台附近，均值在40%以下，这与该区域海洋生源类碳酸盐碎屑的稀释作用有关[图3.62(a)]。

Al_2O_3：作为细粒沉积物中富集的典型元素，东部次海盆及花东海盆沉积物粒径较细，其含量较高，均值约为15.7%，且随水深增加Al_2O_3含量呈逐渐增大趋势；近岸陆架、陆坡次之，含量约为10.5%，这是由于近岸陆架区是陆源输入淤泥的重要堆积区，沉积物从陆架到深水陆坡，碎屑物质经沉积分异作用，粗粒矿物进一步沉淀，使得深水陆坡细粒黏土矿物沉积占一定优势；低值区主要为南海北部陆架（特别是台湾浅滩、北部湾陆架）、南海南部巽他陆架等浅水区，其分布与SiO_2大体呈此消彼长的关系，岛礁发育的北部东沙群岛、西沙群岛、中沙海台，以及南部的南沙群岛、礼乐海台附近也是Al_2O_3分布的低值区，含量主要在8%及以下[图3.62(b)]。

Fe_2O_3：含量高值区位于深海海盆区，含量均值为6.03%，其中在南海北部陆坡特别是东沙群岛附近出现多个斑块状异常高值区；陆坡次之，均值约在4.32%；低值区多位于南海北部陆架（特别是台湾浅滩）、中沙海台、南部的巽他陆架等浅水区，以及南部的南沙群岛、礼乐海台附近，含量均值约为3.42%，整体分布与Al_2O_3具有很大的相似性[图3.62(c)]。

MgO：分布与Al_2O_3类似，易被富含Al_2O_3的黏土矿物吸附，含量高值区分布于深海海盆，均值为2.74%，近马尼拉海槽的中部出现含量最高；含量中值区位于陆坡，均值约为2.03%，其中在北部陆坡的东沙群岛临近海域，MgO出现多个斑块状高值区；含量低值区多位于南海北部陆架和西南陆架局部区域，以及南部的礼乐海台附近，均值为1.6% [图3.62(d)]。

K_2O、Na_2O：其中K_2O分布与Al_2O_3最为相似，Na_2O的分布表现为高值区主要在东部次海盆，中值区位于陆坡及西南次海盆，低值区主要位于陆架及岛礁发育的海域[图3.62(e)、(f)]。

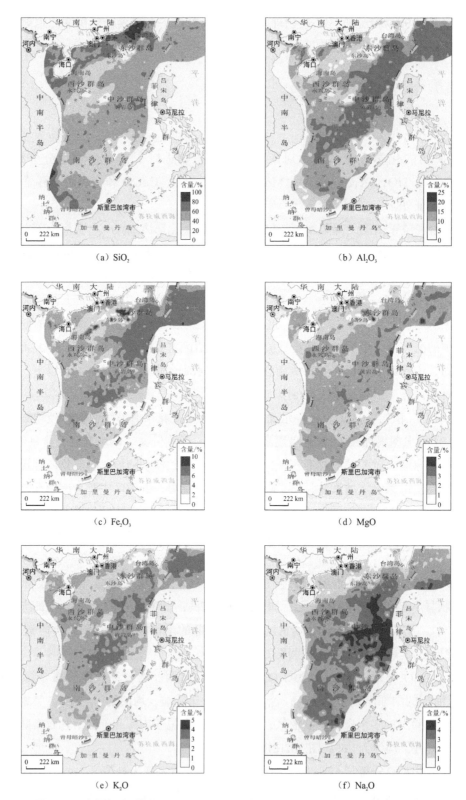

（a）SiO₂

（b）Al₂O₃

（c）Fe₂O₃

（d）MgO

（e）K₂O

（f）Na₂O

图3.62 表层沉积物SiO₂、Al₂O₃、Fe₂O₃、MgO、K₂O和Na₂O含量分布图

MnO：含量高值区主要分布在南海北部下陆坡、东部次海盆北部、中沙群岛以东，以及南部陆坡区域，富集特征明显，呈多个斑状高值区分布，含量在2%以上[图3.63(a)]，对应于沉积物矿物中自生成因的铁锰结核富集区；含量中值区多为近岸内陆架以及大部分的深海海盆区，含量主要受黏土和有机质制约；内陆架区以及生物岛礁发育区为含量低值区，与大量生物碳酸盐沉积有关。

TiO$_2$：除吕宋岛北部含量较低外，总体上分布与Al$_2$O$_3$类似，含量高值区位于海盆区，均值约为0.67%；中值区位于近岸陆架、陆坡；低值区主要为外陆架浅水区，岛礁发育北部的东沙群岛、西沙群岛、中沙海台、吕宋岛北部海域，以及南部的礼乐海台附近[图3.63(b)]。

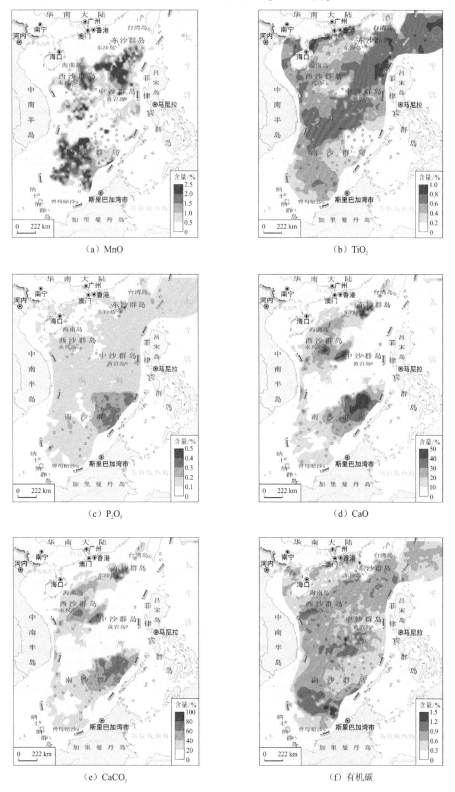

（a）MnO

（b）TiO$_2$

（c）P$_2$O$_5$

（d）CaO

（e）CaCO$_3$

（f）有机碳

图3.63　表层沉积物MnO、TiO$_2$、P$_2$O$_5$、CaO、CaCO$_3$和有机碳含量分布图

P_2O_5：含量高值区位于陆坡区，含量中值区为海盆区，含量低值区主要为陆架区。礼乐海台以及少部分岛礁附近含量较高，可能与生物沉积作用有一定关系[图3.63(c)]。

CaO、$CaCO_3$：含量高值区主要位于陆坡处的珊瑚岛礁、台地区域，主要为北部的东沙群岛、西沙群岛、中沙海台，以及南部的南沙群岛、礼乐海台附近，因较低的陆源物质输入和较弱的碳酸钙溶解作用，含量均在25%以上；陆架次之，受陆源非碳酸盐物质的稀释而降低，含量在10%左右；深海盆因强烈的溶解作用含量最低，多在5%以下[图3.63(d)]。$CaCO_3$与CaO分布基本一致，反映了钙盐和碳酸钙基本以同一形式存在[图3.63(e)]。

有机碳：由内陆架至外陆架含量减少，外陆架至陆坡含量增加。高值区主要分布在海盆中南部以及南部的巽他陆架附近海域[图3.63(f)]，由于该区域高温多雨，生态系统活跃，陆源物质供应充足，水团交汇，形成了高含量的有机碳沉积区，海盆区高含量可能与有机碳易保存有关；陆坡区为含量的中值区，沉积速率较快；外陆架含量低值区水动力条件较强，沉积物粒度较粗，对有机碳的吸附较低，不利于有机质的保存。

（二）微量元素特征

南海处于亚热带和热带气候区，化学风化作用强烈，一些在风化中不稳定、易于迁移的元素如Sr、Ba、Cu、Ni发生不同程度的淋失，进入海域后又因其他组分的加入（生物、火山沉积）而富集，丰度波动较大。各微量元素含量统计表见表3.11，具体分布特征如下。

Co：富集区主要分布在吕宋岛西北部的东部次海盆北部、中南半岛东南侧陆坡，其中花东海盆、西北部陆坡、吕宋海峡、中南半岛东南等出现若干斑状异常高值区；陆架、近岛礁区为含量低值区[图3.64(a)]。

Cu：富集区主要分布在东部次海盆、花东海盆，且呈多个斑状异常高值区；陆架、陆坡区为含量低值区[图3.64(b)]。Co、Cu元素具有亲硫性质，沉积作用中主要以硫化物出现，或为有机质、黏土、胶体等吸附，其来源主要为河流输入和海底火山喷发，也与现代海底热水活动有一定关系，从其分布可见主要来源于海底热水和火山活动，河流输入比例不大。

Ni：富集区主要分布于东部次海盆、东南部邻近陆坡以及巴拉望岛架外缘[图3.64(c)]。表生作用中Ni的迁移与硫化物和有机质关系密切，还原环境含硫化物和有机质高的黏土中Ni富集，高值区反映一定程度的还原环境。

Cr：富集区主要分布在花东海盆、东部次海盆等，南部海域出现多个斑状高值区[图3.64(d)]，海南岛西面的北部湾陆架区也有一定的富集。

Zn：富集区主要分布在陆坡、海盆，其中吕宋岛西北部的东部次海盆北部、西南次海盆为高值区；北部陆架为低值区[图3.64(e)]。

Zr：富集区主要分布于南海北部陆架，特别是台湾浅滩区，可能由于粗粒沉积中富含锆石等重矿物；中值区主要位于中南半岛东侧的陆架、陆坡，部分深海平原以及南部陆架海域；海盆区为低值区[图3.64(f)]。

Sr：富集区主要分布在南海北部陆坡的西沙群岛、中沙海台，东南部的礼乐海台，Sr的地球化学行为与$CaCO_3$相似，被视为生物沉积的标志，岛礁区与现代钙质生物沉积关系密切；南海北部陆坡区为含量的中值区；低值区主要为陆架、海盆区[图3.65(a)]。

Ba：富集区基本沿陆坡边缘等深线分布，其与深海硅质生物沉积（硅藻、放射虫等）紧密相生[图3.65(b)]。在碳酸盐补偿深度（CCD）以上，生物沉积以钙质生物为主；CCD以下，由于海水温度降低及压力增大，生物碳酸钙壳体的溶解作用强而导致其含量急剧下降，生物沉积作用以硅质为主。因此Ba与Sr分布大多数呈互补关系，而东南部的礼乐海台，因水深较浅，二者含量均较高。此外，Ba

的富集也可能与海底热液活动有关。

Pb：富集区主要分布在吕宋岛西北部的东部次海盆北部、花东海盆等深水区[图3.65(c)]，其中，中南半岛东南部有一富集异常高值区，其在南海北部陆架近岸也有较高的富集，其代表陆源输入及人类现代工农业污染的影响。

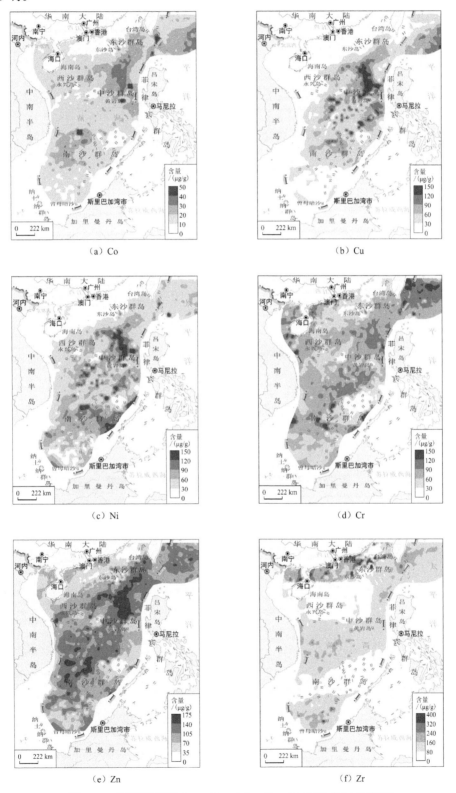

图3.64 表层沉积物Co、Cu、Ni、Cr、Zn和Zr含量分布图

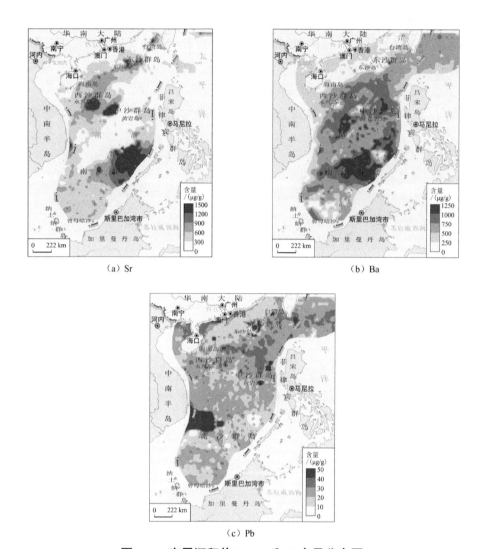

（a）Sr

（b）Ba

（c）Pb

图3.65　表层沉积物Sr、Ba和Pb含量分布图

表3.11 南部海域表层沉积物常量、微量元素含量统计表

统计量	全海域（实测）范围	全海域（实测）均值	陆架区（实测）范围	陆架区（实测）均值	陆坡区（实测）范围	陆坡区（实测）均值	海盆区（实测）范围	海盆区（实测）均值	珠江[1]	红河[1]	南海浅海[2]	中国浅海[2]	中国大陆沉积物[2]	上陆壳（UCC）[3]
SiO_2/%	0.34~97.08	50.99	0.34~97.08	64.24	2.59~81.00	37.33	13.17~67.80	54.16	59.13	62.80	62.64	62.61	64.29	61.71
Al_2O_3/%	0.03~19.21	11.71	0.07~17.39	8.30	0.03~17.26	10.47	2.62~19.21	15.73	18.17	15.70	9.90	11.09	10.99	15.04
Fe_2O_3/%	0.06~17.93	4.66	0.06~12.68	3.42	0.10~17.93	4.32	0.75~8.33	6.03	7.39	7.38	5.52	5.96	4.50	6.17
CaO/%	0.13~51.19	10.39	0.13~51.19	8.11	1.53~50.08	18.69	0.21~44.72	3.76	0.52	0.79	6.06	5.31	3.11	5.39
MgO/%	0.11~8.37	2.16	0.11~4.05	1.60	0.45~5.76	2.03	1.00~8.37	2.74	1.05	1.71	1.77	1.83	2.02	3.67
K_2O/%	0.02~4.20	2.19	0.02~3.16	1.76	0.03~3.47	1.92	0.51~4.20	2.82	2.52	2.71	2.01	2.36	2.17	2.58
Na_2O/%	0.01~7.02	2.52	0.01~5.78	1.33	0.61~5.79	2.65	1.81~7.02	3.35	0.44	0.84	1.62	1.99	1.70	3.18
MnO/%	0~6.80	0.53	0~0.74	0.05	0~6.80	0.71	0.05~6.52	0.75	0.07	0.06	0.06	0.07	0.08	0.09
P_2O_5/%	0.01~5.20	0.13	0.02~0.56	0.09	0.02~5.20	0.16	0.01~0.80	0.14	0.22	0.18	0.10	0.11	0.15	0.17
TiO_2/%	0.01~1.51	0.52	0.01~1.10	0.44	0.01~1.51	0.44	0.07~0.92	0.67	0.98	0.97	0.57	0.58	0.70	0.67
有机碳/%	0~3.37	0.60	0~3.37	0.43	0.04~1.50	0.67	0.10~1.91	0.68	—	—	—	—	—	—
$CaCO_3$/%	0.20~90.68	17.42	0.20~90.68	13.91	0.95~89.61	32.38	0.39~70.20	5.17	—	—	—	—	—	—
Co/(μg/g)	0.51~223.32	15.76	0.51~22.80	9.24	1.67~223.32	15.11	4.89~163.08	21.71	14.20	31.20	9.00	12.00	13.00	10.00
Cu/(μg/g)	1.10~242.96	40.04	1.10~48.15	11.22	1.77~242.96	33.97	10.60~188.17	69.64	60.20	151.90	13.00	15.00	20.00	25.00
Ni/(μg/g)	1.18~455.00	50.17	1.18~132.60	21.28	3.52~455.00	53.69	6.27~282.15	69.90	—	—	20.00	24.00	28.00	20.00
Pb/(μg/g)	0.19~283.00	24.06	5.17~236.00	21.21	0.19~283.00	23.75	4.72~211.00	26.69	108.50	159.00	19.00	20.00	25.00	20.00
Cr/(μg/g)	1.20~221.00	66.97	1.20~175.00	54.98	3.60~221.00	58.70	7.62~209.00	85.36	94.20	130.50	53.00	60.00	70.00	35.00
Sr/(μg/g)	14.30~5290.00	434.64	19.90~4290.00	322.48	139.00~4199.52	697.57	14.3~3675.59	250.00	69.30	144.90	265.00	230.00	200.00	350.00
Zn/(μg/g)	2.74~518.00	91.01	2.74~152.90	57.31	11.06~292.00	92.97	20.73~518.00	116.28	341.20	386.20	61.00	65.00	66.00	71.00
Zr/(μg/g)	1.86~1536.10	121.38	1.86~819.00	163.28	6.94~1536.10	92.34	17.34~299.90	117.85	137.90	103.90	235.00	210.00	260.00	190.00
Ba/(μg/g)	17.20~1699.33	559.13	33.3~277.49	277.49	17.20~1699.33	625.65	89.29~1590.02	717.71	670.40	563.50	288.00	412.00	510.00	550.00

1.据童胜琪等，2006；2.据赵一阳和鄢明才，1994；3.据Wedepohl，1995换算。

（三）稀土元素特征

1. 丰度及特征参数

稀土元素（rare earth element，REE）为亲陆源碎屑元素，南海ΣREE平均含量为131.68 μg/g，范围为4.55～440.48 μg/g，含量变化范围较大。为了便于对比分析，表3.12、表3.13列出了南海各海区以及其他不同地质区域稀土元素的丰度和特征参数。由表可见，南海及台湾岛以东海域均值低于中国浅海沉积物（赵一阳和鄢明才，1994），也低于黄河、长江（杨守业和李从先，1999）、珠江（刘岩等，1999），略低于中国黄土（文启忠等，1996）、上地壳（Taylor and Mclennan，1985），但大大高于大洋玄武岩（Frey and Haskin，1964）。受物源组分比例、沉积类型、粒度特征差异等因素影响，大陆架、大陆坡、海盆区和全海区沉积物ΣREE差别较大，表现为海盆区含量最高，陆架区次之，陆坡区最低（图3.66）。

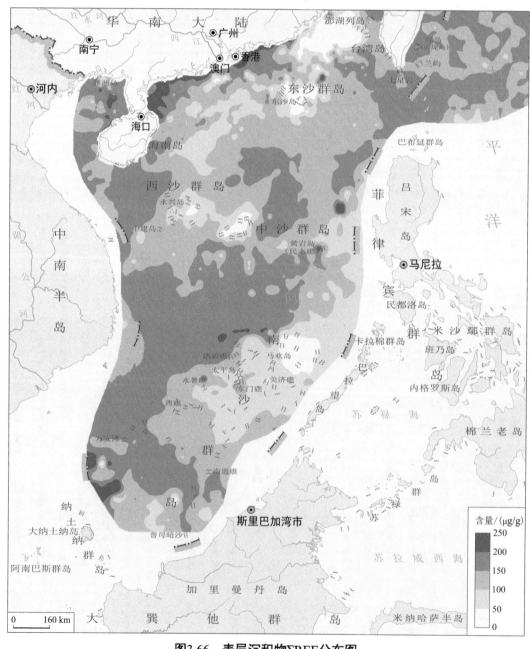

图3.66　表层沉积物ΣREE分布图

南海表层ΣREE含量与平均粒径呈负相关关系，即与平均粒径Φ值呈正相关关系（图3.67）。经统计回归分析，ΣREE = 13.46M_z + 51.62（M_z表示平均粒径Φ值），与粉砂、黏土等细粒组分含量呈显著正相关关系，这意味着稀土元素在细粒级沉积物中的富集程度明显比粗粒高。这是由于细粒沉积物中石英和长石含量低，黏土矿物含量高，黏土是影响南海表层沉积物中稀土元素含量分布的主要因素，符合"元素的粒度控制律"。

研究表明，稀土元素含量随沉积物类型不同差异明显，一般在泥质沉积物中ΣREE最高（200～300 μg/g），砂质沉积物中含量较低，碳酸盐沉积物中最低（多低于100 μg/g），以上是受石英和生物物质稀释作用的结果（杨守业和李从先，1999；高志友，2005），石英颗粒中几乎不含稀土元素（文启忠等，1984），浅海沉积物内生物壳体中的稀土含量同样甚微（赵一阳和鄢明才，1994），生物壳体中ΣREE平均含量仅为10.98 μg/g（孟宪伟等，2001）。

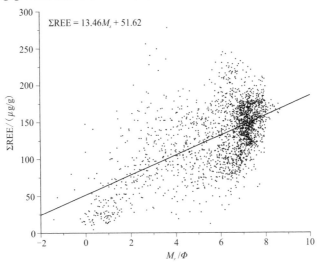

图3.67　表层沉积物ΣREE含量与平均粒径（M_z）散点图

具体分布上，稀土元素富集区主要分布在南海北部珠江口附近海域以西陆架（尤其是内陆架）、海南岛周缘陆架、南海西部陆架-陆坡、南海西南部陆坡-陆架、南海深海平原大部分、花东海盆等，具有明显的亲陆源性质，ΣREE含量分布常与黏土富集区域相对应，陆架区主要与河流带来的大量碎屑和黏土物质的吸附沉积有关，部分区域（如西北部陆架）REE的高值区与元素Zr高值区重合，表明该区受海流分选作用形成一定的重矿物富集带，而重矿物是稀土和Zr的重要载体；低值区主要分布于南海北部陆架砂质沉积区、近岛礁发育区、中南半岛东南部海域、东部次海盆东部以及南海东南部陆坡，受粗粒沉积（石英为主）以及对应区域的生源物质、海底火山喷发物质的影响，已有研究表明东部次海盆东南部有大量的幔源火山物质，石英、生物以及火山物质是沉积物中稀土元素含量的"稀释剂"。

沉积物轻、重稀土元素含量之比（ΣLREE/ΣHREE）为2.09～17.23，平均值为8.35，陆架区、陆坡区、海盆区均值分别为9.69、7.69、7.93，均表现出轻稀土元素富集特征。轻、重稀土间以及轻稀土内部间分异明显。经球粒陨石标准化计算样品稀土元素特征参数（包括δEu、δCe）见图3.68，其中δCe值为0.10～2.97，平均值为0.95，为弱负异常；δEu值为0.30～2.03，平均值为0.73，为中等负异常；（La/Yb）$_N$平均值为9.41，（La/Sm）$_N$平均值为3.84，（Gd/Yb）$_N$平均值为1.68（表3.13），表明轻、重稀土之间和轻稀土内部分异明显。δEu的高值区主要出现在东部次海盆吕宋岛以西及东南部巴拉望岛以西的海域，δCe的高值区主要出现在海南岛西部、北部湾盆地附近，以及在吕宋岛西侧深海盆呈斑状分布，低值区主要分布在东南部岛礁发育区，与微量元素中Sr的高值区具有较大重合度，与该海域沉积物中含有较多生物碎屑一致。影响沉积物中稀土含量的因素复杂，既有物源的因素，也有"粒度控制率"的因素，此外还有沉积物的物质组成和矿物成分等因素。受多种因素的控制作用，南海表层沉积物稀土元素总体上呈现出以陆源沉积为主的特征，其元素丰度和各参数值都比较接近陆源河流和中国陆源海，而与其他样品（南海花岗岩、南海辉长岩）差别比较大，与南海铁锰结壳、铁锰结核相比，差别更是显著。

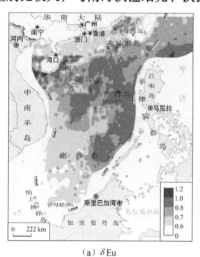
(a) δEu

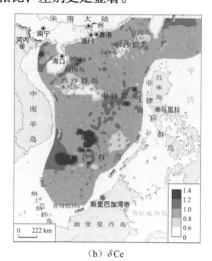
(b) δCe

图3.68　南海表层沉积物δEu、δCe分布图

表3.12　南海表层沉积物及其他区域样品稀土元素丰度对比表

	La	Ce	Pr	Nd	Sm	Eu	Gd	Tb	Dy	Ho	Er	Tm	Yb	Lu
上陆壳[1]	30.00	64.00	7.10	26.00	4.50	0.88	3.80	0.64	3.50	0.80	2.30	0.33	2.20	0.32
北美页岩[2]	41.00	83.00	10.00	38.00	7.50	1.61	6.35	1.20	5.49	1.30	3.75	0.55	3.51	0.61
中国浅海[3]	33.00	67.00	7.37	29.00	5.60	1.00	5.11	0.73	3.42	0.64	1.50	0.15	2.20	0.34
中国黄土[4]	32.12	65.03	6.59	27.53	5.62	1.12	4.92	0.81	4.50	0.93	2.62	0.42	2.68	0.42
黄河[5]	28.97	53.93	7.07	26.67	4.99	1.04	4.65	0.75	3.92	0.84	2.23	0.35	2.05	0.31
长江[5]	36.09	65.08	8.33	32.60	6.09	1.30	5.58	0.85	4.71	0.98	2.56	0.37	2.23	0.33
珠江[6]	61.04	128.26	13.35	44.01	8.32	1.70	7.98	1.17	5.50	1.12	3.07	0.43	2.80	0.46
渤海[3]	32.00	64.00	11.91	28.00	5.60	1.00	7.41	0.71	4.40	0.84	2.39	0.26	2.30	0.35
黄海[3]	36.00	74.00	6.92	30.00	6.40	1.20	4.55	0.79	2.89	0.44	1.03	0.08	2.40	0.37
东海[3]	32.00	63.00	5.84	29.00	5.30	1.00	4.59	0.72	3.49	0.77	1.40	0.16	2.10	0.30
南海[7]	23.47	48.55	5.34	21.15	4.16	0.83	3.65	0.56	3.25	0.74	4.87	0.28	1.86	0.29
大洋玄武岩[8]	4.68	18.54	2.34	12.13	3.75	1.52	5.69	1.13	0	1.28	3.42	0.58	2.98	0.60
冲绳海槽[9]	25.68	50.79	5.91	24.60	4.56	0.95	4.11	0.62	3.38	0.75	1.96	0.28	1.91	0.30
大洋沉积物[10]	26.10	55.20	7.34	30.00	6.69	1.80	6.33	1.04	—	1.03	3.08	0.47	3.03	—
大洋火山沉积壳层[11]	13.00	25.00	4.10	19.00	5.00	1.40	5.80	—	5.00	—	3.20	—	2.90	—
南海花岗岩[12]	18.01	84.36	3.35	11.10	1.69	0.92	0.66	0.06	1.13	0.03	0.44	0	0.24	8.12
南海辉长岩[12]	27.00	101.26	7.97	38.03	10.90	9.29	10.56	2.74	13.87	6.94	7.91	1.82	6.67	2.31
南海铁锰结壳[12]	165.80	917.00	41.00	132.60	44.00	12.76	48.00	9.74	53.00	7.30	22.12	5.44	19.60	4.98
南海铁锰结核[12]	233.00	1315.50	52.83	170.50	52.83	13.95	55.83	7.65	59.00	5.82	22.00	4.95	19.00	4.87
陆源[3]	37.26	74.07	8.55	32.68	6.58	1.27	5.47	0.84	4.79	1.09	2.89	0.45	2.76	0.41
火山源[3]	13.13	31.68	4.11	17.54	5.04	1.43	5.27	0.86	5.55	1.18	3.57	0.51	3.30	0.54
生物源[13]	1.88	4.07	0.52	2.14	0.55	0.14	0.58	0.09	0.47	0.09	0.24	0.03	0.18	0.03
陆架区（本书）	27.68	54.45	6.34	22.54	4.38	0.83	3.55	0.59	3.01	0.61	1.85	0.29	1.69	0.27
陆坡区（本书）	25.51	47.33	5.84	20.93	4.15	0.96	4.08	0.70	3.37	0.68	2.15	0.32	1.90	0.35
海盆区（本书）	30.26	61.42	7.06	26.55	5.27	1.26	4.70	0.77	4.42	0.88	2.57	0.39	2.51	0.41
南海全海域（本书）	27.80	54.32	6.41	23.37	4.61	1.03	4.14	0.69	3.63	0.73	2.21	0.34	2.05	0.35

1. Taylor and Mclennan，1985；2. Sholkovitz，1996；3.赵一阳和鄢明才，1994；4.文启忠等，1996；5.杨守业和李从先，1999；6.刘岩等，1999；7.朱赖民等，2007；8.Frey and Haskin，1964；9.刘娜和孟宪伟，2004；10.Thomas，1965年；11.中国科学院贵阳地球化学研究所，1977；12.鲍根德和李全兴，1993；13.孟宪伟，2001。

表3.13　南海表层沉积物与其他样品稀土元素主要参数对比表

海区	范围	ΣREE	ΣLREE	ΣHREE	ΣLREE/ΣHREE	δEu	δCe	(La/Yb)$_N$	(La/Sm)$_N$	(Gd/Yb)$_N$
南海全海域（本书）	平均值	131.68	117.54	14.15	8.35	0.73	0.95	9.41	3.84	1.68
	最小值	4.55	3.37	1.05	2.09	0.30	0.10	1.87	1.42	0.23
	最大值	440.48	392.02	64.60	17.23	2.03	2.97	25.78	46.16	8.19
陆架区（本书）	平均值	128.10	116.22	11.88	9.69	0.68	0.96	11.00	3.97	1.68
	最小值	4.55	3.37	1.18	2.85	0.30	0.41	4.13	2.37	0.23
	最大值	385.85	354.26	31.59	17.23	1.88	1.35	23.65	6.00	3.77
陆坡区（本书）	平均值	118.26	104.72	13.54	7.69	0.73	0.90	9.16	3.98	1.79
	最小值	12.22	9.60	2.63	2.09	0.40	0.10	1.87	1.42	0.73
	最大值	440.48	392.02	48.45	14.18	2.03	2.56	25.78	46.16	8.19
海盆区（本书）	平均值	148.47	131.83	16.64	7.93	0.79	0.99	8.36	3.60	1.55
	最小值	46.35	39.68	6.67	3.49	0.59	0.49	2.31	1.57	0.82
	最大值	244.89	217.59	30.61	12.09	1.16	2.97	21.25	5.63	5.77
上陆壳	平均值	146.37	132.48	13.89	9.54	0.65	1.03	9.21	4.20	1.40
北美页岩	平均值	203.87	181.11	22.76	7.96	0.71	0.96	7.89	3.44	1.47
中国浅海	平均值	157.06	142.97	14.09	10.15	0.57	1.01	10.14	3.71	1.88
中国黄土	平均值	155.31	138.01	17.30	7.98	0.65	1.05	8.10	3.60	1.49
黄河	平均值	137.77	122.67	15.10	8.12	0.66	0.88	9.55	3.65	1.84
长江	平均值	167.10	149.49	17.61	8.49	0.68	0.88	10.94	3.73	2.03
珠江	平均值	279.21	256.68	22.53	11.39	0.64	1.05	14.73	4.62	2.31
渤海	平均值	161.17	142.51	18.66	7.64	0.47	0.77	9.40	3.60	2.61
黄海	平均值	167.07	154.52	12.55	12.31	0.68	1.10	10.14	3.54	1.54
东海	平均值	149.67	136.14	13.53	10.06	0.62	1.08	10.30	3.80	1.77
南海	平均值	116.27	103.77	12.50	8.30	0.65	1.01	8.62	3.59	1.59
大洋玄武岩	平均值	58.64	42.96	15.68	2.74	1.01	1.31	1.06	0.79	1.55
冲绳海槽	平均值	125.80	112.49	13.31	8.45	0.67	0.97	9.09	3.54	1.74
大洋沉积物	平均值	142.11	127.13	14.98	8.49	0.85	0.93	5.82	2.46	1.69
大洋火山沉积壳层	平均值	84.40	67.50	16.90	3.99	0.79	0.80	3.03	1.64	1.62
南海花岗岩	平均值	130.11	119.43	10.68	11.18	2.66	2.54	50.71	6.71	2.23
南海辉长岩	平均值	247.27	194.45	52.82	3.68	2.65	1.62	2.74	1.56	1.28
南海铁锰结壳	平均值	1483.34	1313.16	170.18	7.72	0.85	2.61	5.72	2.37	1.98
南海铁锰结核	平均值	2017.73	1838.61	179.12	10.26	0.78	2.78	8.29	2.78	2.38
陆源	平均值	179.11	160.41	18.70	8.58	0.65	0.97	9.12	3.56	1.61
火山源	平均值	93.71	72.93	20.78	3.51	0.85	1.01	2.69	1.64	1.29
生物源	平均值	11.01	9.30	1.71	5.44	0.76	0.96	7.06	2.15	2.61

2. 配分模式

海洋沉积物中稀土元素的分布对源区具有很大的继承性，物质来源不同，其稀土标准化配分模式也不同，故可利用稀土元素在迁移和沉积过程中的不活动性及在不同条件下表现出的分异特性来揭示沉积物物质来源、形成条件、物源区特征和环境变化等（赵一阳和鄢明才，1994；李双林和李绍全，2001；杨惟理等，2001）。一般情况下，陆源与火山源、生物源相比，LREE异常富集；火山源与陆源及生物源相比，

HREE轻微富集，Eu几乎无异常；生物源ΣREE含量要比其他两类来源低得多，MREE（中稀土）轻微富集。

沉积物球粒陨石标准化配分模式反映样品相对地球原始物质的分异程度，揭示沉积物源区特征，南海不同沉积区和全区沉积物均值配分模式见图3.69。配分曲线显示为右倾型形态，轻稀土相对富集，总体上与前人对中国浅海沉积物和陆源河流物质的研究结果近似，而与大洋玄武岩、铁锰结核及火山源等不同，表明本书研究样品的物源主要为陆地，这是由于南海周边存在多个陆源物质供应区，大陆风化物源供给充足，北部为亚洲大陆和台湾岛，南邻巽他陆架，西侧为中南半岛，东部为火山岛弧，主要河流包括华南沿岸的珠江和韩江以及中南半岛上的红河、湄公河和湄南河等。其他的河流包括加里曼丹岛、巴拉望岛、吕宋岛和苏门答腊岛上的河流，但这些河流都不长，流域及流量亦较小，它们所携带的陆源碎屑沉积物，多分布在河口及其邻近的沿岸地区。

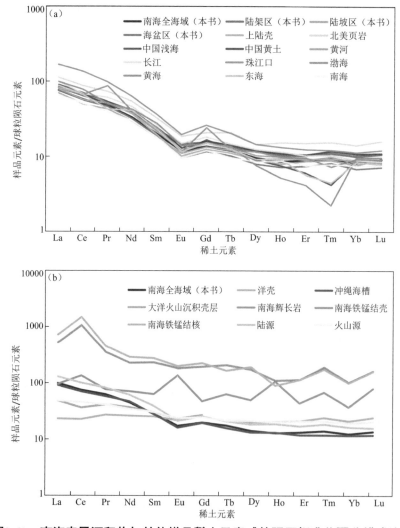

图3.69 南海表层沉积物与其他样品稀土元素球粒陨石标准化配分模式比较

南海不同沉积单元区配分曲线存在一定程度差异，其中陆架区轻稀土比重稀土明显富集，存在较明显的Eu负异常，陆坡区和海盆区轻稀土含量相对降低，重稀土含量相对较高，ΣLREE/ΣHREE由陆架到海盆逐渐降低，显示陆架区主要为陆源，而陆坡区和海盆区沉积物除了来自陆源物质，还有来自幔源物质的组分。

南海海底火山活动频繁且影响范围广，表层沉积物中的火山玻璃含量基本呈南北向分布，由陆架分别向中部、东部深海盆逐渐增加（陈忠等，2005）。南海自白垩世至早中新世发生了两期三幕海底扩张，伴随大量的中基性海底火山喷发，早中新世以后仍有持续的大规模基性岩浆活动（杨群慧等，2004；陈忠等，2005）。东部深海盆深海平原上发育众多由基性、超基性火山岩组成的海山，东临琉球–台湾–菲律宾岛弧火山–地震带，第四纪以来时有中酸性火山活动发生，因而表层沉积物中含有多期火山碎屑物质（刘昭蜀等，2002）。

综上所述，南海表层沉积物稀土来源复杂，其丰度和分配模式都接近陆源河流和中国浅海沉积物，呈现出以陆源为主的特征，而与太平洋深海黏土和大洋玄武岩差别显著，部分海区明显受到了生物沉积和海底火山沉积物质的影响和改造。

二、元素富集及粒度效应

沉积物中元素相对于地壳元素丰度的富集因子$EF=(E/Al)_{沉积物}/(E/Al)_{地壳}$，如果EF值接近于1，则该元素为地壳来源，如果EF>10，则该元素为异常富集。

南海表层沉积物元素相对于地壳的富集因子计算结果显示（表3.14），大部分元素的平均富集因子为1~2，富集特征不明显，表明碎屑物质主要为地壳来源。其中，Ca、Mn、Sr、Pb的富集因子相对较高，且它们在陆架区、陆坡区及海盆区差别明显，陆架区主要富集Si、Ti、Pb、Zr，陆坡区富集Ca、Na、Mn、P、Sr、Ba等。

表3.14　南海与我国主要河流沉积物元素富集因子（EF）对比

变量	南海				黄河	长江	珠江
	全海域	陆架区	陆坡区	海盆区			
Si	1.57	3.36	0.92	0.81	1.66	1.22	1.17
Fe	1.38	1.41	1.55	1.17	0.83	1.09	1.22
Ca	7.82	7.76	14.07	1.34	1.40	0.91	0.50
Mg	1.33	1.44	1.48	1.09	0.62	0.74	0.48
K	1.15	1.43	1.11	0.98	1.23	1.05	0.82
Na	1.09	0.78	1.39	1.03	1.13	0.47	0.17
Mn	6.58	1.37	9.89	7.34	1.03	1.38	1.34
P	1.67	1.49	2.50	0.95	1.30	1.05	1.05
Ti	1.09	1.28	1.01	1.03	1.47	1.68	1.90
Co	1.28	1.09	1.45	1.24	0.61	0.87	0.88
Cu	1.85	0.96	1.93	2.49	0.85	1.71	1.78
Ni	1.53	0.98	1.99	1.49	0.58	0.72	0.73
Pb	2.52	3.28	2.86	1.55	—	—	—
Cr	1.04	1.22	1.02	0.91	—	—	—
Sr	3.47	3.57	5.78	0.97	1.08	0.55	0.35
Zn	2.01	1.99	2.33	1.70	—	—	—
Zr	1.06	1.99	0.79	0.60	2.85	1.48	1.56
Ba	1.31	1.08	1.65	1.15	1.51	1.07	0.68

元素的粒度效应是指沉积物中化学元素含量随粒度变化而变化的特征。沉积物元素地球化学含量与平均粒径相关分析表明，沉积物的Al_2O_3、Fe_2O_3、K_2O、MgO、Na_2O、TiO_2、Co、Ni、Cr、Zn、Ba含量随平均粒径Φ值的增大而增加，即含量随沉积物粒度变细而升高，而SiO_2、CaO、$CaCO_3$含量随平均粒径Φ值的增大而减小，即随沉积物粒度变细而降低，表现出粒度效应的两种不同模式。元素之所以受粒度控制，与沉积物粒度组成的端元组分有关。细的黏土粒级除其本身富含一定的元素外，还因黏土具有较强的吸附作用，常吸附部分元素一起沉淀，表现为被吸附元素与Al_2O_3具有十分相似的分布特征，而沉积物粗粒组分，以抗风化能力强的石英居多，化学成分以SiO_2占有绝对的比重，其他元素的含量就低，故Si是许多元素的"稀释剂"。

另外，在浅海及岛礁发育环境中，生物贝壳或者有孔虫砂等也是沉积物粗粒的重要构成，这些生物碎屑的化学成分为$CaCO_3$，其他成分含量很低，也是一种"稀释剂"。一些组分如MnO、P_2O_5、有机碳、Cu、Pb、Zr等除与粒度有关外，还受其他因素影响，不表现随沉积物粒度明显变化的趋势。因此，南海表层沉积物元素含量与粒度之间的变化关系，基本反映了黏土矿物的吸附作用、石英矿物和碳酸钙的稀释作用。

三、元素相关性及组合

元素的相关性反映了沉积物中各元素分布之间的异同，常含有物源指示信息，南海表层沉积物元素地球化学含量分析相关矩阵见表3.15。

表层沉积物元素相关性复杂，总体表现为SiO_2与CaO、$CaCO_3$、Sr呈强负相关关系，而与其他大部分元素无明显相关性，与SiO_2所赋存的矿物类型和矿物组成（石英、长石、黏土矿物等硅酸盐矿物）具有重要的关系；Al_2O_3与平均粒径及大部分组分表现出正相关关系，如以Fe_2O_3、MgO、K_2O、TiO_2，以及微量元素Cr、Zn、REE等，同时各元素之间也表现出较强的相关性；CaO与大部分元素呈负相关或不相关，而与$CaCO_3$、Sr等呈较好的正相关关系；Na_2O与Mn、Co、Cu、Ni、Ba相关性强；有机碳与平均粒径相关；P_2O_5、Pb、Zr与各元素相关性不明显，前者一般为生物磷酸盐组分，后两者可能受火山碎屑物质加入及受人类活动影响。

这些相互关系分析表明，表层沉积物化学成分基本上有三种组分，首先是以Al_2O_3、SiO_2、MgO、K_2O等组成的铝硅酸盐岩组分，其次是以Fe_2O_3、MnO、Cu、Co、Ni为代表的自生铁锰微粒组分，再次是以Sr、CaO、P_2O_5、Ba为主的生源组分，这三种物质是表层沉积物的主要化学成分。Al-Fe、Al-Mg、Al-K、Al-Ti呈正相关关系，相关系数为0.72～0.90，由于Al含量主要受陆源和火山源铝硅酸盐碎屑物所控制，而Fe主要赋存于黏土矿物及辉石、角闪石等硅酸盐矿物中，故Al、Fe、Mg、K、Ti同黏土往往呈正相关关系。表层沉积物Mn-Co、Mn-Ni、Mn-Cu相关性都属强正相关，而Mn与Fe为不明显相关（$r=0.19$）。在南海铁锰微粒（李志珍和张富元，1990）中，Mn与Fe为负相关（$r=0.56$），这是由于Fe、Mn在沉积物和结核中存在形式不同所致。Sr、Ca主要源自钙质生物成因，主要是富含Ca、Sr等元素的有孔虫、钙质超微化石等的生物沉积作用的产物。陆架沉积物受陆源风化碎屑的影响，且物源基本相同。深海沉积物中SiO_2受硅藻、硅鞭藻或放射虫等生源物质影响颇大，导致Al_2O_3和SiO_2等组分相关较差。相关性分析表明，元素含量和分布异同的主要原因是元素的地球化学行为差异，地球化学性质相似的元素在海洋沉积过程中呈非常相似的分布趋势，并由此成为元素地球化学分区的依据。

表3.15 表层沉积物化学元素含量的相关分析结果

变量	水深	SiO_2	Al_2O_3	Fe_2O_3	CaO	MgO	K_2O	Na_2O	MnO	P_2O_5	TiO_2	有机碳	$CaCO_3$	Co	Cu	Ni	Pb	Cr	Sr	Zn	Zr	Ba	REE	M_z
水深	1.000																							
SiO_2	-0.075	1.000																						
Al_2O_3	0.688	0.076	1.000																					
Fe_2O_3	0.539	-0.018	0.723	1.000																				
CaO	-0.337	-0.794	-0.639	-0.473	1.000																			
MgO	0.640	-0.146	0.783	0.841	-0.389	1.000																		
K_2O	0.622	0.211	0.861	0.740	-0.679	0.675	1.000																	
Na_2O	0.667	-0.270	0.661	0.425	-0.195	0.612	0.445	1.000																
MnO	0.301	-0.213	0.309	0.188	-0.089	0.282	0.204	0.505	1.000															
P_2O_5	0.107	-0.238	0.051	0.054	0.182	0.105	-0.026	0.150	0.065	1.000														
TiO_2	0.522	0.195	0.903	0.720	-0.678	0.710	0.836	0.419	0.138	-0.016	1.000													
有机碳	0.264	-0.217	0.525	0.346	-0.156	0.413	0.421	0.377	0.184	0.023	0.479	1.000												
$CaCO_3$	-0.364	-0.784	-0.643	-0.476	0.985	-0.403	-0.673	-0.218	-0.091	0.146	-0.673	-0.155	1.000											
Co	0.525	-0.077	0.559	0.555	-0.298	0.533	0.459	0.479	0.412	0.100	0.495	0.210	-0.315	1.000										
Cu	0.695	-0.103	0.546	0.427	-0.266	0.519	0.406	0.736	0.559	0.123	0.359	0.169	-0.297	0.652	1.000									
Ni	0.522	-0.275	0.431	0.317	-0.069	0.465	0.303	0.635	0.680	0.171	0.250	0.213	-0.099	0.649	0.805	1.000								
Pb	0.132	-0.064	0.260	0.305	-0.131	0.264	0.220	0.123	0.166	0.153	0.256	0.116	-0.132	0.480	0.250	0.302	1.000							
Cr	0.494	0.052	0.705	0.618	-0.470	0.647	0.675	0.345	0.235	0.031	0.722	0.377	-0.469	0.476	0.359	0.391	0.227	1.000						
Sr	-0.194	-0.677	-0.506	-0.426	0.847	-0.291	-0.578	-0.090	-0.061	0.165	-0.568	-0.107	0.825	-0.218	-0.148	-0.007	-0.155	-0.374	1.000					
Zn	0.583	-0.154	0.716	0.640	-0.347	0.641	0.664	0.588	0.521	0.114	0.613	0.432	-0.355	0.612	0.649	0.672	0.339	0.588	-0.293	1.000				
Zr	-0.143	0.371	0.124	0.068	-0.343	0.031	0.163	-0.181	-0.219	-0.086	0.317	0.044	-0.330	-0.128	-0.220	-0.250	0.000	0.097	-0.326	-0.102	1.000			
Ba	0.564	-0.312	0.415	0.162	0.012	0.301	0.304	0.671	0.534	0.180	0.178	0.218	-0.023	0.414	0.734	0.778	0.117	0.267	0.066	0.573	-0.262	1.000		
REE	0.220	0.129	0.603	0.478	-0.454	0.457	0.563	0.243	0.077	-0.013	0.708	0.459	-0.445	0.338	0.185	0.199	0.106	0.535	-0.400	0.411	0.391	0.112	1.000	
M_z	0.592	-0.317	0.806	0.474	-0.220	0.618	0.625	0.674	0.350	0.079	0.681	0.590	-0.223	0.445	0.470	0.470	0.189	0.557	-0.137	0.638	-0.041	0.538	0.473	1.000

从相关性分析可知，沉积物中不同元素往往在不同程度上存在一定联系，这些联系与元素的地球化学性质、物质来源、沉积环境密切相关，表现在沉积物中元素含量的分布格局上，以不同的元素组合为特征。因此，对相关变量进行了聚类分析及因子分析，结果见图3.70。

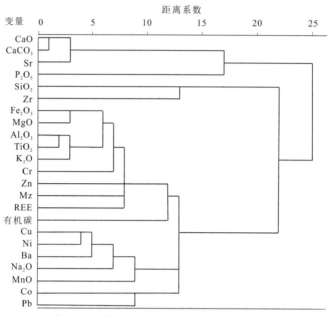

图3.70 表层沉积物化学组分及平均粒径聚类分析结果图

南海海域表层沉积物化学组分变量可划分为三类组合，第一类组合包括CaO、$CaCO_3$、Sr以及P_2O_5；第二类组合包括常量组分Al_2O_3、Fe_2O_3、MgO、TiO_2、K_2O、Na_2O、MnO、有机碳、REE，微量元素Co、Cu、Ni、Cr、Zn、Ba、Pb，以及平均粒径（M_z）；第三类组合为SiO_2、Zr。结合相关分析结果，可知第一类组合元素主要为海洋生物成因来源，第二类组合元素代表的是以铝硅酸盐为主的陆源碎屑组分，主要为陆源碎屑中细颗粒的粉砂和黏土组分，这些细颗粒组分对微量元素普遍起到吸附作用而发生共沉淀，第三类组合元素代表粗粒碎屑砂质沉积，主要含石英、锆石等矿物。

对表层沉积物的常量组分、微量元素及水深、平均粒径进行了主成分分析，选取特征值大于1的因子，各因子的载荷、特征值和方差贡献见表3.16。因子分析得出前四个因子特征值累计已达74.87%，因子F1、F2、F3、F4的特征值分别为9.71、4.40、1.86、1.25，方差贡献分别为42.25%、19.11%、8.07%、5.44%，指示南海海域表层沉积物的元素地球化学组成主要受四个因子控制，其中因子F1和F2起主要控制作用，两者的方差贡献达到了61.36%，其余两个因子影响相对较小，各因子反映的沉积物地球化学特征清晰（图3.71）。

因子F1为Al_2O_3、Fe_2O_3、MgO、K_2O、Na_2O、TiO_2、Co、Cu、Ni、Cr、Zn、REE以及平均粒径，都有相对高的正载荷，表明该因子对这些元素及变量有着重要的控制作用。对于海洋沉积物，这些元素主要来自于陆源，并且赋存于细粒陆源碎屑和黏土矿物中，而来自生物沉积和化学沉积的贡献很少。因此，因子F1的元素组合代表了表层沉积物中陆源输入组分的贡献，主要为富铝的硅酸盐矿物，而其中包含细粒黏土矿物，这些黏土矿物对陆源区岩石经化学风化作用后释放的许多金属离子具有吸附作用。所以在元素含量分布特征上，Fe_2O_3、MgO、Co、Cu等元素均表现出与Al_2O_3非常相似的分布特征。

因子F2为CaO、$CaCO_3$、Sr、Ba，具有相对较高的正载荷，几种元素同时在因子F1中具有中等强度的

负载荷，其代表了海洋生物自生组分，指示了沉积物中生物钙质、硅质碎屑组分的贡献，而负载荷主要为
SiO_2、Zr等，这些元素常赋存在较粗粒的陆源碎屑组分中。因此，因子F2的正、负载荷元素，反映了表层
沉积物中生源组分和陆源碎屑粗组分存在互为消长的关系。

表3.16　表层沉积物元素方差极大主因子载荷矩阵表

变量	F1 贡献42.25%	F2 贡献19.11%	F3 贡献8.07%	F4 贡献5.44%
SiO_2	0.059	−0.832	−0.489	−0.059
Al_2O_3	0.943	−0.093	0.142	−0.118
Fe_2O_3	0.793	−0.111	0.166	0.183
CaO	−0.626	0.686	0.313	0.098
MgO	0.827	0.061	0.207	0.029
K_2O	0.855	−0.257	0.098	−0.091
Na_2O	0.675	0.454	−0.077	−0.291
MnO	0.449	0.475	−0.365	−0.113
P_2O_5	0.058	0.313	0.084	0.423
TiO_2	0.864	−0.329	0.251	0.008
有机碳	0.490	0.109	0.522	−0.207
$CaCO_3$	−0.635	0.655	0.331	0.093
Co	0.688	0.245	−0.231	0.383
Cu	0.680	0.441	−0.435	−0.048
Ni	0.607	0.600	−0.341	0.047
Pb	0.426	0.088	−0.108	0.743
Cr	0.764	−0.100	0.189	0.096
Sr	−0.518	0.670	0.284	0.040
Zn	0.824	0.265	−0.037	0.017
Zr	0.078	−0.595	0.216	0.087
Ba	0.489	0.638	−0.248	−0.228
REE	0.709	−0.280	0.330	0.148
M_z	0.758	0.267	0.350	−0.240

因子F3为有机碳，具有较高的正载荷，代表了高含量有机质组分的沉淀及保存，表明沉积物质供应充
足，沉积速率较快，生物活动性强，水动力条件较稳定。

因子F4为Pb，具有较高的正载荷，Pb在沉积作用中主要以硫化物出现，或为有机质、黏土、胶体吸
附。Pb的来源较为复杂，来自河流的输入以及海底火山喷发，海底热水活动等，也有人类现代工农业污染
的影响。

MnO、P_2O_5表现出多因子综合控制的特征，推测其来源途径较多，且受多种控制因素影响。MnO一定
程度上受海洋化学沉积作用，P_2O_5除陆源输入之外，在海水自生磷酸岩中含量也较高。

综上，沉积物的化学元素含量主要受到陆源输入组分和海洋生物沉淀两个主要端元的控制，而在陆源
输入端元中，沉积物的颗粒大小对化学元素含量起重要作用。海水化学沉积、海底火山喷发及热水活动对
部分元素也起到一定的影响。

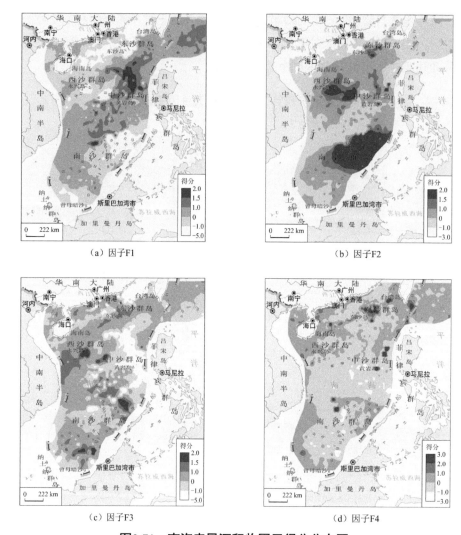

（a）因子F1　　　　　　　　　　　　　　（b）因子F2

（c）因子F3　　　　　　　　　　　　　　（d）因子F4

图3.71　南海表层沉积物因子得分分布图

四、物质来源及沉积环境

南海处于复杂的区域地质构造背景和海洋流场环境下，同时受大地构造背景（内部动力场）和东亚季风气候下洋流（外部动力场）对其沉积作用的改造和影响，具有独特而复杂的边缘海沉积环境，由此决定了其物质来源的丰富性与复杂性，受周缘陆源输入、海底构造活动、生物活动等影响，还有其他海域物质通过洋流经海峡与南海进行交换。因此，其元素地球化学分布特征不仅表现出陆源河流和风成陆源碎屑组分的贡献，也受到海底火山玻屑和生物沉积的影响。

南海现代沉积环境主要分为浅海沉积环境和半深海-深海沉积环境。浅海沉积环境主要为陆架区的沉积，以陆源碎屑沉积为主，河流入海物质的搬运、扩散、分异、沉积等过程主要取决于陆源物质的供应和水动力环境，受沿岸流和季风漂流的影响，南海浅海陆源沉积主要分布于河口及沿岸区域。半深海-深海沉积环境主要为陆坡-海盆区的沉积，陆坡沉积区坡度较大，陆源物质沉积速度较大，物质多来自陆源河流物质的远距离输运及悬浮物质，到达海盆的则主要是陆源细粒沉积物，东部深海盆区表层沉积物中具有多期火山碎屑物质，南部海域生物生产力高，生物沉积占据重要的地位。

综上所述，不同沉积环境下的南海表层沉积物化学元素空间分布特征差异明显。①陆架区：因靠近陆缘，陆源碎屑供应充足，且波浪、潮流、海流等水动力条件相对较强，沉积物粒度较粗，含砾泥质砂、含砾砂、粉砂质砂等粗粒组分广泛分布于陆架区，粗粒沉积物碎屑矿物组分以石英和长石为主，因此与其密切相关的常量组分含量在陆架区明显较高，并对其他元素起到明显的稀释作用。而且，近岸陆架区和外陆架区由于水动力条件差别，外陆架受潮流和底流的影响更明显，沉积分选程度较高，明显以相对高的砂和砾组分含量为特征，导致该区域沉积物具有明显低含量的Al_2O_3、K_2O、Na_2O、TiO_2和微量、稀土元素。②陆坡区：碎屑物质由陆架区向陆坡区的迁移，随着离海岸越来越远，波浪、潮流、海流等搬运介质的能量越来越小，水动力条件变弱，对沉积物的搬运、改造和分选能力变弱。沉积物的粒度变小，沉积物以粉砂、泥质粉砂、黏土等细粒沉积物为主，因此，碎屑矿物中黏土矿物含量较陆架区有所增加，并对许多微量元素起到明显的吸附作用。另外，在上陆坡区由于生物活动频繁，有大量的浮游生物繁殖，因此，陆坡区表层沉积物中有孔虫壳体和生物贝壳及其碎片等生源物质的含量较高，从而控制了沉积物中Ca、Sr、P等与生物作用密切相关的元素在沉积物的含量。尤其在岛礁发育区，生源物质贡献最为明显，造成了该海域表层沉积物的陆源组分含量很低。③海盆区：由于海盆离大陆较远，且水动力条件较弱，陆源碎屑物质到达海盆沉积区时多为细粒黏土沉积，具有较高含量的Al_2O_3、K_2O、Na_2O，以及大部分的微量、稀土元素，海盆区因水深多在CCD以下，导致生物沉积中多为硅质而钙质沉积相对较少，南海海盆区火山发育产生的火山碎屑物质以及自生的铁锰结核，对其沉积物元素含量也有一定的影响作用。

基于南海表层沉积物的主量、微量、稀土元素地球化学特征分析，南海表层沉积物元素含量具有明显的区域分布特征，与陆源物质、火山源物质以及生物源物质的影响密不可分，将南海表层沉积物大致分为以下沉积作用区。

（一）陆源物质沉积作用区

主要分布在南海陆架（含现代浅海沉积、更新世末期低海面时期的物质组成的滨浅海残留沉积两类）、陆坡上部、东北部台湾浅滩以南、吕宋岛以西至东部次海盆，以及中南半岛中东部和加里曼丹岛西北部区域。陆源物质在陆架区的分布以较粗粒的碎屑沉积为主，在陆坡及海盆区的分布主要为较细粒组分，受黏土矿物的吸附沉积作用明显。沉积作用区富集亲陆源碎屑元素SiO_2、Al_2O_3、Fe_2O_3、K_2O、MgO、Na_2O、TiO_2，以及微量的Co、Ni、Cr、Zn、Zr等，稀土元素丰度和分配模式接近陆源河流和中国浅海沉积物，球粒陨石标准化配分曲线形态明显右倾，轻稀土富集，重稀土亏损，呈陆壳稀土元素的典型特征。

南海陆源物质主要由周缘陆地、岛屿的岩石风化产物输入，汇入南海的主要河流包括华南沿岸的珠江和韩江以及中南半岛上的红河、湄公河和湄南河等，其中湄公河、红河、珠江输沙量约占南海的82%，是陆源沉积区的主要供给渠道，其他的河流包括加里曼丹岛、巴拉望岛、吕宋岛和苏门答腊岛上的河流，其流域及流量较小，所携带的陆源碎屑沉积物多分布在河口及其邻近的沿岸地区。南海东北季风漂流，冬季沿岸流等可将珠江、红河等北部以及西北陆坡河流输入物向南部输送，黑潮分支、冬季风驱动洋流和沿岸流可将陆源物质从东海通过巴士海峡、巴林塘海峡带入南海，并折向西南，南海西南季风漂流则可将南部巽他陆架湄公河流域的陆源物质向东部次海盆和南海北部输入。

（二）生源物质沉积作用区

主要分布在东沙群岛、西沙群岛、中沙海台，以及南部的南沙群岛、礼乐海台附近，沉积物粒径较粗，以碳酸盐现代生物遗壳的沉积为主。其典型代表元素组合为CaO、$CaCO_3$、Sr等，在生物沉积作用区，由于生源物质对陆源物质的"稀释"作用，绝大部分代表陆源碎屑沉积的元素含量都很低，SiO_2、Al_2O_3、Fe_2O_3、K_2O、MgO、Na_2O、TiO_2、Co、Ni、Cr、Zn等元素丰度在该区全部处于低值。稀土元素含量低，球粒陨石配分模式出现了明显的Ce负异常，中稀土有所富集，和生源物质端元的配分曲线特点相符合。这与该沉积区域生物岛礁发育，生源碳酸盐碎屑的稀释作用有关。

（三）火山源物质沉积作用区

南海分布两条火山地震带，东为琉球–台湾岛–菲律宾岛弧火山–地震带，南为巽他火山–地震带（冯文科等，1988），对南海的沉积作用影响较大，晚第四纪以来火山碎屑物质的沉积，主要是分布在东部次海盆东部。对表层沉积物的地球化学物源分析显示，Pb、Cu、Co等亲硫化物元素主要分布在深海平原吕宋岛以西的火山活动区，其富集与海底火山和现代海底热水活动有关，这些元素的高含量来源于该区的火山沉积作用。稀土元素地球化学特征表明，深部海盆火山活动区与其他海区相比，明显富集重稀土且Eu异常不明显，其稀土标准化配分曲线和火山源物质端元的配分曲线特点相符合，表明有火山物质成分的加入和改造。

整体来看，南海绝大部分地球化学元素含量及特征均介于大陆物质与大洋物质之间，并更接近大陆物质，表现出明显的"亲陆性"。因此，虽然南海沉积作用和物质来源复杂，显示出多源沉积的特点，特别在部分海区明显受到了生物沉积和海底火山沉积物质不同程度的相互混合和改造，但总体上，其沉积物的物源仍以陆源为主，属混合型的由陆源沉积向大洋沉积过渡的边缘海沉积环境。

第十一节　碳酸钙溶跃面与碳酸盐补偿深度分布

随着水深的增大，碳酸钙的溶解度会增大，海洋钙质壳生物死亡后，其壳体被溶蚀的程度也会随着水深增大而增大，其中有两个特别重要的碳酸钙溶解作用深度界面，分别是碳酸钙溶跃面、碳酸盐补偿深度（CCD）。碳酸钙溶跃面以浅的海底，碳酸钙溶解作用通常较弱，碳酸钙溶跃面以深的钙质壳体遭受的溶解作用通常会显著增加。CCD比碳酸钙溶跃面更深，此深度处碳酸钙溶解作用很强，钙质颗粒只要与海水接触时间足够长，都会被溶蚀殆尽。然而，众多学者对南海碳酸钙溶跃面、CCD的认识颇有分歧。

前人有关南海碳酸钙溶跃面的认识分为三类。第一类是实际观察到碳酸钙溶解作用指标随深度增大出现快速变化的深度界面，即碳酸钙溶跃面，这类研究结果如文献（陈木宏和陈绍谋，1989；Miao et al.，1994；陈芳等，2003；张江勇等，2011），上述研究中除陈芳等（2003）观察到碳酸钙溶解作用指标随深度增大出现明显增大的深度界面（作者界定为碳酸钙溶跃面）位于水深2000 m外，其余三项研究结果显示碳酸钙溶解作用指标随深度增大出现明显增大的深度界面大约位于水深3000 m处；第二类是从表层样样本中没有观察到碳酸钙溶解作用指标随深度增大而出现明显变化的深度界面，如李学杰等（2004）；第三类是推测存在碳酸钙溶跃面（Rottman，1979；涂霞，1984；郑连福，1987；李粹中，1989；陈荣华等，2003；郭建卿等，2006），这类研究虽然探讨了碳酸钙溶解作用指标随深度的分布，但不易获得一个明确结论，多带推测性质。

前人对南海CCD的认识分为五类。第一类是从研究样本中观察到溶解作用指标随水深明显增大的界面，李粹中（1984）根据这一碳酸钙溶解作用特点认为其研究区CCD位于水深3000 m处，该结论显然是将碳酸钙溶跃面误认为碳酸钙补偿深度的结果。第二类是在海盆研究样品中未发现钙质生物壳体而认为这些样品已经处于CCD环境中，这类研究成果包括Rottman（1979）和刘传联等（2001）。第三类是在海盆研究样品中发现少量钙质生物壳体而认为这些样品所处环境尚未达到CCD的程度，这类研究成果包括罗又郎等（1985）、陈芳等（2002，2003）和李学杰等（2004）。第四类是在南海深水区研究样品中发现少量钙质生物壳体而认为这些样品已经处于CCD环境，这类研究成果包括文献（李粹中，1989；陈木宏和陈绍谋，1989；Miao et al.，1994；徐建等，2001；陈荣华等，2003；王勇军等，2007；张兰兰等，2010）等。第四类研究成果对持南海CCD的观点分歧较大，有认为CCD水深为3500 m（李粹中，1989）、3800 m（Miao et al.，1994）和4000 m（陈木宏和陈绍谋，1989；王勇军等，2007），也有认为南海南部与北部CCD存在差异，如徐建等（2001）认为南海北部与南部CCD分别位于水深3400 m和3500 m处，陈荣华等（2003）认为南海北部与南部CCD分别位于水深3400 m和3600 m处，张兰兰等（2010）认为14°N以北和以南CCD分别位于水深3700 m和4000 m处。第五类是推测存在CCD，如涂霞（1984）认为CCD位于水深3000～3500 m的范围内，而另一些研究（成鑫荣，1991；陈荣华等，2003；郭建卿等，2006）认为CCD位于水深约3500 m处。在有些相关的研究工作中，研究者引用或直接给出了南海现代CCD所处水深，如孟翊等（2001）综合多人研究结果给出CCD为水深3500～4000 m，Kuhnt等（1999）直接给出CCD为水深3500 m的结果。

在南海整个海盆和水深大于3000 m的菲律宾海表层沉积物中，绝大多数站位浮游有孔虫丰度都很低，小于10枚/g，其中，浮游有孔虫丰度大于10枚/g的表层沉积物大部分分布在南海深海平原与陆坡之间的过渡地带，其次分布在菲律宾海深海平原与琉球岛坡之间的过渡地带。上述浮游有孔虫丰度大于10枚/g的表层沉积物尽管分布范围较狭窄，但覆盖的水深范围却很大（3008～4359 m），浮游有孔虫丰度范围也很大（1104～51000枚/g）。3008～4359 m水深范围内浮游有孔虫丰度为10～1000枚/g的表层沉积物样品分布是随机的，这说明这些样品的分布和溶解作用无关。研究区深海平原大量样品的浮游有孔虫丰度介于1～10枚/g，甚至不含浮游有孔虫。这一特点充分说明研究区深海平原已经处于CCD或更大深度了。综上所述，南海碳酸钙溶解作用是确定无疑存在的，本书在利用南海表层沉积物研究碳酸钙溶跃面、CCD时，引用张江勇等（2015）使用过的碳酸钙含量、浮游有孔虫丰度、钙质超微化石丰度这三个变量观察整个南海的钙质组分分布情况，但并没有观察到一个明确的碳酸钙溶跃面、CCD分布的界面，而且我们也分区块讨论了这三个变量的分布状况，依然难以找到碳酸钙溶跃面、CCD的分布深度，这似乎又回到了过去几十年里学术界对碳酸钙溶解深度的争论中。

本书的观点是，南海表层沉积物（采样厚度大约5 cm）所对应的时间段代表晚全新世的最近某一段时间，这一段时间碳酸钙溶跃面、CCD分布应该是客观存在的，而且由于南海海盆较小，碳酸钙溶跃面、CCD分布区域性差异应该比较小，可以近似认为南海碳酸钙溶跃面、CCD分布是均一的。南海全域沉积物碳酸钙含量、浮游有孔虫丰度、钙质超微化石丰度这三个变量不能够成功体现出碳酸钙溶跃面、CCD分布，可能说明南海的沉积作用区域差异性较强，碳酸钙含量、浮游有孔虫丰度、钙质超微化石丰度除了受溶解作用影响，还受到这些钙质物质在海底沉积行为差异、陆源沉积作用对海洋钙质生源物质稀释作用等多重因素的影响。这些因素干扰了对海水碳酸钙溶跃面、CCD的判断。关于南海碳酸钙溶跃面、CCD分布仍需今后深入研究，本书使用张江勇等（2015）的研究区域（图3.72）来代表整个南海碳酸钙溶跃面、CCD分布规律，该区域的碳酸钙含量、浮游有孔虫丰度、钙质超微化石丰度具有显著特征（图3.73）。

研究区内碳酸钙含量[图3.73(d)]、浮游有孔虫丰度[图3.73(e)]随水深增大而减小的趋势在水深约3000 m处显著变大，钙质超微化石丰度随水深的线性增大趋势在水深约3000 m处被终止，水深大于3000 m的大量表层沉积物贫钙质超微化石，该特点在线性坐标系下非常明显[图3.73(c)]，上述钙质物质含量或丰度在水深约3000 m处随水深的变化具有碳酸钙溶跃面特点。

研究区海盆碳酸钙含量分布的一个显著特点是东部次海盆碳酸钙含量普遍较低。其中大部分区域浮游有孔虫壳体丰度为零、钙质超微化石丰度较低或为零，因此可以断定东部次海盆处于一个碳酸钙严重不饱和环境，该区域碳酸钙含量低是浮游有孔虫、钙质超微化石等主要钙质物质遭受严重溶解的结果。东部次海盆大约有四分之一的表层沉积物样品都未鉴定出浮游有孔虫和钙质超微化石，这些样品绝大部分广泛分散式分布在水深3546～4200 m的深海平原，该水深范围内未鉴定出浮游有孔虫和钙质超微化石的表层沉积物在东部次海盆的广泛分布应该能够指示上层海洋生源碳酸钙向海底沉降变为永久性沉积物之前被全部溶解的情况，因此东部次海盆CCD大约位于3500 m或更小水深。

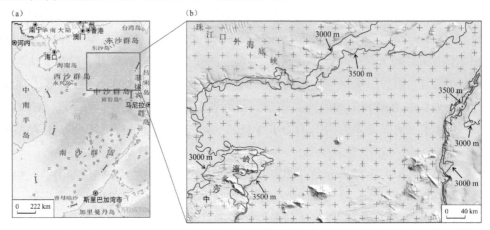

图3.72　研究区在南海的位置（a）以及站位分布（由十字星表示）、重要地形名称和水深等深线图（b）

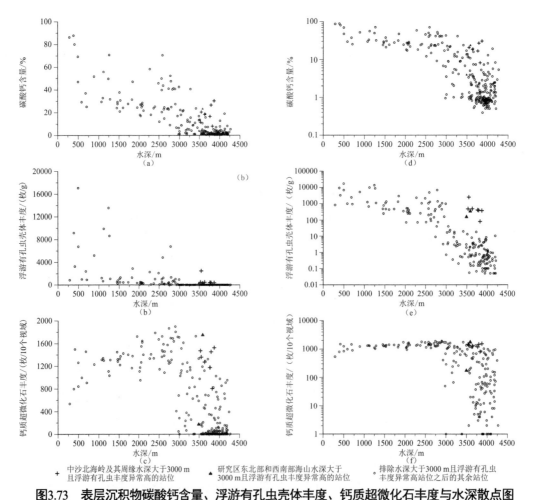

图3.73　表层沉积物碳酸钙含量、浮游有孔虫壳体丰度、钙质超微化石丰度与水深散点图

(a)、(b)和(c)的纵坐标为线性坐标；(d)、(e)和(f)的纵坐标为对数坐标，其中(d)包含了全部表层样数据，(e)仅包含浮游有孔虫壳体丰度大于零的样品，(f)仅包含钙质超微化石丰度大于零的样品

第十二节 南海和台湾岛以东海域沉积物源汇格局

南海地理位置特殊，早已成为古环境研究的热点区域。一方面，南海处于亚洲季风气候系统和热带辐合带的交汇区，温度较高，降雨丰沛，有利于陆源物质发生风化作用；另一方面，南海被亚洲大陆和火山活动岛弧包围，河流发育，大量河流搬运物质输入南海，南海海岸线发育，波浪潮汐作用也会侵蚀大量海岸带基岩，因此南海接受了大量陆源物质沉积，南海本身还发育大量钙质、硅质生物，它们的丰度变化又受陆源物质输入的影响，还和自身生产力水平、海洋动力环境有关。本章将在综合多学科测试分析结果的基础上进一步展开南海和台湾岛以东海域沉积物物源和沉积过程研究。

一、物源分布

南海和台湾岛以东海域沉积物具有多物源的特征，主要包括海洋生物源、海洋周边的陆源以及海底火山喷发物质。海洋生物源物质主要是海洋钙质生物的遗壳或碎屑，包括生活在海洋上部的浮游有孔虫、颗石藻的钙质部分（即钙质超微化石）、生活在海底的底栖有孔虫；其次为硅质生物的遗壳或碎屑，包括硅藻、放射虫等；海洋生源物质中还有少量有机质最终沉积在海底沉积物中。南海海底沉积的陆源物质主要是河流输入的陆源风化物质，其次为海岸侵蚀物质，少量风力搬运物质和陆地火山喷发物质。现今海底火山喷发物质主要源自东部次海盆的海山。

海洋生源是普遍的、显而易见的，在图3.74中有示意性的标示，陆源火山喷发物质和风力搬运物质的源汇过程不易识别，在本书中不做具体讨论。下文主要针对河流搬运过程相关的沉积物物源进行分析，主要使用稀土元素相关的指标及浮游有孔虫丰度。稀土元素地球化学行为相近，具有物源分析的潜力，但稀土元素易于在细颗粒沉积物中富集，因此不同站位样品之间稀土元素含量还反映沉积分异作用对稀土元素分布的控制作用，本书使用元素比值的方式弱化沉积作用对稀土元素的影响。与稀土元素相关的指标包括：轻稀土含量与重稀土含量的比值（$\Sigma LREE/\Sigma HREE$）、Eu异常（δEu）、以Ce为参比元素的稀土元素含量因子得分。浮游有孔虫丰度被用于指示物源的基本原理是，浮游有孔虫是海洋生源物质，在陆源稀释强的近岸、浅水处浮游有孔虫丰度通常很低，因此陆架浮游有孔虫低丰度区常是陆源物质沉积区域的反映，具有明显指示物源的作用。通过上述指标，共识别出南海沉积物物源如下：海南岛物源、珠江物源、韩江物源、长江物源、台湾岛物源、吕宋岛–巴拉望岛物源、加里曼丹岛物源、湄公河物源、火山喷发物源。根据文献资料，红河物源也是南海沉积物的一个重要物源，但本专著实测站位没有红河物源周围的分析样品，没有圈定出红河物源的近源沉积范围。

（一）海南岛物源

海南岛物源通过以Ce为参比元素的稀土元素含量因子得分为1的等值线圈定。海南岛物源在海底近源沉积物的分布以环海南岛为主。支持海南岛物源在近海底沉积环海南岛状分布的模式的指标还包括δEu等值线、浮游有孔虫等值线、$\Sigma LREE/\Sigma HREE$等。海南岛上分布的河流众多，但以短小河流居多，这可能是海南岛物源在浅海沉积分布与河流河口分布不相关的主要原因。海南岛物源在海洋的近源沉积主要动力可能与潮流有关。

图3.74 南海及邻区表层沉积物物源分布图

（二）珠江物源

珠江流域风化物质通过珠江口向南海及更远洋搬运沉积，珠江口物源的存在通过以Ce为参比元素的稀土元素含量因子得分为1的等值线、浮游有孔虫等值线分布反映出来。珠江口物源在珠江口外近源沉积主要有三个方向，即向西沉积、向南沉积、向东南向沉积，但这三个方向的沉积规模是不对称的，珠江口在东南向的沉积范围大，推测为优势沉积区。

（三）韩江物源和长江物源

韩江物源和长江物源在南海东北部陆架主要通过浮游有孔虫丰度等值线、δEu等值线圈定。韩江物源和长江物源应该具有相对独立性，但二者在南海东北部的沉积有相当部分可能是重叠的。δEu等值线的走向是从北东向南西向的，推测主要反映了长江物源在南海东北部的影响。浮游有孔虫丰度等值线在韩江口外呈圆弧状展布，推测是韩江物源对有孔虫含量稀释作用的结果。

（四）台湾岛物源

台湾岛物源通过以Ce为参比元素的稀土元素含量因子得分为1的等值线可以较好地圈定出来，台湾岛向东部菲律宾海域和西部南海都有物质输送，此外δEu等值线也体现出台湾岛西南侧物源近源分布情况。

（五）吕宋岛–巴拉望岛物源

吕宋岛–巴拉望岛物源通过以Ce为参比元素的稀土元素含量因子得分为2的等值线大体上可以识别出来，这两个岛的物源在南海的东部、东南部有特征性反应，但这两个物源在南海东部、东南部沉积物中不易做独立区分。

（六）加里曼丹岛物源

加里曼丹岛物源可从δEu等值线、浮游有孔虫丰度以及以Ce为参比元素的稀土元素含量因子得分为2的等值线上识别出来。加里曼丹岛对南海沉积物供应可能主要表现在该岛西南部。

（七）湄公河物源

识别湄公河物源的指标包括：δEu等值线、浮游有孔虫丰度、以Ce为参比元素的稀土元素含量因子得分为2的等值线分布和以Ce为参比元素的稀土元素含量因子得分为1的等值线。综合这些指标在湄公河口附近的分布状况，可见湄公河口物源在南海西南部较大范围内都有明显影响。

（八）火山喷发物源

火山喷发物源的识别主要依据海底沉积物火山玻璃的分布，富集火山玻璃的区域主要分布在东部次海盆，部分火山喷发物源位于东部次海盆的海山，但可能大部分火山喷发物源位于菲律宾群岛。

（九）红河物源

本书研究的表层沉积物样品中，缺乏红河口附近的样品，因此不能通过地球化学指标等手段圈定并展示红河口近源物源属性。但红河物源的存在是肯定的，红河是青藏高原风化物质向南海输送的重要通道之一，因此红河物源常被当作对南海沉积物有相当贡献的物源。

二、沉积物汇区分布

上文已将南海主要的沉积物物源列出，理想情况下，我们还应进一步地分析各物源的分布范围以及各物源对南海沉积物的贡献大小。然而，遗憾的是，在沉积物中我们还没有找到区分各物源的方法，不能定量地分析沉积颗粒从源到汇的沉积过程。本书在分析沉积物汇时不对各物源做区分，而是从沉积物的某些属性出发，分析归纳沉积物汇的主要分布模式（图3.75）。

（一）南海陆架强沉积水动力汇区

南海陆架强沉积水动力汇区是各主要沉积物陆源进入南海后的第一个汇区，汇区向海方向的边界是含砾颗粒分布区的包络线，这一汇区以水动力较强为显著特征，表层沉积物粒度较大，部分站位还有砾石分布。南海陆架强沉积水动力汇区沉积物以石英为优势矿物，多为近源沉积产物。

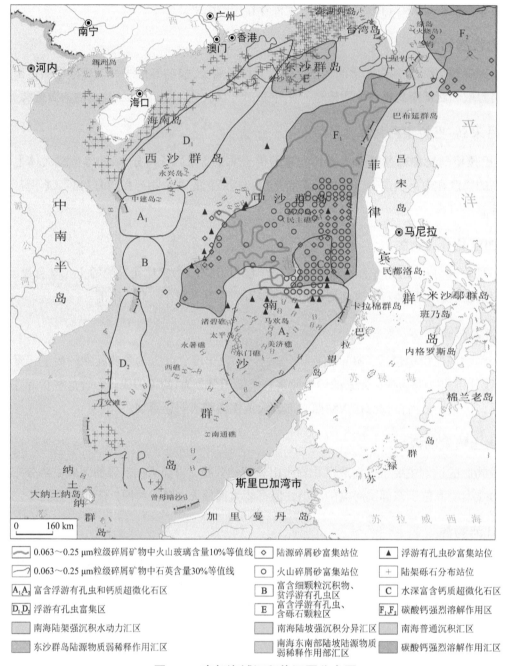

图3.75　南部海域沉积物汇区分布图

（二）南海陆坡强沉积分异汇区

南海陆坡强沉积分异汇区主要分布在南海西部陆坡，该区域沉积物粒度分布不均匀，又进一步分为同时富含浮游有孔虫和钙质超微化石亚区、浮游有孔虫富集亚区、富含陆源细颗粒且贫浮游有孔虫亚区。在理想情况下，南海陆坡海底沉积物中浮游有孔虫和钙质超微化石同时富集是正常的，因为它们都来自海洋上部，如果二者均以竖直方向下沉至海底，而经受的陆源物质稀释作用又比较弱，自然会出现浮游有孔虫和钙质超微化石同时富集的现象，西沙群岛西南面的沉积亚区就是这种情况。然而，在西沙群岛及其东北部的亚区以及湄公河口外的陆坡亚区，出现富含浮游有孔虫而钙质超微化石并未相应地出现富集的现象，这可能说明该亚区存在较强的沉积分异作用，推测该亚区海底水动中等偏强，浮游有孔虫大体以竖直方向沉降，但钙质超微化石在较强水动力作用下发生了显著的侧向搬运作用。富含陆源细颗粒而贫钙质超微化石的亚区分布在越南上升流区，这可能说明陆源物质在海流作用下被搬运至越南岸外上升流区域时已是黏土级颗粒物，在上升流环流系统作用下滞留在上升流区的时间相对较长，有更多机会沉积到海底，也就是说，越南岸外的上升流区海底陆源物质对海洋生物钙质物质稀释作用较强，造成富集陆源细颗粒沉积物、浮游有孔虫丰度比邻区较低的状况，而该区钙质超微化石比较少，可能是在上升流较强水动力作用下，钙质超微化石被侧向搬运出去的结果。

纵观南海陆坡强沉积分异汇区各亚区的分布特点可以发现，该汇区和南海西边界流的分布位置有重合之处，南海西边界流终年从南向北流经南海陆坡后，折道南海北部陆坡，流出台湾海峡。推测南海西边界流对南海西部陆坡沉积作用产生了显著影响，再叠加越南岸外上升流造成了现今南海陆坡强沉积分异汇沉积格局。南海西边界流的强度可能不足以大幅度改变浮游有孔虫沉降过程中竖直下沉的轨迹，但可能使钙质超微化石发生了显著侧向搬运作用，由于钙质超微化石是黏土级颗粒，据此推测南海西边界流对黏土矿物也产生一定程度的侧向搬运作用，从而导致在南海西边界流的南部区域出现富含浮游有孔虫（弱陆源物质稀释作用）的现象。在南海西边界流流经越南岸外上升流区时，上升流对沉积作用更占主导，陆源细颗粒物增加、钙质超微化石发生侧向搬运程度增加，从而出现因受较强陆源物质稀释作用贫钙质超微化石、浮游有孔虫丰度也较低的现象。当南海西边界流经过越南岸外上升流后，流速可能有所减小，从而出现浮游有孔虫丰度和钙质超微化石丰度正相关的特点，该区浮游有孔虫丰度和钙质超微化石丰度都具有异常高的特点，说明该亚区的陆源稀释作用较弱，推测该亚区海洋表层的细颗粒物质受越南岸外上升流上部环流的影响不容易沉积在该亚区海底。南海西边界流进一步向北运动，流经西沙群岛并遇到北东向分布的南海陆坡，流体水动力加强，钙质超微化石侧向搬运作用增强，陆源细颗粒物质的侧向搬运作用可能也相应增强，从而出现浮游有孔虫富集的亚区。

（三）南海普通沉积汇区

南海普通沉积汇区位于南海陆坡强沉积分异汇区的东侧，主体呈环绕南海深海平原的方式展布。之所以将汇区冠以普通沉积，是因为从沉积学角度看，这一沉积区域没有特殊沉积现象出现。

（四）东沙群岛陆源物质弱稀释作用汇区

东沙群岛陆源物质弱稀释作用汇区仅出现在南海北部东沙群岛附近，以富含浮游有孔虫、含砾石颗粒为显著特征，说明该沉积汇区海底水动力强，海底也许处于剥蚀状态。从陆源物质在该区的沉积作用视角分析，则可发现陆源物质对浮游有孔虫丰度的稀释作用很弱，因此，在此汇区陆源物质的沉积通量是很低的。

（五）南海东南部陆坡陆源物质弱稀释作用汇区

南海东南部陆坡陆源物质弱稀释作用汇区主要位于南海东南部礼乐滩附近及其西南侧区域，以富含浮游有孔虫和钙质超微化石为特点。海底沉积物中浮游有孔虫和钙质超微化石都出现富集特征，说明海底水动力作用较弱，如果水动力强度偏大，钙质超微化石发生侧向搬运再沉积作用，据此推断南海东南部陆坡陆源物质弱稀释作用汇区水动力比较弱。另外，该汇区富含浮游有孔虫和钙质超微化石，说明这两类海洋生源物质被稀释的程度较弱，据此推测该区陆源物质沉积通量较小。

（六）碳酸钙强烈溶解作用汇区

碳酸钙强烈溶解作用汇区分布在南海深海平原和台湾岛东部的菲律宾海深海平原，以碳酸钙溶解作用强烈、钙质颗粒保存差为标志。该汇区主要沉积陆源细颗粒沉积物，局部区域相对富含钙质超微化石或含一定量浮游有孔虫，这些钙质物质最终能保存下来很可能与沉积速率有关，快速沉积能将钙质超微化石等细小颗粒在来不及被溶解的情况下被埋藏，最终被保存下来。碳酸钙强烈溶解作用汇区还是南海海底喷发物质沉积的主要场所，当然底喷发物质沉积的条件与碳酸钙溶解作用无关，只是南海海底喷发物质沉积主要场所和碳酸钙强烈溶解作用汇区在空间上有重叠关系。

从上文所列的沉积物汇区分布空间组合特征看，研究区的沉积分区与水动力条件和水深关系密切，整体上主要沉积汇区呈环带状分布。

第/四/章

南海晚更新世以来沉积记录与碳酸盐旋回

第一节　粒　度　特　征

一、台湾岛周边及南海东北部陆坡

（一）GX15柱状样

GX15柱状样位于台湾岛以东斜坡上，水深为3106 m，岩心长550 cm。沉积物粒级以粉砂为主，含量为65.81%～74.33%，其次为黏土，含量为25.30%～34.12%，砂极少量，含量为0.02%～2.61%。平均粒径为7.10Φ～7.74Φ，分选系数为1.25～1.69，分选差，偏态为0.00～0.23，正态分布为主，少数正偏，峰态为0.94～1.19，大部分中等峰态，少数窄峰态。岩性为灰黄色-灰色含硅质含钙质黏土、钙质黏土、含钙质黏土、含硅质钙质黏土等，以含钙质黏土为主，其次为含硅质含钙质黏土、含硅质钙质黏土，钙质黏土较少。

该柱状样最底部可到MIS3期，从MIS3期至MIS1期，颗粒总体较细，岩性均匀，各粒级含量和粒度参数变化较为稳定（图4.1、图4.2），以悬浮组分为主，水动力极弱，为稳定的深海沉积环境。

（二）STD357柱状样

STD357柱状样位于南海北部下陆坡的峡谷处，水深为3231 m，长480 cm。沉积物粒级以粉砂占绝对优势，含量为67.63%～74.42%，其次为黏土，含量为19.90%～32.37%，砂较少，局部含量较高，含量为0～11.51%。平均粒径为6.31Φ～7.58Φ，分选系数为1.30～1.86，分选差，偏态为0.04～0.24，正态分布为主，少数正偏，峰态为0.89～1.06，大部分中等峰态，少数宽峰态。岩性为黄褐色-灰色含硅质含钙质黏土，局部夹有多层薄层砂质层，多处可见砂质团块。

该柱状样最底部可到MIS2期，从MIS2期至MIS1期，颗粒总体较细，MIS2期初砂含量局部略高，岩性较为均匀，各粒级含量和粒度参数变化较为稳定（图4.1、图4.2），以悬浮组分为主，水动力弱，为较为稳定的深海沉积环境。

（三）STD235柱状样

STD235柱状样位于东沙东南部下陆坡，水深为2630 m，长855 cm。沉积物粒级仍以粉砂占绝对优势，含量为64.53%～78.65%，其次为黏土，含量为12.90%～33.64%，砂少量，局部含量较高，含量为0～22.65%。平均粒径为5.69Φ～7.56Φ，分选系数为1.20～2.13，大多数分选差，少数分选很差，偏态为-0.08～0.16，正态分布为主，少数正偏，峰态为0.93～1.12，大部分中等峰态，极少数窄峰态。岩性为黄褐色、灰色、深灰色粉砂、泥和砂质粉砂，以粉砂为主，局部见薄层泥和砂质粉砂。

该柱状样最底部可到MIS3期，从MIS3期至MIS1期，颗粒总体较细，MIS3期初砂含量局部略高（图4.1、图4.2），岩性均匀，变化不明显，各粒级含量和粒度参数变化较为稳定，以悬浮组分为主，水动力条件总体极弱，为较为稳定的半深海-深海沉积环境。

（四）STD111柱状样

STD111柱状样位于东沙西南部上陆坡，水深为1139 m，长410 cm。沉积物粒级以粉砂占优势，含量为22.51%～69.66%，其次为砂，含量为4.24%～69.29%，黏土含量略低于砂含量，含量为8.19%～28.57%。平均粒径为3.43Φ～7.06Φ，分选系数为1.66～2.60，大多数分选很差，少数分选差，偏态为−0.18～0.52，正态分布为主，其次正偏，极少数负偏，峰态为0.70～1.05，大部分中等峰态，少数宽峰态。岩性为灰色砂质粉砂、粉砂质砂和粉砂，以砂质粉砂为主，粉砂和粉砂质砂相对较少。

该柱状样最底部可到MIS6期，从MIS6期至MIS1期，岩性变化较为明显，砂含量高，各粒级含量和粒度参数变化较明显（图4.1、图4.2），水动力条件总体较强，局部较弱；沉积环境和主要沉积物源供给波动较大，为浅海-半深海沉积环境。

（五）ZSQD289柱状样

ZSQD289柱状样位于东沙南斜坡的东端，水深为3605 m，长847 cm。沉积物粒级以粉砂为主，含量为64.58%～75.55%，其次为黏土，含量为15.03%～32.85%，砂少量，局部含量较高，含量为0.30%～12.45%。平均粒径为5.88Φ～7.56Φ，分选系数为1.23～1.83，分选差，偏态为−0.08～0.33，正态分布为主，少数正偏，峰态为0.87～1.12，大部分中等峰态，极少数宽峰态和窄峰态。岩性为黄灰色-灰黄色-灰色含钙质硅质黏土、含钙质含硅质黏土和砂质粉砂，以含钙质硅质黏土为主，其次为含钙质含硅质黏土，局部见有灰黑色砂质夹层，呈不规则条带状、斑块状、斑纹状和薄层状。

该柱状样最底部可到MIS3期，从MIS3期至MIS1期，粒度总体较细，岩性较均匀，砂含量局部较高，各粒级含量和粒度参数变化较为稳定（图4.1、图4.2），悬浮组分占有优势，水动力条件弱，为较为稳定的深海沉积环境。但从上往下多次出现薄层砂质粉砂，说明沉积环境局部较为动荡，可能曾出现过非正常的浊流沉积。

该海域下陆坡柱状样沉积物从MIS3期至MIS1期，粒级均以粉砂为主，其次为黏土，砂含量低，一些柱状样砂含量局部较高；大于3000 m的沉积物以含钙质黏土、含硅质含钙质黏土和含钙质硅质黏土为主，小于3000 m沉积物以粉砂为主，水动力弱，为较稳定的深海沉积环境。上陆坡柱状样沉积物粒级仍以粉砂占优势，砂含量普遍较高，黏土含量略低于砂含量，沉积物以砂质粉砂为主，水动力条件总体较强，局部水动力较弱；沉积环境和主要沉积物源供给波动较大，为浅海-半深海沉积环境。

二、南海西部陆坡

（一）ZSQD6柱状样

ZSQD6柱状样位于南海北部陆坡西部边缘和西北次深海盆过渡带，水深为3020 m，长862 cm。沉积物粒级以粉砂为主，含量为65.65%～75.15%，其次为黏土，含量为21.60%～36.51%，砂含量极低，含量为0.48%～3.88%。平均粒径为7.03Φ～7.78Φ，分选系数为1.22～1.59，分选差，偏态为−0.08～0.03，正态分布，峰态为0.98～1.12，大部分中等峰态，极少数窄峰态。岩性上部以黄灰色-灰色含硅质钙质黏土为主，中间夹灰色含硅质含钙质黏土。

该柱状样最底部可到MIS5期，从MIS5期至MIS1期，颗粒总体较细，砂含量较低，岩性变化较为均匀，MIS5期和MIS4期砂和粉砂含量相对较低，黏土含量较高，MIS3期至MIS1期则砂和粉砂含量相对较高，而黏土含量相对较低，平均粒径从MIS5期至MIS1期明显变小（图4.3、图4.4），悬浮组分占有绝对优势，水动力条件极弱，为较为稳定的深海沉积环境。

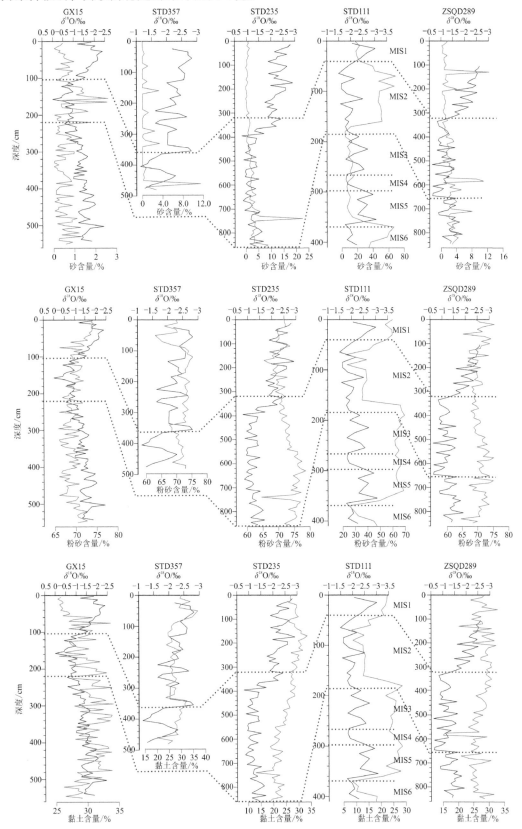

图4.1　台湾岛周边及南海东北部陆坡柱状样各粒级含量垂向变化图

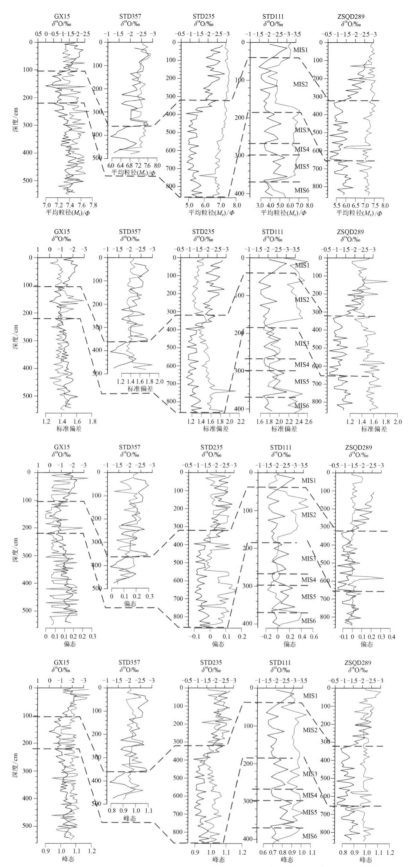

图4.2　台湾岛周边及南海东北部陆坡柱状样粒度参数垂向变化图

（二）83PC柱状样

83PC柱状样位于南海北部西沙海槽南坡，水深为1917 m，长865 cm。沉积物粒级以粉砂占为主，含量为57.19%~77.79%，其次为黏土，含量为20.46%~42.33%，砂含量较低，含量为0~9.39%。平均粒径为6.77Φ~7.86Φ，分选系数为1.22~2.07，大部分分选差，极少数分选很差，偏态为-0.16~0.17，正态分布为主，少数正偏和负偏，峰态为0.94~1.16，大部分中等峰态，极少数窄峰态。岩性主要由浅灰色-深灰色粉砂和泥组成，上部以粉砂为主，下部以泥为主。

该柱状样最底部可到MIS5期，从MIS5期至MIS1期，颗粒总体较细，岩性变化亦较为均匀，MIS5期至MIS3期砂和粉砂含量相对较低，黏土含量较高，变化平稳，MIS2期和MIS1期则砂和粉砂含量相对较高，而黏土含量相对较低，波动较大，平均粒径从MIS5期至MIS1期明显变小（图4.3、图4.4），悬浮组分占优势，水动力条件弱，490 cm以上粒度粗于下层，代表其水动力条件相对较强，主要沉积物源供给稳定，为较为稳定的半深海沉积环境。

（三）111PC柱状样

111PC柱状样位于南海西部陆坡区，水深为2253 m，长858 cm。沉积物粒级仍以粉砂为主，含量为57.09%~70.25%，其次为黏土，含量为28.36%~42.57%，砂含量极低，含量为0.12%~5.52%。平均粒径为7.17Φ~7.91Φ，分选系数为1.24~1.82，分选差，偏态为-0.08~0.13，正态分布为主，少数正偏，峰态为0.92~1.10，中等峰态。岩性仍主要由浅灰色-深灰色泥和粉砂组成，以泥为主，粉砂较少。

该柱状样最底部可到MIS5期，从MIS5期至MIS1期，颗粒总体较细，以粉砂和黏土组分为主，砂含量低，各粒级含量和粒度参数变化较为稳定（图4.3、图4.4），悬浮体组分明显占优势，大多数层段岩性无明显变化，其颜色局部略有变化，反映了该柱状样处于水动力弱，较为稳定的半深海沉积环境。

（四）ZJ83柱状样

ZJ83柱状样位于中建南斜坡的北部，水深为1511 m，长730 cm。沉积物粒级以粉砂为主，含量为39.48%~59.13%，其次为黏土，含量为26.27%~50.50%，砂含量较低，含量为0.78%~26.02%，局部较高。平均粒径为6.14Φ~7.97Φ，分选系数为1.77~3.12，大多数分选很差，少数分选差和极差，偏态为-0.31~0.01，正态分布为主，少数负偏，峰态为0.86~1.26，中等峰态为主，少数宽和窄峰态。岩性主要由黄灰色-灰色泥、砂质泥组成，以砂质泥为主，泥较少（图4.3、图4.4）。

该柱状样最底部可到MIS6期，从MIS6期至MIS1期，颗粒总体较细，大多数层段无明显变化，仅其颜色略有变化，各粒级含量和粒度参数变化较为稳定，颗粒普遍相对较粗，大部分层段砂含量较高，大于10%，应处于水动力较强半深海沉积环境。

该海域柱状样均位于下陆坡，从MIS6期至MIS1期，沉积物粒级均以粉砂为主，其次为黏土，砂含量较低，一些柱状样砂含量局部较高；大于3000 m的沉积物以含硅质含钙质黏土为主，小于3000 m沉积物以泥和砂质泥为主，反映了这些柱状样处于水动力弱的较平静且稳定的半深海-深海沉积环境。

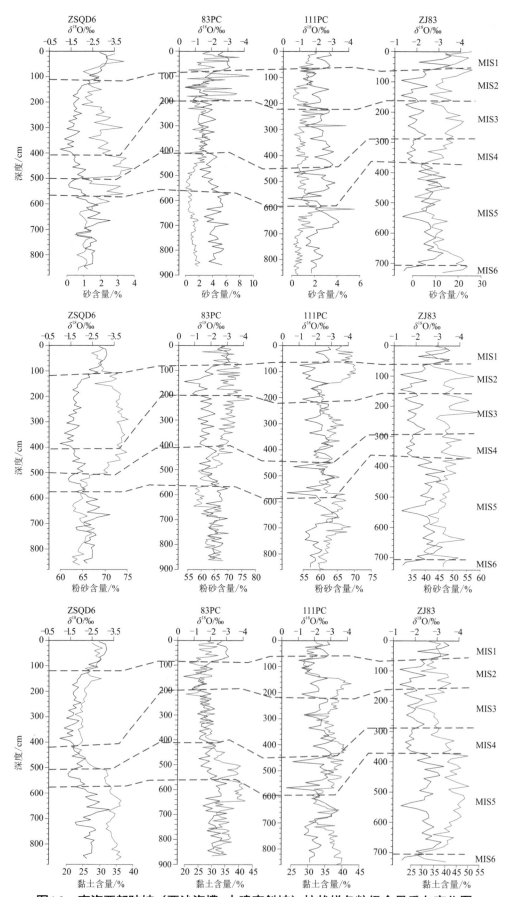

图4.3 南海西部陆坡（西沙海槽+中建南斜坡）柱状样各粒级含量垂向变化图

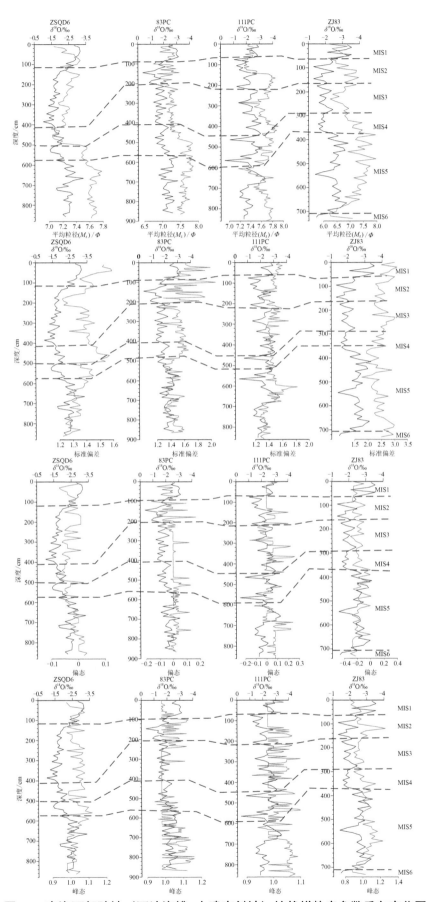

图4.4 南海西部陆坡（西沙海槽+中建南斜坡）柱状样粒度参数垂向变化图

三、南海南部陆坡

（一）BKAS81PC柱状样

BKAS81PC柱状样位于南海南部上陆坡，水深为1574 m，长786 cm。沉积物粒级以粉砂为主，含量为37.99%～70.22%，其次为黏土，含量为13.85%～50.05%，砂含量较低，局部较高，含量为0.08%～45.05%。平均粒径为3.50Φ～7.78Φ，分选系数为1.47～2.75，大部分分选差，少数分选很差，偏态为−0.18～0.61，正态分布为主，少数正偏和负偏，峰态为0.73～1.24，大部分中等峰态，极少数宽和窄峰态。岩性主要由灰黄色-灰色泥、砂质泥、粉砂和砂质粉砂组成，以砂质泥和泥为主，粉砂和砂质粉砂较少。

该柱状样最底部可到MIS3期，从MIS3期至MIS2期，颗粒总体较细，以粉砂和黏土组分为主，MIS3期和MIS2期砂含量和粒度参数波动较大，而MIS1期砂含量和粒度参数变化平稳（图4.5、图4.6），悬浮体组分明显占优势，大多数层段岩性无明显变化，其颜色局部略有变化，砂含量较低，不足10%，局部较高，反映了该柱状样水动力弱，较平静，为较为稳定的半深海沉积环境，且该柱状样亦有短暂的较为动荡、水动力稍强的沉积环境。

（二）TP71柱状样

TP71柱状样位于南海南部陆坡，水深为2100 m，长693 cm。沉积物粒级以粉砂为主，含量为18.05%～64.42%，其次为黏土，含量为7.47%～38.23%，砂含量较低，局部较高，含量为4.72%～74.42%。平均粒径为3.50Φ～7.78Φ，分选系数为1.83～2.86，大部分分选很差，少数分选差，偏态为−0.52～1.33，正态分布为主，少数正偏和负偏，峰态为1.99～3.96，极窄峰态。岩性主要由灰黄色-灰色泥、砂质泥、粉砂、砂质粉砂和粉砂质砂组成，以粉砂和泥为主，砂质泥和砂质粉砂较少，粉砂质砂极少量。

该柱状样最底部可到MIS2期，从MIS2期至MIS1期，以粉砂和黏土为主，MIS2期砂含量和粒度参数波动变化较大，而MIS1期砂含量和粒度参数波动平稳，平稳悬浮组分占优势（图4.5、图4.6）。大多数层段岩性无明显变化，仅其颜色略有变化，砂含量较低，不足10%，局部较高，处于水动力弱的较为平静的半深海沉积环境，但该柱状样370 cm以上多处可见砂质斑纹和斑块，表明该柱状样亦存在短暂的较为动荡、水动力较强沉积环境。

（三）TP86柱状样

TP86柱状样位于南海南部陆坡，水深为1722 m，长780 cm。沉积物粒级以粉砂为主，含量为37.22%～58.85%，其次为黏土，含量为18.13%～45.05%，砂含量较低，局部较高，含量为3.67%～45.06%。平均粒径为5.48Φ～8.06Φ，分选系数为1.80～3.09，大部分分选很差，少数分选差和极差，偏态为−1.00～0.98，正态分布为主，少数正偏和负偏，峰态为2.17～3.86，极窄峰态。岩性主要由灰黄色-灰色泥、砂质泥组成，以砂质泥为主，泥较少。

该柱状样最底部可到MIS8期，从MIS8期至MIS1期，该柱状样细粉砂和黏土组分为主，MIS8期砂含量和粒度参数变化平稳，从MIS7期至MIS1期砂含量和粒度参数波动较大（图4.5、图4.6），大多数层段岩性无明显变化，仅颜色局部略有变化，砂含量相对较高，反映了该柱状样处于水动力弱的、较为平静的半深海沉积环境，存在多次短暂的较为动荡、水动力稍强的沉积环境。

（四）HYD235柱状样

HYD235柱状样位于南海东南部下陆坡，水深为2695 m，长865 cm。沉积物粒级以粉砂为主，含量为48.05%~69.52%，其次为黏土，含量为11.31%~45.19%，砂含量低，局部较高，含量为1.76%~22.85%。平均粒径为5.56Φ~7.71Φ，分选系数为1.78~2.42，大多数分选很差，少数分选差，偏态为-0.15~0.19，正态分布为主，少数正偏和负偏，峰态为0.82~1.05，中等峰态为主，少数宽峰态。岩性主要由灰黄色–灰色–灰白色–青灰色泥、砂质泥、粉砂、砂质粉砂和含砾泥组成，以粉砂和泥为主，砂质泥和砂质粉砂较少，含砾泥极少量。

该柱状样最底部可到MIS8期，从MIS8期至MIS1期，岩性变化较明显，以粉砂和泥为主，各粒级含量和粒度参数变化均波动较大（图4.5、图4.6），中间多处可见薄层状和团块状砂质粉砂、砂质泥或砾质泥，颜色多变，相互过渡和渗透，粒级以粉砂组分占明显优势，其次为黏土组分，且以细粉砂和粗黏土为主，频率曲线多次出现双峰或多峰，概率累积曲线有多段悬浮组分组成，悬浮组分占绝对优势，表明其物质组成和来源较为复杂，反映了该柱状样处于水动力较弱的平静环境，多处出现薄层状和团块状砂质沉积物，说明其沉积环境并不稳定，多次出现了较短暂的水动力较强的沉积环境，推测在该柱状样所在海区，可能多次出现较为短暂的非正常浊流沉积。

该海域柱状样亦均位于小于3000 m的下陆坡，沉积物粒级均以粉砂为主，其次为黏土，砂含量较低，一些柱状样砂含量局部较高，沉积物以粉砂、泥和砂质泥为主，反映了在沉积时期内大部分时期处于水动力较弱的平静环境，HYD235柱状样多处出现薄层状和团块状砂质沉积物，说明其沉积环境并不稳定，多次出现了较短暂的水动力较强的沉积环境，在该柱状样所在海区，自MIS8期以来可能多次出现较为短暂的非正常浊流沉积。

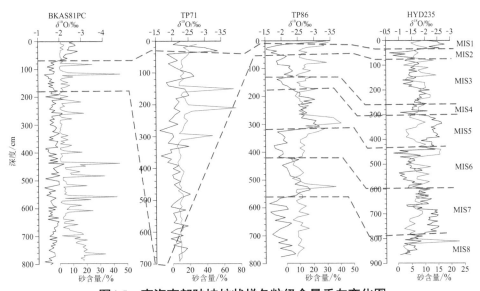

图4.5　南海南部陆坡柱状样各粒级含量垂向变化图

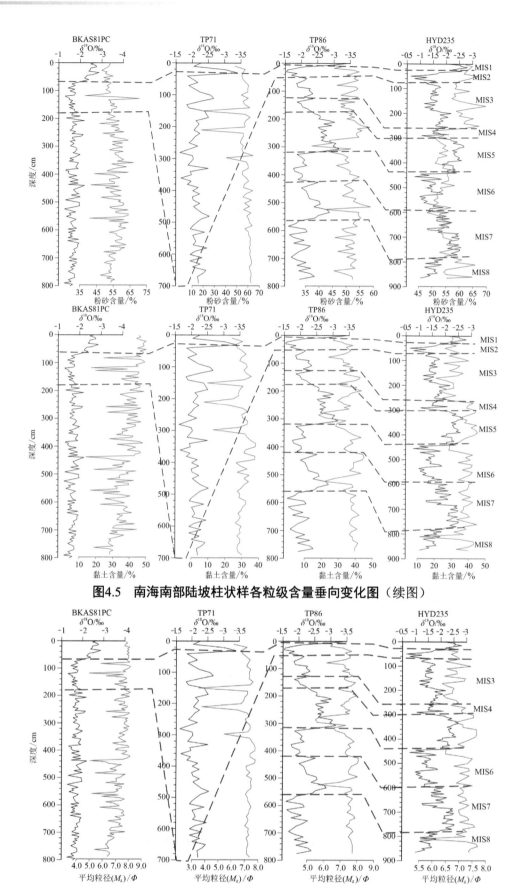

图4.5　南海南部陆坡柱状样各粒级含量垂向变化图（续图）

图4.6　南海南部陆坡柱状样粒度参数垂向变化图

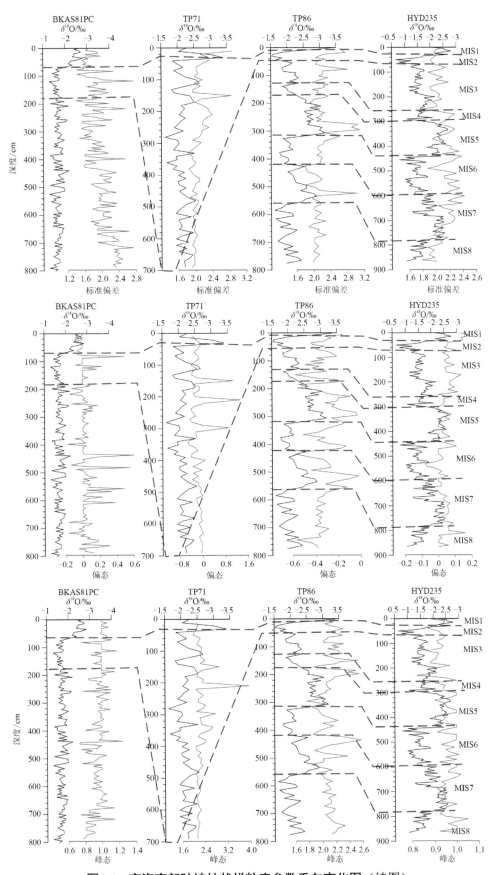

图4.6　南海南部陆坡柱状样粒度参数垂向变化图（续图）

第二节 碎屑矿物记录

一、碎屑矿物变化的一般特征

本次研究在南海海域陆坡处选取了13个核心柱状样进行了碎屑矿物分析,碎屑矿物鉴定结果表明碎屑矿物种类少,主要以生物碎屑组分为主。位于西北部海域的ZJ83、83PC、111PC、ZSQD6柱状样中几乎均为钙质组分,含少量自生组分黄铁矿;其余九个柱状样中碎屑矿物种类稍多,含少量陆源碎屑组分磁铁矿、钛铁矿、褐铁矿、白云母、黑云母、辉石、角闪石、绿帘石等。南部海域以及东部靠近吕宋岛海域的ZSQD289、BKAS81PC、TP71、TP86、HYD235柱状样中含火山玻璃。

图4.7为柱状样中碎屑矿物丰度(每克干样中含碎屑矿物的重量,$g/g_{干样}$)对比图,由图可知,位于南海北部陆坡的STD111柱状样、位于南海西部陆坡的ZJ83柱状样,以及位于南沙陆坡的TP71、TP86和BKAS81PC柱状样中碎屑矿物丰度含量高,其余柱状样中碎屑矿物丰度低。南海海域大部分柱状样中碎屑矿物丰度垂向变化特征不显著,未表现出冰期-间冰期的旋回规律,仅南海北部陆坡STD111柱状样在冰期时具有明显高于间冰期的碎屑矿物丰度,具体表现为在末次冰期最盛期(MIS2期)和MIS6期具有显著高于间冰期MIS1期和MIS5期的值,ZSQD289柱状样在末次冰期最盛期(MIS2期)碎屑矿物丰度略高。

图4.8为柱状样中石英、长石含量对比图,图中石英、长石垂向变化规律基本一致,石英、长石主要为陆源碎屑组分,代表陆源碎屑输入量。本书选取的柱状样中石英、长石含量普遍偏低,位于台西南岛坡西部海域的STD357、ZSQD289柱状样,位于琉球岛弧的GX15柱状样,以及南海南部陆坡的BKAS81PC柱状样中石英、长石含量略高。石英、长石含量均未表现出冰期-间冰期旋回规律,GX15、STD357、STD235、ZSQD289柱状样中石英、长石组分在MIS2期均呈现为自上而下逐渐增加的变化趋势,表明南海东北部海域以及琉球岛坡处在MIS2期中陆源碎屑组分输入自上而下逐渐增加。

图4.9为柱状样钙质、硅质含量对比图,钙质和硅质代表生物碎屑组分,为柱状样中主要组分。ZSQD6、83PC、111PC、TP86、BKAS81PC柱状样中钙质和硅质组分垂向无明显变化特征。GX15、HYD235、STD357与ZSQD289柱状样钙质组分垂向变化特征在MIS1期至MIS3期中相似,均表现为在MIS1期中呈增加趋势,MIS2期中呈增加-降低趋势,MIS3期中呈增加-稳定趋势。STD111和ZJ83柱状样钙质组分垂向变化特征在MIS1期至MIS5期中一致,MIS1期、MIS3期、MIS5期中趋于稳定;MIS2期中与GX15和HYD235柱状样变化趋势相反,呈现降低-增加变化趋势;MIS4期中钙质自上而下呈现略微降低趋势。TP71柱状样在MIS1期、MIS2期与STD111柱状样垂向变化趋势大体一致。STD235柱状样中钙质组分垂向变化特征不明显,硅质组分MIS1期中自上而下逐渐降低,MIS2期中呈现增加-趋于稳定变化趋势。

图4.10为柱状样中自生组分黄铁矿、海绿石含量对比图,黄铁矿存在于水体流通性差封闭的还原环境,而海绿石存在于水体流通性好开放的氧化环境。海绿石仅出现在STD111和BKAS81PC柱状样中,且变化趋势与黄铁矿呈现互为消长的关系。黄铁矿在大部分柱状样中均存在且含量较高,均表现为自上往下含量逐渐增加的趋势,TP71和BKAS81PC柱状样存在一定差异,其中BKAS81PC柱状样在MIS3期中自上而下呈现逐渐降低趋势,TP71柱状样在160 cm处黄铁矿含量出现突然降低。

图4.11为柱状样火山玻璃含量对比图,仅柱状样ZSQD289、BKAS81PC、TP71、TP86、HYD235中存在火山玻璃,这五个柱状样分布于南海南部以及东北部台西南岛坡处,且离吕宋岛近的ZSQD289和HYD235柱状样中火山玻璃含量最高。柱状样中火山玻璃垂向变化特征不明显,主要呈现锯齿状旋回变化,仅TP71柱状样在MIS3期中,以及HYD235柱状样在MIS6期、MIS7期中呈现逐渐增加趋势。

　　综上所述，南海海域13个核心柱状样中碎屑矿物组合均以钙质、硅质生物碎屑组分为主，自生矿物黄铁矿在柱状样中常见，火山玻璃分布在南海南部以及东北部台西南岛坡处的柱状样中。陆源碎屑组分极少量且分布于西南部海域的柱状样中几乎不含陆源碎屑组分。位于南海东北部海域的柱状样中陆源碎屑组分石英、长石垂向变化特征显示出，在MIS2期呈现自上而下逐渐增加的变化趋势，表明在MIS2期中陆源碎屑组分输入自上而下逐渐增加。自生组分黄铁矿自上而下含量逐渐增加，表明从上往下环境还原性增强。

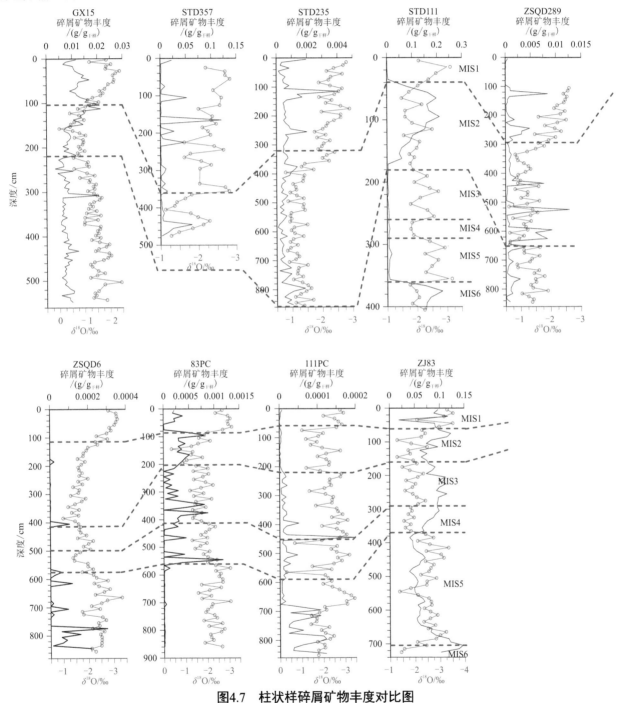

图4.7　柱状样碎屑矿物丰度对比图

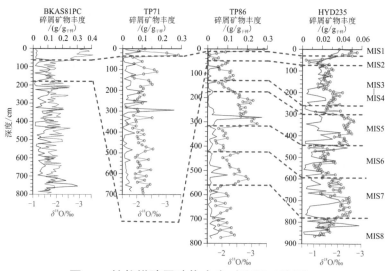

图4.7　柱状样碎屑矿物丰度对比图（续图）

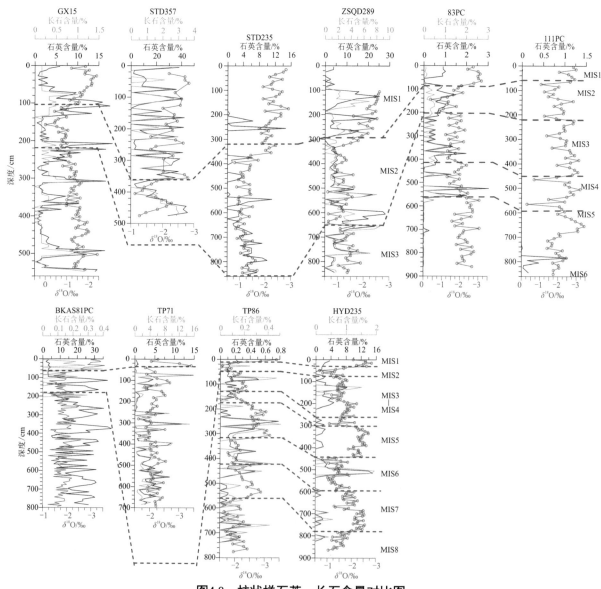

图4.8　柱状样石英、长石含量对比图

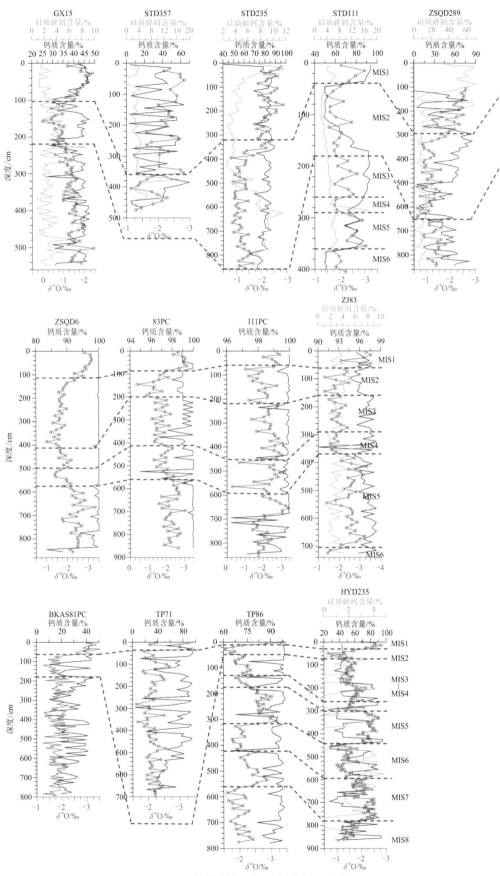

图4.9　柱状样钙质、硅质含量对比图

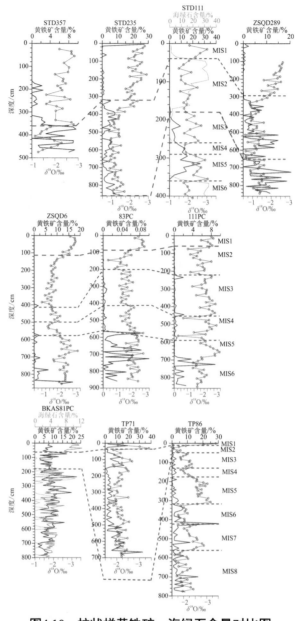

图4.10　柱状样黄铁矿、海绿石含量对比图

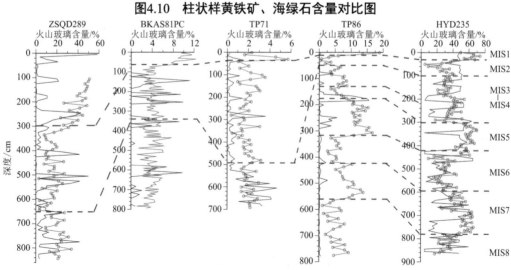

图4.11　柱状样火山玻璃含量对比图

二、第四纪火山活动的记录

火山碎屑是南海沉积的主要来源之一，其含量、分布和源区特征对研究南海的沉积作用与构造活动具有重要意义（李志珍，1989；杨育标和范时清，1990；谈丽芳，1991；陈忠等，2005）。前人对南海火山玻璃的含量、分布及其成分特征作了一些研究，初步探讨了火山物质来源与搬运过程、火山喷发的关系（杨育标和范时清，1990；Bühring，2000；Song et al.，2000；梁细荣等，2001；王慧中等，1992；Wiesner et al.，1995）。杨群慧等（2002）认为南海东部表层沉积物中火山玻璃，主要来源于附近弧状列岛的火山喷发物，基性火山碎屑矿物则主要来自海底火山岩的剥蚀物。陈忠等（2005）认为菲律宾岛弧火山带、南海深海盆火山喷发以及印度尼西亚岛弧火山带是南海火山玻璃主要源区，火山玻璃搬运和沉积主要受台风、越赤道气流和环流的影响和控制。但总体来看，受取样的限制，对南海海域火山玻璃分布特征的研究明显不足，难以形成整体认识。我们近年对南海全海域进行系统取样，进行火山玻璃的分析鉴定与统计，旨在认识南海沉积物中火山玻璃分布的整体特征及其来源。

经鉴定，26条富含火山玻璃的柱状样仍主要分布于南海东部海域，但比表层火山玻璃分布范围更大，尤其是南海中南部、北部和西部海域仍缺乏火山玻璃（图4.12）。

（一）南海东北部

南海东北部海域分东部（A区）和西部（B区）。东部五个柱状样均含较丰富的火山玻璃。该区东北部ZSQD289柱状样进行了$\delta^{18}O$、$\delta^{13}C$稳定同位素分析和^{14}C测年，时代包括MIS1期至MIS3期共三期（图4.13）。MIS1期，火山玻璃有四个峰值，可能反映四次较大规模的火山喷发，其中全新世早期，约9000 a B.P.和全新世末期火山玻璃含量高，喷发规模大。MIS2期，火山玻璃早晚相对较低，反映较弱的火山活动；中部有两个峰值，可能反映两次较大规模的火山喷发，两个峰值之间，火山玻璃含量近于0，表明基本未受火山活动影响。MIS3期，各层样品均含火山玻璃，有两个峰值，位于早中期和末期，表明该期各时段均有不同程度的火山活动。

ZSQD292柱状样，结合^{14}C测年和火山玻璃含量分布与ZSQD289柱状样对比，MIS1与MIS2分界在100 cm。MIS1期火山玻璃含量比MIS2高，尤其是约9000 a B.P.和全新世末期含量高。

ZSQD194柱状样，根据其沉积特征，应属全新统，大致相当于9000 a B.P.以来的沉积特征，总体火山玻璃含量比ZSQD289和ZSQD292柱状样高，受火山活动影响更大。

ZSQD225柱状样，所处位置水深比ZSQD289柱状样大，且相对远离物源，沉积速率小得多，^{14}C测年40 cm处为18591 ± 104 a B.P.，根据对比MIS1期与MIS2期分界在45 cm附近。160 cm和220 cm处^{14}C测年分别为34263 ± 220 a B.P.和38527 ± 290 a B.P.，可以推测底部年龄应当超过100 ka B.P.。至少100 ka B.P.或MIS5期以来，各层位均含火山玻璃，含量为6.67%～96.46%，整体含量高，95个样品含量超过50%，占样品总数的64.2%，周期性变化明显。

ZSQD189柱状样，从水深和离主要物源距离判断，其沉积速率应比ZSQD225柱状样高，MIS1期与MIS2期分界在60 cm附近。MIS1期为火山玻璃高，最高达68.67%；MIS2期含量总体较低，大多在5%以下；再往下火山玻璃含量变化大。

ZSQD189柱状样与ZSQD292柱状样一样，均表现为MIS1期火山玻璃含量较高，且呈周期性变化，而MIS2期整体含量较低，可能表明，该期影响本区的火山活动强度下降。

南海东北部海域西部（B区），位于A区西部，包括四个柱状样。ZSQD196柱状样仅仅有MIS1期和MIS2期沉积记录，表明该柱状样沉积速率较高（图4.14）。ZSQD柱状样在MIS2期记录五次火山玻璃喷发事件，其中两次含量很高，表明喷发规模大；MIS1期记录三次火山玻璃喷发事件，早中期两次，末期一次，中间大部分时间基本没有火山玻璃喷发。总体上，MIS2期火山玻璃含量明显比MIS1期高，火山喷发强度较大。

ZSQD89、ZSQD129和ZSQD98柱状样未进行δ^{18}O、δ^{13}C稳定同位素分析和^{14}C测年，时代难以确定，但根据水深与离岸距离，大致可以确定其沉积速率应比ZSQD196柱状样大，同厚度地层沉积时间应较小。ZSQD129柱状样与ZSQD98柱状样记录的最新一次，火山玻璃含量很高，应属同一次喷发，对比ZSQD196柱状样，时间大致在500 a B.P.前后。

B区柱状样火山玻璃含量明显比A区少，反映可能离火山喷发源区较远，只记录少数强度大的火山活动。

总体来看，南海东北部火山玻璃含量较丰富，其中最丰富的是A区南部的ZSQD225和ZSQD194站位，揭示至少100 ka B.P.以来，火山玻璃极为丰富。往北和往西，火山玻璃含量呈下降趋势。

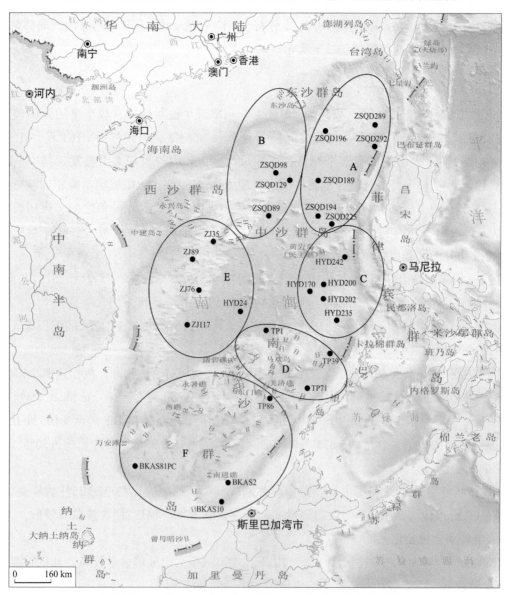

图4.12　含火山玻璃柱状样分布及火山玻璃含量分区图

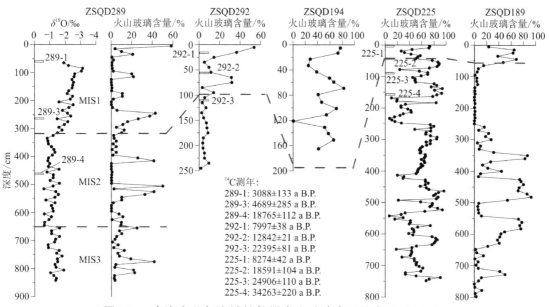

图4.13　南海东北部海域柱状样火山玻璃含量分布图（A区）

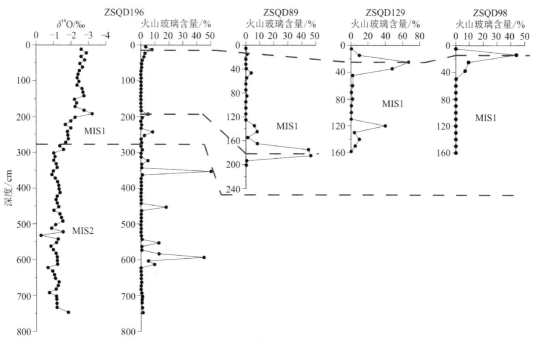

图4.14　南海北部海域柱状样火山玻璃含量分布图（B区）

（二）南海中东部

南海中东部海域，分北部（C区）和南部（D区）。北部分析了五个柱状样，南部分析三个柱状样。南海中东部海域柱状样火山玻璃总体含量最高，各层位均含火山玻璃，含量变化明显（图4.15）。

HYD235柱状样进行了详细的$\delta^{18}O$分析，其结果揭示了MIS8期，近300 ka B.P.以来的沉积特征，火山玻璃含量变化明显的周期性特征，高含量约占碎屑矿物含量的40%～60%，低含量通常在10%以内，反映火山喷发期和间歇期的明显差异（图4.15）。

HYD170和HYD202柱状样进行了^{14}C测年，全新世（MIS1期）厚度只有约50 cm，与HYD235柱状样相当，火山玻璃含量基本均大于40%，且相对稳定，表明MIS1期火山活动频发。MIS2期以上表明东部海域陆源物质相对较少，沉积速率较低。火山玻璃峰值含量多在40%以上。

HYD200和HYD242柱状样没有$\delta^{18}O$和^{14}C数据的约束，难以准确确定时代，但从水深和离陆缘距离，大致可以判断其沉积速率不高于HYD235柱状样，火山玻璃峰值均接近或超过50%，含量丰富。

南海中东部海域南区（D区）三个柱状样含火山玻璃。根据$\delta^{18}O$分布特征，TP71和TP39柱状样揭示至MIS3期，反映近50 ka B.P.以来的沉积特征。TP71柱状样在MIS3期火山玻璃含量明显比MIS1和MIS2期高；MIS2期中部，在20～18 ka B.P.，火山玻璃出现明显峰值；MIS1期与MIS2期之交出现小的峰值（图4.16）。

TP39柱状样MIS3期未出现火山玻璃高含量值，可能揭示的深度不够；MIS2期中部、MIS1期与MIS2期之交的峰值与TP71柱状样可对比。总体上TP39柱状样火山玻璃含量比TP71柱状样高，可能由于TP39柱状样位于东北，更靠近火山喷发源区，与表层样特征相似。

TP1柱状样未进行$\delta^{18}O$分析和^{14}C测年，时代难以准确确定，但根据水深和离岸距离判断，其沉积速率应比TP71和TP39柱状样低。总体上，中上部火山玻璃含量比TP71和TP39柱状样高。

综合来看，中东部深水区沉积速率低，C区火山玻璃明显高于D区，表明距火山源区相对较近，火山喷发频繁。

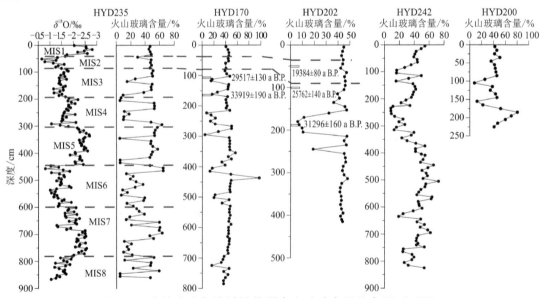

图4.15　南海中东部海域柱状样火山玻璃含量分布图（C区）

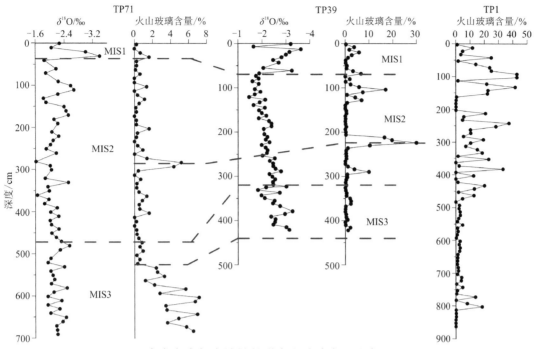

图4.16　南海东南部海域柱状样火山玻璃含量分布图（D区）

（三）南海中西部

南海中西部海域（E区），共有五条柱状样含火山玻璃。ZJ76的$\delta^{18}O$分析表明，该柱状样揭示至MIS5期，仅在MIS5期底部记录一次明显的火山玻璃峰值，其上记录6～7次微量火山玻璃。

HYD24柱状样位于ZJ76柱状样东南，更靠近西南次海盆中央，水深更深，沉积速率可能更低，80 cm处^{14}C测年为20430±100 a B.P.，其底部年龄应早于MIS5期。该柱状样四次明显的火山玻璃峰值（图4.17），表明10多万年来至少有四次火山喷发明显影响该站位。

ZJ117、ZJ89和ZJ35柱状样为三个重力柱状样，较短（小于3 m），底部均记录一次火山玻璃峰值，大致对比可知应为同一次火山爆发的产物，与ZJ76和HYD24柱状样的第一次峰值相当，时代为MIS2期与MIS3期之交，为24 ka B.P.。ZJ35柱状样的底部0～50 cm，还记录一次峰值，ZJ89柱状样有少量分布，可能表明其主要来自北部的喷发。

该区柱状样与中东部明显不同，大量样品基本不含火山玻璃，但少量样品火山玻璃含量很高，超过20%，表明该区已远离火山源区，主要记录大型高强度的喷发。HYD24柱状样记录表明，这种规模喷发周期为20～30 ka。

（四）南海南部

南海南部海域（F区）四个柱状样含火山玻璃。位于东北部的TP86柱状样进行详细的氧碳同位素分析，揭示MIS8期，近30 Ma以来的特征。该柱状样火山玻璃分布来看，主要记录五次峰值，从早到晚分别为：①MIS7期中部，约220 ka B.P.；②MIS6期与MIS7期之交，190 ka B.P.；③MIS5期中部，约110 ka B.P.；④MIS4期与MIS5期之交，75 ka B.P.；⑤MIS3期中部，35～40 ka B.P.（图4.18）。

220～300 ka B.P.和25 ka B.P.以来，该柱状样不含或仅含微量火山玻璃，表明受火山活动影响很小。火山玻璃含量最高的是MIS4期与MIS5期之交，75 ka B.P.的第四峰值，表明该期火山活动最强；而持续时间最长的是MIS5期中部，约110 ka B.P.的第五峰值，可能记录多次火山喷发。

柱状样BKAS2、BKAS10和BKAS81PC柱状样缺乏δ¹⁸O和¹⁴C测年数据的约束，时代难以确定，但从水深和离岸距离分析，其沉积速率应比TP86柱状样大，所记录的沉积时间较短。这三个柱状样均含较丰富的火山玻璃（图4.18），比TP86柱状样含量更高，表明其来源可能主要来自南部，而非东北部。

南海南部表层样基本不含火山玻璃，但柱状样中火山玻璃较多，甚至南部比北部更丰富，这表明尽管近期南海南缘的火山活动对本区不大，但晚更新世以来，火山活动对本区影响明显。

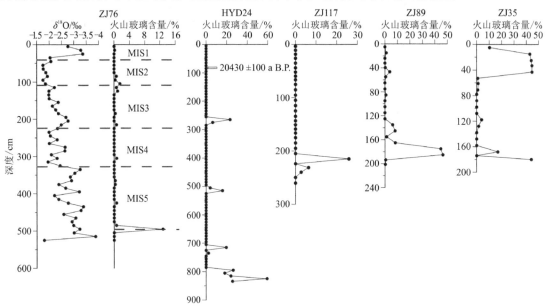

图4.17　南海中西部海域柱状样火山玻璃含量分布图（E区）

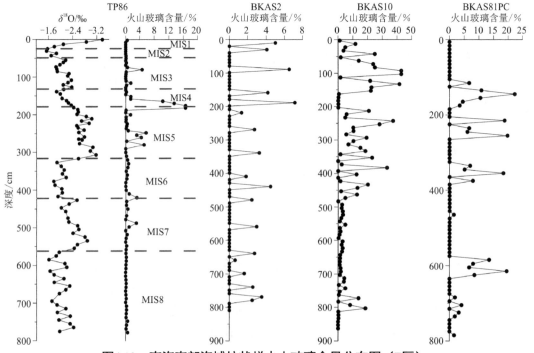

图4.18　南海南部海域柱状样火山玻璃含量分布图（F区）

（五）柱状样沉积物火山玻璃物源

柱状样火山玻璃分布与表层沉积物总体类似，依然呈现以南海东部海域为中心往外扩散的特征。靠近菲律宾群岛的柱状样（C区和A区）火山玻璃含量很高，各层位含量虽有周期性变化，表明记录的火山喷发次数多，且靠物源较近。

由菲律宾群岛西部海域往西，柱状样火山玻璃含量总体呈下降趋势，主要记录一些火山喷发强度大的事件。如B区和D区条柱状样MIS1期主要记录2～3次火山喷发（图4.14），火山玻璃含量明显比C区和A区低得多。同样，E区和F区柱状样火山玻璃含量比B区和D区明显低。因此柱状样火山玻璃来源依然以菲律宾群岛为主。

柱状样火山玻璃的来源可能比表层样更多样，除菲律宾群岛物源外，南部苏门答腊方向，包括多巴火山有明显的贡献。西南端BKAS81PC柱状样虽顶部基本不含火山玻璃，但中西部多层出现火山玻璃峰值，记录多次火山喷发，可能主要来自多巴火山的贡献。

（六）小结

柱状样火山玻璃分布与表层沉积物总体类似，含量最高出现南海东部的C区和A区，呈现以南海东部海域为中心往外扩散的特征。这表明柱状样火山玻璃来源依然以菲律宾群岛为主。

南海南部柱状样火山玻璃分布范围比表层样广，西南部BKAS2、BKAS10和BKAS81PC均有较丰富的记录，表明晚更新世以来，南海南缘的苏门答腊-爪哇岛弧火山-地震带的火山物源对该区有较大影响，只是近期对该区影响小，表层沉积中含量极低。

南海东北部的柱状样分析表明，MIS1期火山玻璃含量比MIS2期高，可能表明吕宋岛弧深海氧同位素期次火山活动有所增强，对本区影响增大。

第三节　黏土矿物记录

近年来，黏土矿物已成功应用于示踪海洋沉积物来源和揭示物源区同时期气候变化，在古环境研究中发挥了越来越重要的作用（Gingele et al.，2001；周世文等，2014；Liu et al.，2016）。本书选择了南海不同区域共13个核心柱状样，在前期的海洋区域地质调查中对这些柱状样开展了黏土矿物分析，本次研究试图从黏土矿物的变化中挖掘更多陆源物质输入和古气候的信息。13个核心柱状样中四种黏土矿物含量及比值随深度变化曲线见图4.19～图4.33。大部分柱状样黏土矿物以伊利石（It）和蒙脱石（S）为主，高岭石（Kao）和绿泥石（C）含量较低。

一、台湾岛以东、南海北部

台湾岛以东GX15柱状样以绿泥石、伊利石和蒙脱石为主，高岭石含量较低；南海北部STD235、STD357、STD111、ZSQD289四个柱状样以伊利石、蒙脱石为主，绿泥石次之，高岭石含量较低（图4.19～图4.22）。通过表层沉积物黏土矿物分布和现今洋流系统来推断，台湾岛以东、南海北部深水区的伊利石和绿泥石主要来自于台湾岛，由深水洋流搬运而至，珠江可向南海北部提供部分伊利石和绿泥石，蒙脱石主要源自吕宋岛。影响台湾岛和吕宋岛物源输入到台湾岛以东、南海北部的因素主要有两个，第一个因素是两个海岛近海陡峭的海底地形，导致河口与陆坡之间的陆架非常狭窄，而非常短的沉积物输送距离不会受到冰期-间冰期旋回的影响；第二个因素是两个岛的沉积物向海输出受构造抬升和台风型降雨控制，同样独立于冰期-间冰期旋回（Liu et al.，2009）。在台湾岛以东，伊利石和绿泥石占主导的原始黏土矿物组合指示强烈的物理剥蚀作用。同样在吕宋岛，高含量的蒙脱石反映了安山质-玄武质原岩的快速水解以及向海的迅速搬运。因此，台湾岛以东、南海北部沉积物黏土矿物中吕宋岛和台湾岛物源的相对贡献可以用蒙脱石/（伊利石+绿泥石）[S/(It+C)]值来表示（Liu et al.，2010c），比值升高代表吕宋岛物源的贡献增大，反之台湾岛物源的贡献增大。台湾岛以东的GX15柱状样，南海北部深水区的STD357、STD111柱状样的蒙脱石/（伊利石+绿泥石）值都显示出高频波动趋势，未表现出冰期-间冰期旋回特征，而离吕宋岛最近的STD235柱状样表现出较明显的冰期高，间冰期低的旋回特征（图4.23）；相反，ZSQD289柱状样的蒙脱石/（伊利石+绿泥石）值在末次冰期较低，全新世和MIS3期较高（图4.23）。

二、南海西部

在南海西部，黏土矿物同样来自于多个源区。伊利石和绿泥石主要由湄公河和红河提供（刘志飞等，2007），这两条河流在其上游的青藏高原东部经历了强烈的物理剥蚀作用，形成了伊利石和绿泥石占主导的黏土矿物组合。珠江的黏土矿物通过广东沿岸流向西输送到南海，在华南沿海形成高岭石富集区。这些沉积物可能通过冬季表层洋流被进一步向南输送到南海西部。因此，南海西部沉积物的高岭石/（伊利石+绿泥石）值[Kao/(It+C)]可以用来研究北部物源区和南部物源区的相对贡献量。ZSQD6、83PC柱状样高岭石/（伊利石+绿泥石）值表现出明显的冰期-间冰期旋回，显示为冰期高、间冰期低（图4.23）。这可以用南海西部冰期-间冰期循环的表层洋流系统来解释，在间冰期，受增强的夏季风驱使，南海西部北向暖流占主导，将湄公河丰富的伊利石和绿泥石输送到南海西部。而来自于红河的伊利石和绿泥石，以及来自珠江的高岭石贡献较小，因为北向表层洋流会阻碍两者朝南运移。在冰期，海平面下降导致珠江河口向南运移，输送到南海西部深水区的高岭石增多。同时，冰期时南海西部以南向洋流为主，导致南海西部以高岭石为主，红河及湄公河的伊利石和绿泥石占次要地位。因此，南海西部黏土矿物组合主要反映的是季风气候影响下的表层洋流变化。

三、南海南部

南海南部的物源可能来自于巽他陆架、湄公河、巴拉望岛和北加里曼丹岛。BKAS81PC柱状样中伊利石的平均含量超过70%，只有加里曼丹岛北部河流才能提供如何高含量的伊利石。朝东南方向，TP86、TP71、HYD235柱状样中伊利石平均含量依次降低（图4.19），表明伊利石由西南向东北方向运移，应来自于北加里曼丹岛。HYD235、TP71、TP86、BKAS81PC柱状样蒙脱石平均含量依次降低（图4.20），从这四个柱状样的分布位置来看，蒙脱石应来源于吕宋岛。因此，蒙脱石/（伊利石+绿泥石）值可以表征北加里曼丹岛和吕宋岛的相对供应。TP86柱状样的蒙脱石/（伊利石+绿泥石）值表现出明显的冰期-间冰期旋回，冰期高，间冰期低（图4.23）。冰期时，强劲的冬季风驱使南向洋流将吕宋岛的蒙脱石输送到南海南部；间冰期时，夏季风将北加里曼丹岛的伊利石及绿泥石向东南方向输送。

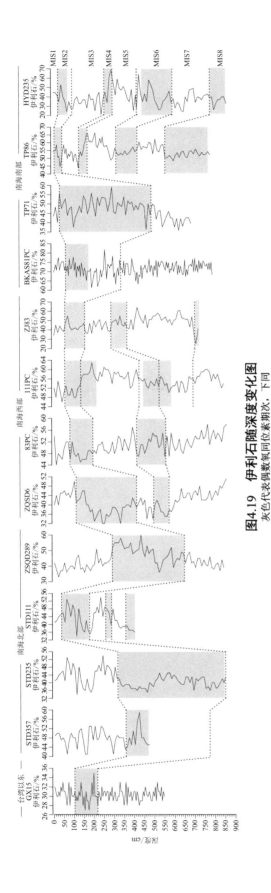

图4.19 伊利石随深度变化图

灰色代表偶数氧同位素期次，下同

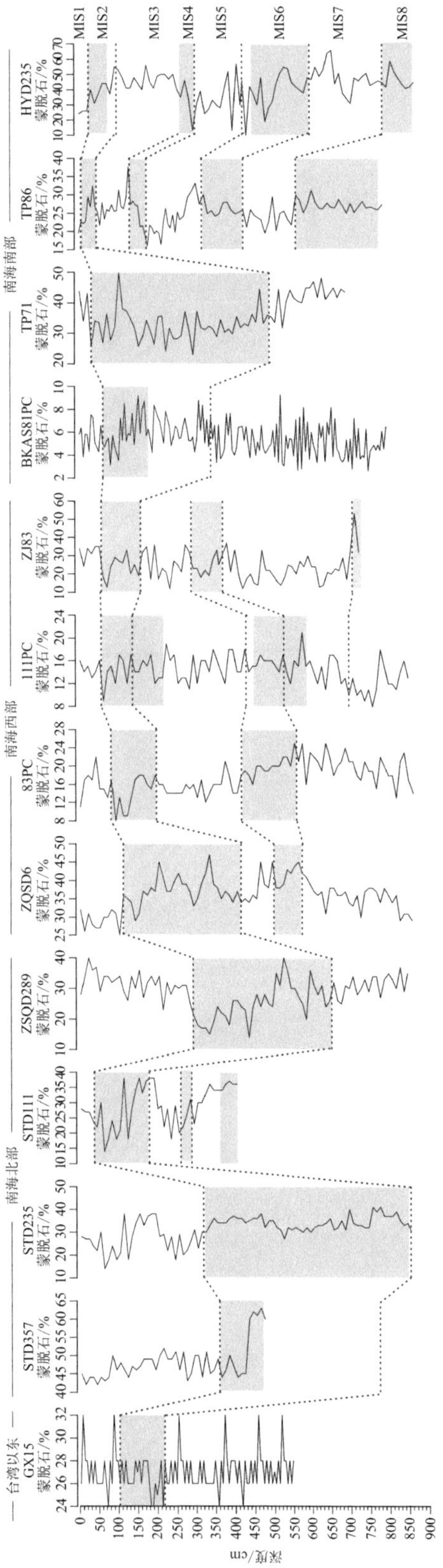

图4.20 蒙脱石随深度变化图

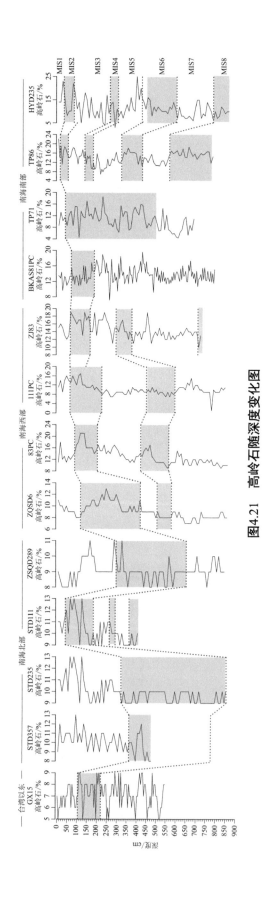

图4.21　高岭石随深度变化图

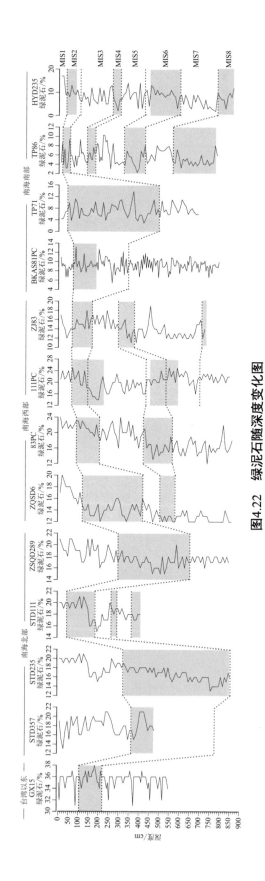

图4.22　绿泥石随深度变化图

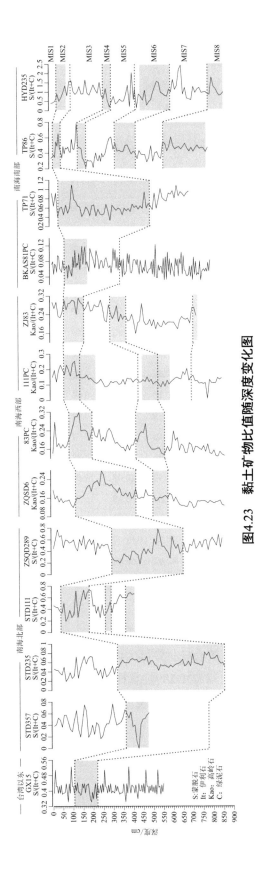

图4.23 黏土矿物比值随深度变化图

第四节　元素地球化学记录

基于较为系统完整的年代学资料，在南部海域选取了13个核心柱状样，对其常量组分（硅酸盐全分析、有机碳和碳酸钙）、微量元素、稀土元素进行了统计分析，表4.1为各柱状样元素含量均值对比。

表4.1　各柱状样元素含量均值（%）对比

站位	GX15	STD357	STD235	STD111	ZSQD289	ZSQD6	83PC	111PC	ZJ83	BKAS81PC	TP71	TP86	HYD235
SiO$_2$	53.48	57.96	51.56	29.27	55.27	46.90	41.74	46.00	29.88	58.63	48.01	34.90	34.37
Al$_2$O$_3$	14.87	16.30	14.27	8.40	15.81	14.84	13.50	14.46	9.96	14.95	13.24	11.70	9.57
Fe$_2$O$_3$	5.99	6.46	5.67	3.25	6.51	5.68	5.02	5.52	3.76	6.21	5.45	3.69	3.94
MgO	2.64	2.77	2.51	1.68	2.78	2.62	2.39	2.72	1.94	2.08	2.99	2.08	2.09
CaO	5.99	2.53	6.43	26.51	3.01	8.82	12.96	9.64	23.27	2.93	13.55	24.37	21.00
Na$_2$O	2.03	2.47	3.34	2.18	2.92	2.75	2.76	2.49	2.43	2.30	3.08	2.98	3.29
K$_2$O	2.84	2.99	2.67	1.68	2.77	2.98	2.82	3.04	1.94	2.56	2.25	2.24	1.79
MnO	0.09	0.08	0.11	0.03	0.08	0.15	0.15	0.12	0.07	0.12	0.18	0.25	0.15
TiO$_2$	0.67	0.80	0.66	0.39	0.76	0.59	0.58	0.63	0.41	0.70	0.55	0.35	0.39
P$_2$O$_5$	0.12	0.13	0.12	0.09	0.12	0.10	0.10	0.10	0.11	0.10	0.22	0.27	0.11
LOT	10.28	7.66	12.71	26.54	9.48	14.39	18.07	15.01	26.26	9.22	15.26	18.49	23.03
CaCO$_3$	10.02	3.95	10.40	46.48	4.15	15.10	21.87	16.77	44.02	4.92	18.35	38.11	35.88
有机碳	0.66	0.78	1.40	0.64	1.01	0.98	0.90	0.88	0.63	0.91	1.37	0.49	0.69
Co	18.75	19.79	16.87	9.02	17.60	18.59	20.08	20.96	9.90	13.75	21.27	15.45	14.11
Cu	39.11	33.46	45.82	22.60	46.53	56.63	38.39	36.56	38.44	22.94	54.67	53.40	75.53
Ni	55.59	43.89	46.39	29.59	45.42	58.32	50.68	50.14	43.46	36.13	172.64	81.32	72.36
Zn	100.27	106.52	107.24	70.19	107.93	120.36	112.04	114.78	82.16	84.44	95.06	92.88	72.98
Cr	95.05	87.43	75.52	45.12	85.24	82.82	66.48	72.24	55.04	76.38	253.24	62.45	65.30
Pb	22.98	22.79	19.75	14.60	24.66	23.53	18.86	19.03	22.94	24.98	20.39	25.67	23.67
Ba	613.19	520.43	537.44	329.69	481.07	658.63	632.56	598.80	737.51	365.02	601.32	1017.20	964.09

一般来说，陆源碎屑和生物源作为南海沉积物的主要成分，沉积物中各种元素含量的变化是其混合稀释的结果，从具体组分含量来看，13个核心柱状样可大体分为三种类型：①位于南海东北部陆坡、台湾岛周边海域的GX15、STD235、STD357、ZSQD289柱状样以及南海南部陆坡的BKAS81PC柱状样，其大部分柱状样物质组成主要为陆源碎屑物质的堆积，代表生物组分的CaCO$_3$含量多在10%以下；②位于南海西部陆坡（西沙海槽和中建南斜坡）的ZSQD6、83PC、111PC柱状样以及南海南部陆坡的TP71柱状样，陆源物质含量相对下降，生物组分含量增高，CaCO$_3$含量多在15%以上；③STD111、ZJ83、TP86、HYD235柱状样分别邻近东沙群岛、西沙群岛、礼乐海台等生物岛礁发育区，其主要组分中碳酸盐占比较高，CaCO$_3$含量多在35%以上，陆源物质含量相对较低。以上结果表明，沉积物主要以陆源碎屑、黏土和海洋生物碳酸盐为主，含量分布特征与所处海域水深、地形地貌、物质来源密切相关，近陆架较为平坦的陆坡区以及南海碳酸钙沉积跃迁带（水深范围为2900～4420 m）的沉积以陆源碎屑物质为主，而陆坡邻近岛礁发育区的生物组分较高。

图4.24为各柱状样元素含量的富集因子分布图，可以看出，柱状样STD111、ZJ83、TP86柱状样组分中

CaO含量明显富集，TP71、83PC、111PC柱状样等次之，其余与上地壳含量相差不大。TP71柱状样元素含量中Ni、Cr明显高于上地壳及其他柱状样，其迁移与硫化物和有机质关系密切，代表了富有机质的还原环境中含硫化物和高有机质的黏土沉积，TP86柱状样中较高的Mn富集代表的则是氧化环境的锰自生沉积。

海域柱状样元素含量的时空变化主要受陆源碎屑物质的输入、生源$CaCO_3$的供应和深海$CaCO_3$的溶解等因素控制。研究重点选取并分析了元素组分中的SiO_2、Al_2O_3、$CaCO_3$和有机碳的变化特征，四个组分中SiO_2、Al_2O_3作为陆源组分的主要组成部分，且在风化作用中较为稳定，含量变化主要反映了陆源物质在风化剥蚀、搬运和沉积过程中发生的化学成分变化，其中SiO_2代表了粗粒碎屑矿物组分，Al_2O_3代表了细粒组分，分别指示沉积物中陆源粗粒、细粒碎屑组分的变化；海洋的$CaCO_3$与生物活动密切相关，碳酸钙的主要组成通常是浮游有孔虫壳体和钙质超微化石，其含量代表了生物组分的变化规律；海洋沉积物中的有机碳用来指示海洋表层生产力变化。在此基础上，探讨元素含量变化与气候演变的相互关系及其控制因素，加深对南部海域古气候演变的了解。柱状样各组分垂向含量变化如图4.25、图4.26所示。

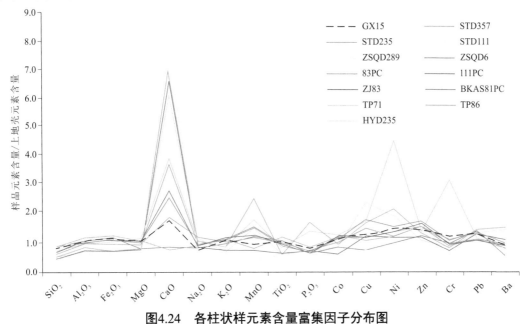

图4.24　各柱状样元素含量富集因子分布图

从时空关系上来看，元素含量随深度（时间）变化表现出一定的差异层次性，陆源与生源、陆源内部组分含量变化规律与冰期–间冰期密切相关。具体表现为陆源物质含量在冰期和冷期含量高，间冰期和暖期含量低，而$CaCO_3$含量与其相反，呈明显的间冰期高而冰期低的特征，最高值多出现在末次间冰期，体现了南海$CaCO_3$旋回为稀释旋回的特征，属"大西洋旋回"，冰期沉积速率明显大于间冰期，这是由于低海平面时大量陆源物质汇入导致海退时的沉积速率明显大于海进时，包括间冰期温暖的奇数亚期向相对较冷的偶数亚期过渡时（自高海面向相对较低的海平面转变时）。

从南海环境的整体演化格局上来看，冰期时海平面下降使南海与开放大洋的通道变窄或者封闭，成为袋状半封闭海，如末次盛冰期时只通过巴士海峡和太平洋相连，民都洛海峡与苏禄海相通，南海整体的流通状况恶化，水体更新速率降低，导致深水溶解氧含量减少，而冰后期时海平面上升，南海与开放大洋连通性变好，水体更新加快，深水溶解氧含量增加。陆源元素沉积记录上，陆源碎屑物质中的粗粒与细粒沉积在不同沉积时间期次变化明显，从以陆源物质为主的第一类柱状样元素含量随深度变化的剖面可以看出，代表陆源组分为粗碎屑SiO_2在冰期沉积物中含量较高，而代表粒度较细的铝硅酸盐沉积Al_2O_3在间冰期沉积物中的含量相对较高。以南海北部陆坡沉积速率较高的典型STD235柱状样为例来看，MIS1期、MIS2

期沉积速率分别高达26.67 cm/ka、44.58 cm/ka，末次盛冰期时南海北部海平面大约下降了100～120 m，北部大陆架出露水面的面积约为24万km²，由于气候干旱，南海周缘植被减少，存在大面积无森林地带，侵蚀作用加强，产生的大量北部陆源碎屑被直接输送到陆坡或深海平原，导致STD235柱状样岩心中沉积物的粒度相对较粗，以SiO_2所代表的陆源粗碎屑硅质组分含量相对较高，冰消期后海平面上升，距今约12 ka，连接东海和南海的台湾海峡开通，大陆架逐渐被海水淹没，使岩心物源供给变远，以接受Al_2O_3代表的细粒的铝硅酸盐沉积为主。

碳酸盐记录研究中，可利用海洋沉积岩心中碳酸钙百分含量的变化划分第四纪以来的地层，继而建立由氧同位素期及亚期时标、古地磁和生物地层学等控制的碳酸钙地层事件时标。柱状样岩心的$CaCO_3$含量变化曲线既较好地反映了陆源物质的稀释作用，又明显记录了碳酸盐溶解作用和保存程度。南海为典型边缘海，控制其沉积物中$CaCO_3$含量变化的因素主要为非钙质物质（主要为陆源碎屑，其次为硅质化石和火山灰等）的稀释作用，作为大洋沉积物中碳酸盐含量主控因素的海水中碳酸盐饱和度波动而引起的溶解作用的变化以及碳酸盐或钙质生物（有孔虫、钙质超微化石等）生产力等，对其影响相对较小。冰期时陆源物质稀释作用一直影响到CCD以深的深海盆地，而陆源物质稀释作用的主控因素是海平面的升降，南海不同区域海平面变化又是同步的，使碳酸钙地层事件具有广泛的可对比性。由图4.26可看出，其岩心中碳酸钙百分含量旋回变化与氧同位素地层具有良好的对应关系，特别是ZSQD6、TP86、HYD235柱状样岩心，其氧同位素曲线与碳酸盐变化曲线具有较高的一致性。TP71、HYD235柱状样等岩心在末次冰消期时出现了较高的碳酸钙含量，在MIS5/6期界线也呈现高含量，部分岛礁发育区的柱状样，如STD111、STD357、ZJ83柱状样，在MIS2期记录了明显高于其他期次的值，高碳酸钙并不是意味着"太平洋型"的碳酸钙旋回，而可能是由于底层流的分选作用，使得细粒物质沉积减少，而砂和粉砂粒级的有孔虫含量增加所致。STD235、ZSQD6、83PC、HYD235柱状样均属于大西洋型碳酸盐旋回，$CaCO_3$在间冰期时高而在冰期时低，表现出"大西洋旋回"的特征。陆源碎屑含量与$CaCO_3$含量相反，体现了南海$CaCO_3$旋回属于稀释旋回。这与以往对南海溶跃面以上碳酸盐的研究结果是一致的。

ZSQD289、83PC柱状样在末次冰期具有良好的保存峰，碳酸钙的保存峰最早由Berger（1971）发现，在太平洋和大西洋被广泛记录，在南海也记录了这一碳酸钙良好保存峰（8355岩心，13°3012′N，116°0011′E，水深为4095 m）。CCD以浅岩心的碳酸钙高含量反映了高碳酸钙生产力，而位于补偿深度带的碳酸钙良好保存则反映了溶解作用减弱。

对有机碳的分析表明，STD357、STD235、ZSQD6、83PC、ZJ83、HYD235柱状样等大部分在冰期时具有明显高于间冰期的有机碳含量，具体表现为在末次冰盛期（MIS2期）和MIS6期具有显著高于间冰期MIS1期和MIS5期的值，反映了冰期具有较高的表层生产力。Thunell等（1992）指出大西洋和太平洋中低纬度海区，第四纪晚期普遍存在冰期的高生产力。冰期时海平面降低和冬季风增强，使陆源营养输入增多，导致表层生产力明显增强，是造成冰期表层生产力高的重要原因。对南海钻孔中底栖有孔虫的研究表明，晚第四纪时期冰期底层水以少氧和富营养为特征，低氧含量的底层水有利于有机物质的保存，而STD111柱状样表现则相反，即在MIS2期、MIS6期较低，其他期次含量变化不大。

综上所述，柱状沉积物主、微量元素地球化学分析结果表明，沉积物中大多数主、微量元素的变化与有孔虫氧同位素揭示的冰期–间冰期旋回具有良好的对应关系，$CaCO_3$含量多呈现间冰期高、冰期低的稀释旋回，而SiO_2、Al_2O_3、Fe_2O_3、MgO、K_2O、TiO_2以及多数的微量元素含量变化与$CaCO_3$相反。研究表明温度和湿度是影响化学风化的主要因素，温暖、湿润的气候导致化学风化的增强，夏季风降雨量对硅酸盐的化学风化有明显的控制作用，沉积物源区间冰期时东亚夏季风的增强，气候相对温暖、湿润，降雨相对丰富，冰期时化学风化减弱。

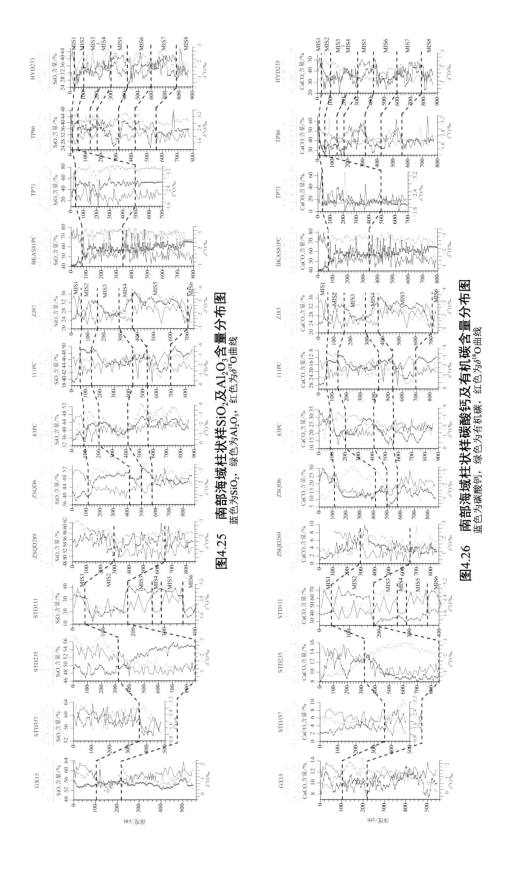

图4.25　南部海域柱状样SiO₂及Al₂O₃含量分布图
蓝色为SiO₂，绿色为Al₂O₃，红色为δ¹⁸O曲线

图4.26　南部海域柱状样碳酸钙及有机碳含量分布图
蓝色为碳酸钙，绿色为有机碳，红色为δ¹⁸O曲线

第五节 碳酸盐旋回

深海第四纪碳酸盐旋回自20世纪中叶首次发现以来，一直是大洋沉积学和古海洋学的重点课题，碳酸盐旋回研究也是南海古海洋学研究的起步点（汪品先，1995）。尽管南海碳酸盐旋回很早就有研究，但学术界较少细分研究碳酸盐主要组分的旋回特征，甚至倾向于不区分来自海洋上部的钙质超微化石和浮游有孔虫在接受陆源稀释作用方面的差异性（张江勇等，2015），在讨论陆源物质对碳酸盐含量的稀释作用时，也极少提供陆源物质含量变化方面的信息。在研究区域方面，前人在研究南海碳酸盐旋回方面做了大量工作（汪品先，1995），但较少涉及台湾岛东南部的碳酸盐旋回，实际上，台湾岛同样为其周围海洋提供了大量陆源物质（Milliman and Syvitski，1992；Dadson et al.，2003；Liu et al.，2016），综合研究南海及台湾岛东南部碳酸盐旋回具有重要学术意义。综合而言，海洋沉积物碳酸钙含量是海洋钙质生物生产力、陆源物质稀释作用、海底碳酸钙溶解作用等多因素共同作用的结果，目前有关南海及邻域的碳酸盐旋回机理仍有待进一步探索。

碳酸钙含量的测试采用EDTA容量法测定，浮游有孔虫样品处理采用自来水浸泡后筛取并统计粒径大于0.150 mm以上颗粒物的方法，钙质超微化石样品处理采用简易涂片法，这三类数据的实验分析方法详见张江勇等（2015）。G. ruber壳体δ^{18}O分析通过MAT253稳定同位素比质谱仪测定（G. ruber粒径＞0.150 mm），δ^{18}O分析精度高于0.07‰。常量元素分析采用熔片法制样后，在X荧光光谱仪上测试（常量元素含量结果以氧化物形式给出，单位为%）。本书使用的浮游有孔虫数据仅为有孔虫丰度，使用的钙质超微化石数据仅为钙质超微化石丰度，使用的常量元素氧化物含量包括Al_2O_3含量与SiO_2含量。

一、浅地层碳酸盐旋回特征

前人常用沉积物$CaCO_3$含量变化表达南海碳酸盐旋回，用有孔虫δ^{18}O曲线表达冰期旋回，发现南海碳酸盐旋回和冰期旋回密切相关，而且常将$CaCO_3$含量变化与陆源物质对海洋生源钙质物质的稀释作用联系在一起（汪品先，1995）。Al_2O_3与SiO_2通常是输入海洋的陆源物质中代表性常量元素氧化物（Taylor and McLennan，1985；Wehausen and Brumsack，2002；金秉福等，2003；Sun et al.，2008；李小洁等，2015；蓝先洪等，2017），而浮游有孔虫和钙质超微化石是海洋生源$CaCO_3$优势组分（Ziveri et al.，2007；Poulton et al.，2007；Schluter et al.，2011），因此，本次研究利用δ^{18}O、$CaCO_3$含量、Al_2O_3含量、SiO_2含量、浮游有孔虫丰度及钙质超微化石丰度来表征研究区碳酸盐旋回变化特征。

（一）南海东南部

南海东南部TP86、HYD235、TP71三个站位柱状样中，TP86和HYD235柱状样底部年龄都达MIS8期（图4.27），是本次研究的地层年代最古老的柱状样。由于TP86和HYD235柱状样的长度和其他较长柱状样长度差别不大，但这两个柱状样跨越的年代却古老很多，这意味着这两个柱状样所处位置沉积速率低。TP71柱状样底部年龄可能处于MIS3期，考虑到该柱状样长度是TP86、HYD235柱状样长度的80%以上，但其年代跨度却比TP86、HYD235柱状样少了五个深海氧同位素期次，推测TP71柱状样沉积速率较高，可见南海东南部陆坡是一个低沉积速率和高沉积速率都存在的区域。

TP86和HYD235 柱状样δ^{18}O变化呈现明显的冰期–间冰期旋回特征，$CaCO_3$含量变化与δ^{18}O变化基本呈平行关系（负相关关系），表现为间冰期$CaCO_3$含量较高、冰期$CaCO_3$含量较低。TP86柱状样的

CaCO₃含量在间冰期MIS7期和MIS5期都表现出早期阶段快速增大、接着又慢速减小的趋势，这两个间冰期CaCO₃含量减少的趋势延续到下一个冰期，而CaCO₃早期含量增加趋势是前一个冰期含量增加趋势的延续[图4.27(a)]。HYD235柱状样的CaCO₃含量在MIS7期和MIS5期也呈现类似的不对称性，但MIS7期CaCO₃含量减少趋势终止于该间冰期中后期，MIS5期CaCO₃含量减少趋势终止于MIS5期与MIS4期的界线附近[图4.27(b)]。TP86柱状样的CaCO₃含量在各冰期出现谷值的时段不相同，分别出现在MIS8期末期、MIS6期中期、MIS4期中期、MIS2期早期[图4.27(a)]。HYD235柱状样CaCO₃含量谷值在MIS8期末期与MIS6期中期，但该柱状样CaCO₃含量在MIS4期的谷值发生在冰期启动阶段，而在MIS2期根本没有表现出谷值，MIS2期CaCO₃含量的变化趋势是MIS3期后阶段含量上升阶段的延续[图4.27(b)]。

TP86和HYD235柱状样的Al₂O₃含量与SiO₂含量变化均呈正相关关系，二者皆与CaCO₃含量变化趋势相反（图4.27）。在这两个柱状样中，浮游有孔虫丰度和钙质超微化石丰度变化的相关性均较弱，它们各自和CaCO₃含量的变化相关性也较弱（图4.27）。TP86柱状样的浮游有孔虫丰度和钙质超微化石丰度变化在MIS5期中期之前都表现为低值低频变化，而在MIS5期之后表现为高值高频波动[图4.27(a)]。TP86和HYD235柱状样之间的浮游有孔虫以及钙质超微化石的丰度相似性都较弱（图4.27）。

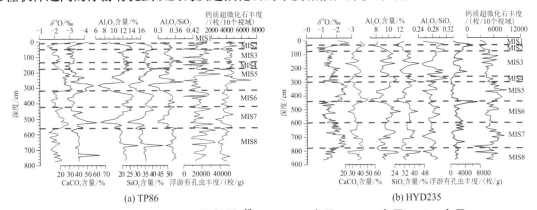

图4.27　TP86和HYD235柱状样δ¹⁸O、CaCO₃含量、Al₂O₃含量、SiO₂含量、
Al₂O₃/SiO₂值、浮游有孔虫丰度和钙质超微化石丰度变化图

　　TP71柱状样的MIS1期与MIS2期的界线较清晰，MIS2期与MIS3期的界线较为含糊，但该柱状样CaCO₃含量变化曲线也基本与δ¹⁸O变化曲线相平行（图4.28）。Al₂O₃与SiO₂含量变化趋势一致，均与CaCO₃含量变化趋势相反，浮游有孔虫丰度和钙质超微化石丰度变化的相关性弱，二者各自和CaCO₃含量变化相似性也较弱（图4.28）。

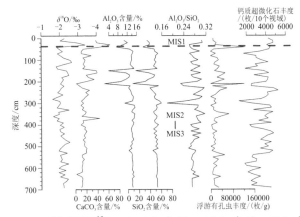

图4.28　TP71柱状样δ¹⁸O、CaCO₃含量、Al₂O₃含量、SiO₂含量、
Al₂O₃/SiO₂值、浮游有孔虫丰度和钙质超微化石丰度变化图

（二）南海西南部

南海西南部BKAS81PC柱状样底部年龄处于MIS3期[图4.29(a)]，该柱状样长7.86 m，绝大部分是MIS3期沉积，MIS1期和MIS2期的沉积厚度均较薄，分别仅占整个柱长的8%、15%左右，因此，与南海东南部TP86和HYD235柱状样沉积速率相比较，南海西南部BKAS81PC柱状样的沉积速率较高。

BKAS81PC柱状样的$CaCO_3$含量具有MIS3期持续低、MIS2期至MIS1期逐渐升高的特点[图4.29(b)]。Al_2O_3含量与SiO_2含量变化在MIS3期和MIS2期大部分时段总体上呈负相关关系[图4.29(c)、(d)]，该时段SiO_2含量大于53%[图4.29(d)、(k)]。Al_2O_3含量与SiO_2含量的变化在MIS2末期和MIS1期呈正相关关系[图4.29(c)、(d)]，以SiO_2含量小于53%为特点[图4.29(d)、(k)]。

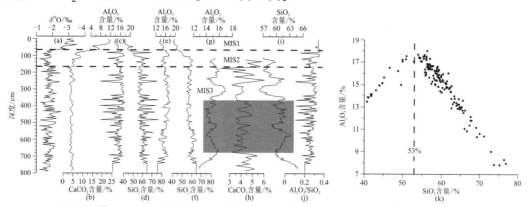

图4.29 BKAS81PC柱状样$\delta^{18}O$、$CaCO_3$含量、Al_2O_3含量、SiO_2含量、Al_2O_3/SiO_2值变化图以及Al_2O_3与SiO_2含量散点图
(a)～(d)、(j)显示全部测试数据；(e)是剔除插图(c)中极端低值数据后得到的；(f)是剔除插图(d)中极端高值数据后得到的；(g)是对(c)数据的9点移动平均后深度大于110 cm层段的数据；(h)为深度大于110 cm层段内的全部测试数据；(i)是对(d)数据的9点移动平均后深度大于110 cm层段的数据；(k)为Al_2O_3与SiO_2含量之间散点图

Al_2O_3与SiO_2含量变化实际是中长期时间尺度上低频变化和短期高频变化的叠加，SiO_2含量中长期时间尺度上低频变化[图4.29(f)]和$CaCO_3$含量[图4.29(b)]呈明显负相关关系。Al_2O_3含量在中长期时间尺度上，没有表现出SiO_2含量那样的阶段性变化特点，而是在一定范围内波动。在短时间尺度上，BKAS81PC柱状样在MIS3期的365～675 cm层段内$CaCO_3$含量与SiO_2、Al_2O_3含量之间无相关性[图4.29(g)～(i)中阴影图框]，在其余层段，$CaCO_3$含量与SiO_2含量一定程度上呈正相关关系[图4.29(h)、(i)]，与Al_2O_3含量呈此消彼长的关系[图4.29(g)、(h)]。

（三）南海西北部

南海西北部ZJ83、111PC、ZSQD6和83PC四个柱状样下部层段主要年代为MIS5期，因这四个柱状样长度大体相当，推测这四个柱状样的沉积速率也基本接近。然而，这四个柱状样的$CaCO_3$含量变化并未一致呈现南海东南部那样的间冰期含量高、冰期含量低的特点。具体表现为，ZJ83和83PC柱状样MIS5期的$CaCO_3$含量比末次冰期（MIS2期至MIS4期）含量低[图4.30(a)、(d)]，111PC柱状样MIS5期局部层段$CaCO_3$含量高于末次冰期，但约700 cm以深层段的$CaCO_3$含量较末次冰期偏低[图4.30(b)]，ZSQD6柱状样MIS5期$CaCO_3$平均含量大体与末次冰期的处于相同水平[图4.30(c)]。南海西北部柱状样MIS1期的$CaCO_3$含量比末次冰期的高，其中，111PC、ZSQD6柱状样体现了冰期旋回中间冰期$CaCO_3$含量高的特点[图4.30(b)、(c)]，ZJ83和83PC柱状样MIS1期$CaCO_3$含量虽处于相对高位，但其变化更是末次冰期$CaCO_3$含量波动的延续[图

4.30(a)、(d)]。在末次冰期内部，MIS3期（或MIS3期早期）是CaCO₃含量的峰值期或峰值期的典型时段，然而，CaCO₃含量谷值期却不太一致，ZJ83柱状样在MIS5期与MIS4期的界线附近呈现CaCO₃含量谷值，83PC柱状样在MIS4期早期呈现CaCO₃含量谷值，111PC柱状样在MIS4期中部呈现CaCO₃含量谷值，ZSQD6柱状样在MIS4期末期呈现CaCO₃含量谷值。南海西北部柱状样在MIS2期的早期普遍出现CaCO₃含量谷值。南海西北部柱状样CaCO₃含量变化最显著的特点是由MIS5期发育三峰值两谷值组成的"W"形波动（图4.30中用字母a、b、c、d、e标出峰谷）。根据CaCO₃含量"W"形波动特征看，ZJ83柱状样MIS5期是完整的，83PC柱状样含MIS5期大部分地层，ZSQD6柱状样底部CaCO₃含量处于第一个谷值，而111PC柱状样底部CaCO₃含量处于第二个谷值。影响ZJ83、111PC、ZSQD6和83PC柱状样CaCO₃含量的主要变量有如下四个方面特征（图4.30）：①Al₂O₃含量与SiO₂含量变化基本同步，正相关性强，CaCO₃含量变化与Al₂O₃、SiO₂含量变化呈相互消长的关系。②浮游有孔虫丰度变化均和CaCO₃含量变化呈正相关关系，该正相关关系在ZJ83柱状样中体现最明显、在ZSQD6柱状样中体现较差。③钙质超微化石丰度与CaCO₃含量之间关系较复杂，例如，ZJ83柱状样MIS5期CaCO₃含量低值层段对应着钙质超微化石丰度高值层段，ZJ83柱状样MIS4期至MIS1期、83PC柱状样MIS4期至MIS1期、柱状样111PC整个层段的钙质超微化石丰度波动幅度比CaCO₃含量波动幅度小；除83PC柱状样的MIS5期外，本书的南海西北部柱状样经常出现钙质超微化石丰度与CaCO₃含量峰值段（谷值段）匹配程度差的现象，83PC柱状样的MIS5期钙质超微化石丰度与CaCO₃含量峰值（谷值）对应程度较好。④浮游有孔虫丰度与钙质超微化石丰度关系复杂，例如，ZJ83柱状样MIS5期浮游有孔虫丰度与钙质超微化石丰度变化趋势相反；111PC和ZSQD6柱状样浮游有孔虫丰度与钙质超微化石丰度变化协同性弱；83PC柱状样浮游有孔虫丰度与钙质超微化石丰度变化趋势相反，即MIS5期浮游有孔虫丰度长期保持低稳定值与钙质超微化石大幅度波动形成对比，而在MIS4期至MIS1期浮游有孔虫丰度大幅波动中趋于增大与钙质超微化石丰度增大趋势中保持小幅波动形成对比。

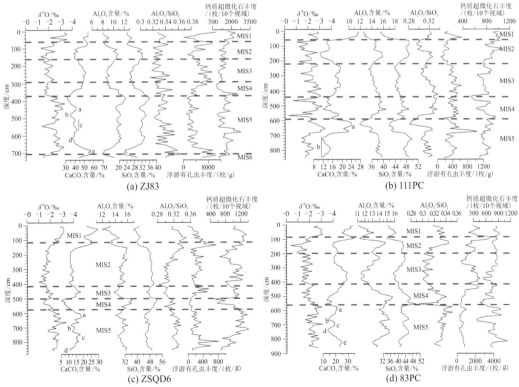

图4.30　南海西北部四个柱状样δ^{18}O、CaCO₃含量、Al₂O₃含量、SiO₂含量、Al₂O₃/SiO₂值、浮游有孔虫丰度及钙质超微化石丰度变化图

（四）南海东北部

南海东北部ZSQD289、STD235、STD111、STD357四个柱状样的沉积速率差异较大：①ZSQD289和STD235柱状样长约8.5 m，但它们的沉积物底部年龄分别仅为MIS3期、MIS2期[图4.31(a)、(b)]，显示出沉积速率较高的特点；②STD111柱状样长度仅为4.1 m，其底部沉积物年代却达到MIS6期[图4.31(d)]，显示出沉积速率低的特点；③STD357柱状样长度为4.8 m，底部沉积物年代为MIS2期[图4.31(c)]，该柱状样沉积速率基本与ZSQD289和STD235柱状样相当。

上述四个柱状样$CaCO_3$含量变化与$\delta^{18}O$变化之间的关系出现了分化：①STD357柱状样的$CaCO_3$与$\delta^{18}O$变化趋势明显呈正相关关系，表明该柱状样冰期$CaCO_3$含量高、间冰期含量低的特点[图4.31(c)]；②ZSQD289柱状样在MIS2期与MIS1期的界线附近，$CaCO_3$含量呈现峰值，在MIS3期至MIS2期$CaCO_3$含量逐渐增大，MIS1期$CaCO_3$含量逐渐减小[图4.31(a)]；③STD235柱状样$CaCO_3$大体上呈现间冰期含量高、冰期含量低的特点，但在MIS2期与MIS1期的界线附近出现$CaCO_3$含量峰值[图4.31(b)]；④STD111柱状样$CaCO_3$含量在MIS6期和MIS2期都呈现明显的高值期，在MIS5期至MIS3期呈现持续低值，在MIS1期变低[图4.31(d)]。

ZSQD289、STD235、STD357和STD111柱状样的Al_2O_3含量与SiO_2含量之间的关系存在如下几种类型：①STD111柱状样Al_2O_3含量与SiO_2含量同步变化，呈明显正相关性[图4.31(d)]；②ZSQD289与STD357柱状样的Al_2O_3含量与SiO_2含量在高频波动上呈负相关关系，在趋势变化方面又呈正相关关系[图4.31(a)、(c)]；③STD235柱状样在MIS2期变化趋势相反，但在MIS1期变化趋势大体一致[图4.31(b)]。四个柱状样中，Al_2O_3含量、SiO_2含量与$CaCO_3$含量变化之间的关系存在两种情况：①ZSQD289、STD357、STD111柱状样的Al_2O_3含量、SiO_2含量均与$CaCO_3$含量趋势变化相反[图4.31(a)、(c)、(d)]；②STD235柱状样的Al_2O_3含量、$CaCO_3$含量在MIS2期变化趋势一致，SiO_2含量、$CaCO_3$含量变化趋势在MIS2期相反，在MIS1期，该柱状样的Al_2O_3含量、SiO_2含量均与$CaCO_3$含量变化趋势相反[图4.31(b)]。

在南海东北部四个柱状样中，浮游有孔虫丰度与$CaCO_3$含量变化趋势基本一致的柱状样包括ZSQD289、STD357、STD111 [图4.31(a)、(c)、(d)]，STD235柱状样浮游有孔虫丰度与$CaCO_3$含量变化同步性较差[图4.31(b)]。四个柱状样的钙质超微化石丰度与$CaCO_3$含量变化同步性普遍比较差，相比较而言，STD235柱状样钙质超微化石丰度与$CaCO_3$含量变化趋势较一致[图4.31(b)]。钙质超微化石丰度与浮游有孔虫丰度变化相互关系分两种情况：①STD357柱状样这两种钙质生物丰度变化趋势基本一致[图4.31(c)]；②ZSQD289、STD235、STD111柱状样钙质超微化石丰度与浮游有孔虫丰度变化趋势不一致[图4.31(a)、(b)、(d)]。

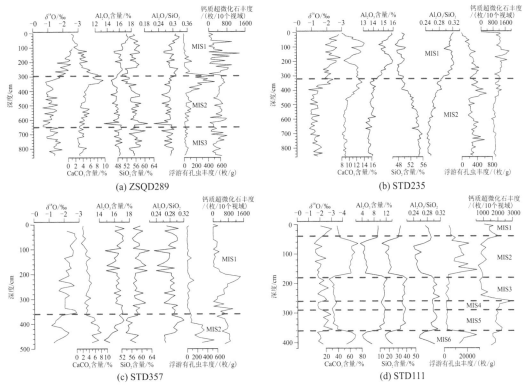

图4.31　南海东北部四个柱状样δ¹⁸O、CaCO₃含量、Al₂O₃含量、SiO₂含量、Al₂O₃/SiO₂值、浮游有孔虫丰度及钙质超微化石丰度变化图

（五）台湾岛东南部

台湾岛东南部GX15柱状样长度为5.5 m，底部沉积物年代为MIS3期（图4.32），相比较南海东北部（台湾岛西南部）陆坡柱状样深度5.5 m处沉积物年代通常为MIS2期（图4.31）而言，GX15柱状样的沉积速率相对偏低。

GX15柱状样CaCO₃含量在MIS3期至MIS1期处于平稳波动中，和δ¹⁸O的变化趋势相关性弱，与Al₂O₃含量、SiO₂含量均呈相互消长的关系，后二者的变化基本一致。GX15柱状样浮游有孔虫丰度、钙质超微化石丰度整体上都处于平稳波动之中，在MIS1期二者变化趋势大体一致，但在MIS2期和MIS3期，二者变化一致性差。浮游有孔虫丰度、钙质超微化石丰度的变化均与CaCO₃含量变化相关性弱。

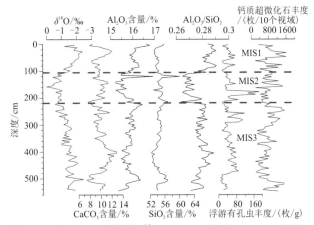

图4.32　台湾岛东南部GX15柱状样δ¹⁸O、CaCO₃含量、Al₂O₃含量、SiO₂含量、Al₂O₃/SiO₂值、浮游有孔虫丰度及钙质超微化石丰度变化图

二、碳酸盐旋回规律及类型探讨

（一）CaCO$_3$含量曲线和浮游有孔虫丰度、钙质超微化石丰度曲线之间的关系

浮游有孔虫和钙质超微化石是前人研究南海海洋生源CaCO$_3$含量变化中最常关注的组分。与沉积物CaCO$_3$含量一样，浮游有孔虫丰度和钙质超微化石丰度也受陆源物质稀释作用的影响，但浮游有孔虫壳体和钙质超微化石分别属于非黏性颗粒、黏性颗粒（Winterwerp and van Kesteren，2004），二者沉积学行为差异较大（张江勇等，2015），研究浮游有孔虫丰度、钙质超微化石丰度曲线与CaCO$_3$含量之间的关系，有可能揭示研究区碳酸盐循环的某些特征。

从实验数据来看，浮游有孔虫丰度与CaCO$_3$含量的相关性强于钙质超微化石丰度与CaCO$_3$含量的相关性。浮游有孔虫丰度和CaCO$_3$含量之间的协同变化情况分三种情况：①存在明显正相关关系的柱状样有五个，包括ZJ83 [图4.30(a)]、83PC [图4.30(d)]、ZSQD289 [图4.31(a)]、STD357 [图4.31(c)]、STD111 [图4.31(d)]；②正相关性中等的柱状样有五个，包括HYD235 [图4.27(b)]、TP71（图4.28）、111PC [图4.30(b)]、ZSQD6 [图4.30(c)]、GX15（图4.32）；③相关性比较弱的柱状样仅有一个，即TP86[图4.27(a)]。形成鲜明对比的是，多数站位钙质超微化石丰度普遍与CaCO$_3$含量相关性较弱（图4.27~图4.32）。然而，STD235柱状样钙质超微化石丰度与CaCO$_3$含量变化趋势较一致，二者之间的相关性甚至强于浮游有孔虫丰度与CaCO$_3$含量之间的相关性[图4.31(b)]；GX15柱状样大约450 cm以深层段钙质超微化石丰度与CaCO$_3$含量变化趋势相反，但在450 cm以浅层段钙质超微化石丰度与CaCO$_3$含量变化趋势较一致，该层段二者相关性强于浮游有孔虫丰度和CaCO$_3$含量之间的相关性（图4.32）。

CaCO$_3$含量、浮游有孔虫丰度、钙质超微化石丰度三者中，CaCO$_3$含量与代表陆源物质输入的Al$_2$O$_3$、SiO$_2$含量之间的负相关关系最明显（图4.27~图4.32），很好地体现了海洋生源钙质物质与陆源输入物质相对含量相互消长的关系，而浮游有孔虫丰度、钙质超微化石丰度与CaCO$_3$含量的关系并非总是保持协同一致，这说明：①CaCO$_3$含量是表征研究区碳酸盐循环的良好指标之一；②多数站位浮游有孔虫丰度与CaCO$_3$含量变化正相关，可能说明浮游有孔虫通常是海洋生物源CaCO$_3$的重要组分之一，而多数站位钙质超微化石丰度和CaCO$_3$含量变化相关性弱，说明在研究区碳酸盐循环中钙质超微化石所起的作用有限；③除了浮游有孔虫、钙质超微化石外，可能还有其他重要的钙质组分对碳酸盐循环起作用，或者本书特指的粒径＞150 μm的浮游有孔虫的丰度变化还不足以代表沉积物中整体浮游有孔虫的丰度变化，粒径相对小的某粒级范围内浮游有孔虫壳体对于全样CaCO$_3$含量的变化可能也起着重要作用。

钙质超微化石和浮游有孔虫都来自上层海洋，至少有柱状样（如STD235）钙质超微化石丰度变化与CaCO$_3$含量变化趋势一致，浮游有孔虫丰度和CaCO$_3$含量之间协同变化的柱状样更多，说明钙质超微化石和浮游有孔虫的生产力变化趋势在冰期旋回尺度上是基本一致的，多数站位钙质超微化石丰度与CaCO$_3$含量变化不一致，可能意味着钙质超微化石在海底发生过再搬运和再沉积作用（张江勇等，2015），因为钙质超微化石属于黏性颗粒，常以絮凝体组分、粪粒组分的形式沉降至海底，絮凝体容易发生絮凝-反絮凝作用，粪粒破裂、分解之后也有可能参与到絮凝-反絮凝作用循环中（Wakeham et al.，2009；Biscaye and Eittreim，1977；Barkmann et al.，2010），在海底内波等水动力作用下容易发生侧向迁移（Thomsena and van Weering，1998；Thomsen and Gust，2000；Beaulieu，2003；McPhee-Shaw，2006）。多数站位浮游有孔虫丰度与CaCO$_3$含量保持中等-强相关性，可能说明浮游有孔虫壳体在海底再搬运和再沉积作用比较弱（张江勇等，2015），但至少有柱状样（如TP86）浮游有孔虫丰度变化和CaCO$_3$含量不一致，可能说明在局部海域存在非黏性颗粒再沉积等地质过程。

（二）CaCO₃含量曲线和δ¹⁸O曲线之间的关系

采自南海陆坡的柱状样中，常能见到CaCO₃含量曲线与δ¹⁸O曲线相平行的现象，具有这种形态特征的CaCO₃含量变化，称作"大西洋型"碳酸盐旋回（Luz and Shackleton，1975；Crowley，1983；汪品先，1995）。前人还发现南海存在一类被称作太平洋型碳酸盐旋回的CaCO₃含量变化曲线形态，该曲线形态主要以深海CaCO₃含量峰值发生在MIS2期与MIS1期的界线附近、MIS2期至MIS1期内CaCO₃含量和δ¹⁸O变化趋势相反为特征（Wu and Berger，1989；汪品先，1995）。前人已发现的南海大西洋型碳酸盐旋回柱状样通常位于现今碳酸钙溶跃面之上的区域，而发现的太平洋型碳酸盐旋回站位则主要位于现今碳酸钙溶跃面之下区域（汪品先，1995）。由于溶跃面以下，特别是在碳酸盐补偿深度（CCD）以下有孔虫壳体不同程度地发生溶解作用，不少站位深海δ¹⁸O地层学不易建立，因此迄今为止有关南海太平洋型碳酸盐旋回的研究不多。但幸运的是，在水深3766 m的南海深海平原北部采集的SO50-29KL柱状样具有太平洋型碳酸盐旋回典型特征，该柱状样底部沉积物年龄落在MIS5期内（图4.33；汪品先，1995）。在南海现今CCD 3500 m以深局部海域仍有碳酸盐旋回记录，可能与该区域浮游有孔虫被快速埋藏有关（张江勇等，2015）。SO50-29KL柱状样的δ¹⁸O曲线具有全球深海δ¹⁸O变化典型特征，CaCO₃含量在MIS3初期、MIS2期与MIS1期的界线附近出现峰值，在MIS4期和MIS1期的变化趋势与δ¹⁸O曲线相反（汪品先，1995；图4.33）。

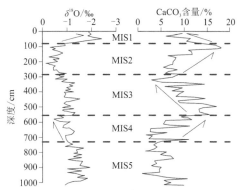

图4.33 南海深海平原北部SO50-29KL柱状样δ¹⁸O与CaCO₃含量变化图（据汪品先，1995）

参照南海深海平原具有太平洋型碳酸盐旋回特征的SO50-29KL柱状样的CaCO₃含量变化曲线，发现水深小于3000 m的ZJ83、83PC柱状样的碳酸盐旋回[图4.30(a)、(d)]也属于太平洋型。ZJ83、83PC柱状样都处于南海西北部陆坡，它们的CaCO₃含量变化曲线十分相似，如在MIS5期都保持低值，在MIS4期都保持增大趋势，在MIS4期与MIS3期、MIS2期与MIS1期的界线附近都保持峰值，这些特征又类似于深海平原SO50-29KL柱状样的CaCO₃含量曲线变化特征（图4.33），因此，ZJ83、83PC柱状样的CaCO₃含量变化模式确定属于太平洋型碳酸盐旋回。ZJ83、83PC柱状样水深分别是1511 m、1917 m，这说明南海太平洋型碳酸盐旋回并不局限于水深3000 m以深海域，在水深较浅海域也依然存在。鉴于南海现今碳酸盐溶跃面水深约3000 m（张江勇等，2015），南海大西洋型和太平洋型碳酸盐旋回发生区域并非以现今碳酸盐溶跃面为界。

综上所述，本次研究的13个柱状样基于CaCO₃含量曲线和δ¹⁸O曲线之间关系分为三类（图4.34）：①具有大西洋型碳酸盐旋回特征的柱状样，包括BKAS81PC、TP86、TP71、STD235、HYD235、ZSQD6柱状样，这些柱状样的水深介于1574～3020 m；②具有太平洋型碳酸盐旋回特征的柱状样，包括ZJ83、83PC、STD357、ZSQD289柱状样，这四个柱状样的水深为1511～3605 m；③CaCO₃含量曲线和δ¹⁸O曲线之间关系复杂的柱状样，包括STD111、111PC、GX15柱状样，它们的水深为1139～3106 m。可见，南海及台湾岛东南部海域柱状样CaCO₃含量曲线形态并非仅有大西洋型和太平洋型这样的标准形态。

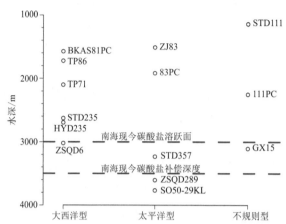

图4.34　南海及台湾岛东南部陆坡碳酸盐旋回型式对应的柱状样及其水深分布图

（三）大西洋型碳酸盐旋回与海平面升降旋回

南海大西洋型碳酸盐旋回与全球海平面变化有着成因联系。重建的50万年（约MIS13期）以来全球海平面变化显示，海平面变化幅度达100 m以上（Rohling et al.，1998；Shackleton，2000；Waelbroeck et al.，2002；Siddall et al.，2003；Bintanja et al.，2005）。从间冰期向冰期转变过程中，海平面下降必然导致原先的大部分陆架出露成陆，也导致河流入海口向海退方向推进，最终导致陆源物质输入增加，海洋生物源CaCO₃含量被稀释。从冰期向间冰期转变过程中，海平面上升必然导致部分近海陆地被淹没，河流入海口向海进方向退却，输入海洋的陆源物质数量相对减少，沉积物中源自海洋生物遗壳的CaCO₃含量因陆源物质稀释作用减弱而相对增加。前人认为南海大西洋型碳酸盐旋回主要分布在水深3000 m以浅区域（汪品先，1995），本书的具有该旋回特征的柱状样主要分布在南海水深3000 m以浅区域（图4.34），但鉴于冰期旋回中海平面升降不应仅仅影响水深小于3000 m区域，理论上尚不能排除水深大于3000 m的区域出现"大西洋型"碳酸盐旋回。以下将详细讨论"大西洋型"碳酸盐旋回涉及的陆源物质输入和沉积分异作用。

1. 陆源物质输入

常量元素Al₂O₃含量、SiO₂含量是反映陆源入海物质含量变化的重要指标（Taylor and McLennan，1985；Wehausen and Brumsack，2002；金秉福等，2003；Sun et al.，2008；李小洁等，2015；蓝先洪等，2017），多数具有"大西洋型"碳酸盐旋回特征的柱状样的Al₂O₃含量、SiO₂含量呈显著正相关关系，而这两个变量均与CaCO₃含量呈显著负相关关系。具有上述统计特征的柱状样包括TP86 [图4.27(a)]、HYD235 [图4.27(b)]、TP71（图4.28）和ZSQD6 [图4.30(c)]，它们的地理位置并不局限在南海某一区域，因此，可以根据这些柱状样CaCO₃含量、Al₂O₃含量及SiO₂含量之间的协同变化关系推测冰期旋回中全球海平面升降对陆源物质输入的影响具有全域性。

然而，除了南海全域性影响因素外，可能还有局地性因素影响着沉积作用，该推测主要基于如下两方面的考量。第一，就Al₂O₃含量与SiO₂含量之间相关性而言，较为异常的柱状样有STD235和BKAS81PC。STD235柱状样的Al₂O₃含量与SiO₂含量关系在MIS2期和MIS1期深度200 cm以深层段呈负相关关系，而在

MIS1期深度200 cm以浅层段Al_2O_3含量与SiO_2含量关系呈正相关关系[图4.31(b)]；BKAS81PC柱状样的Al_2O_3含量与SiO_2含量趋势变化，在冰期–间冰期这种大尺度上呈正相关关系，而高频波动部分呈负相关关系（图4.29）。第二，从陆源物质对$CaCO_3$含量的稀释作用角度看，上述两个柱状样的Al_2O_3含量、SiO_2含量与$CaCO_3$含量相关性存在着分化。STD235柱状样的SiO_2含量与$CaCO_3$含量总体上保持相互消长关系，而Al_2O_3含量与$CaCO_3$含量在MIS2期大体呈正相关关系、在MIS1呈负相关关系[图4.31(b)]；BKAS81PC柱状样的SiO_2含量在冰期–间冰期尺度上与$CaCO_3$含量呈负相关关系，在中频波动中[图4.29(i)]相关关系不稳定，Al_2O_3含量与$CaCO_3$含量的相关性也较弱。综上所述，STD235和BKAS81PC柱状样Al_2O_3含量与SiO_2含量之间的相关性存在着分化，这两个变量和$CaCO_3$含量相关性也存在着分化，该地质现象可能暗示了在海平面升降旋回过程中，局部海域沉积分异作用发生了变化或者沉积物陆源发生了变化。

2. 陆源物质沉积分异作用

根据沉积学原理，在海平面升降旋回中陆源粗颗粒物和细颗粒物在向离岸方向搬运、沉积过程中，很可能发生沉积分异作用，由此，我们进一步观察海平面升降旋回中陆源粗细颗粒物的沉积分异情况。在陆源入海物质中，陆源粗颗粒沉积物比细颗粒沉积物通常更富集SiO_2、陆源细颗粒沉积物相对更加富集Al_2O_3（刘光虎等，2006；刘升发等，2010），陆源粗颗粒沉积物Al_2O_3含量与SiO_2含量的比值（Al_2O_3/SiO_2值）较小，反之，陆源细颗粒沉积物的Al_2O_3/SiO_2值较大，因此，沉积分异作用可能影响Al_2O_3/SiO_2值的变化。在沉积物物源改变不显著影响Al_2O_3/SiO_2值变化的情况下，可根据Al_2O_3/SiO_2值变化讨论冰期旋回中陆源物质沉积的分异作用。

ZSQD6、STD235柱状样Al_2O_3/SiO_2值的变化趋势与$\delta^{18}O$变化趋势一致[图4.30(c)、图4.31(b)]，这可能说明大西洋型碳酸盐旋回中陆源物质输入在海平面下降过程中富集粗颗粒、海平面上升过程中富集细颗粒。$CaCO_3$含量与Al_2O_3/SiO_2值的变化趋势一致，进一步说明海平面升降旋回过程中，细颗粒陆源物质对海洋生源$CaCO_3$的稀释作用更大。

与分布在南海北部的ZSQD6、STD235柱状样的Al_2O_3/SiO_2值变化情况不同，南海南部TP86、HYD235柱状样的Al_2O_3/SiO_2值变化可能不主要反映沉积分异作用。TP86、HYD235柱状样Al_2O_3/SiO_2值变化与Al_2O_3含量、SiO_2含量变化基本一致，而与$\delta^{18}O$变化趋势相反（图4.27），据此若将Al_2O_3/SiO_2值增大解读为海平面下降过程中陆源细颗粒物相对富集、将Al_2O_3/SiO_2值减小解读为海平面上升过程中陆源粗颗粒物相对富集，则该沉积分异过程的推论不符合沉积学原理。分布在STD235、ZSQD6柱状样附近的TP71柱状样的$\delta^{18}O$与Al_2O_3/SiO_2值波动幅度都很小，难以观察出两个变量之间的关系（图4.28）。位于南海西南部的BKAS81PC柱状样$\delta^{18}O$与Al_2O_3/SiO_2值波变化趋势一致性也较差（图4.29）。综合南海南部的四个柱状样Al_2O_3/SiO_2值的变化特点，推测南海南部Al_2O_3/SiO_2值受控因素较多（如受物源化学成分的影响），陆源物质沉积分异作用在冰期旋回中的变化还需将来进一步研究。

综上所述，冰期旋回中海平面的升降是影响南海沉积作用的全域性因素，海平面的升降旋回造成了部分站位大西洋型碳酸盐旋回，陆源颗粒物对海洋生源$CaCO_3$含量所起的稀释作用主导了大西洋型碳酸盐旋回，其中，在海平面升降旋回过程中发生的沉积分异作用能在南海北部柱状样中识别出来。

（四）碳酸钙溶解作用旋回不是太平洋型碳酸盐旋回的根本原因

冰期旋回中海平面波动引起沉积物$CaCO_3$含量同步变化是容易理解的，但海平面波动不能直接解释太平洋型碳酸盐旋回，前人用冰期旋回中碳酸钙溶解作用模式来解释太平洋型碳酸盐旋回的成因机制（汪品先，1995）。太平洋溶解作用最弱时期发生在冰期向间冰期过渡时期，溶解作用最强时期发生在间冰期向冰期过渡时期（Wu and Berger，1989；Zhang et al.，2007），南海底层水和太平洋深部水体是连通的，假设南海底层水碳酸钙溶解强度变化与太平洋深部水体碳酸钙溶解强度变化一致，若溶解作用导致了太平洋型碳酸盐旋回产生（汪品先，1995），那么，南海太平洋型碳酸盐旋回中$CaCO_3$含量峰值段自然就对应着溶解作用最弱时期，$CaCO_3$含量谷值段也对应着溶解作用最强时期。用碳酸钙溶解作用模式解释南海溶解作用强烈区域太平洋型碳酸盐旋回机制似乎是说得通的，但解释不了碳酸钙溶解作用较弱区域的太平洋型碳酸盐旋回机制。如前文所述，在南海水深小于2000 m的陆坡都存在太平洋型碳酸盐旋回[图4.30(a)、(d)、图4.34]，远在现今碳酸钙溶跃面之上（张江勇等，2015），据此可以推断碳酸钙溶解作用不是南海太平洋型碳酸盐旋回的根本原因。

本书研究的具有太平洋型碳酸盐旋回特征的柱状样中，$CaCO_3$含量变化趋势依然与Al_3O_2含量、SiO_2含量的变化趋势保持着负相关关系[图4.31(a)、(c)]，ZJ83和83PC柱状样的$CaCO_3$含量甚至和Al_3O_2含量、SiO_2含量的变化呈现显著相互消长的关系[图4.30(a)、(d)]。不过，就Al_3O_2含量、SiO_2含量之间的相互关系而言，太平洋型碳酸盐旋回特征出现了分化：①位于南海西北陆坡ZJ83、83PC柱状样的Al_3O_2含量与SiO_2含量变化是一致的，而位于南海东北陆坡的STD357、ZSQD289柱状样的Al_3O_2含量与SiO_2含量变化在冰期–间冰期尺度上保持一致变化，但在短尺度上Al_3O_2含量与SiO_2含量变化呈负相关关系；②本书研究全部太平洋型碳酸盐旋回柱状样的Al_3O_2/SiO_2值与$\delta^{18}O$变化相关性不明显，与$CaCO_3$含量变化的相关性也较差。无论将Al_3O_2含量与SiO_2含量变化解释为沉积颗粒粒径的变化，还是陆源物质通量变化，似乎都表明太平洋型碳酸盐旋回沉积学特征具有局地性特点；柱状样Al_3O_2/SiO_2值变化的不规律性是否暗示太平洋型碳酸盐旋回中粗细颗粒物沉积分异作用不显著或者陆源颗粒物的化学成分变化不显著，则有待进一步研究。从上文的比较中可以看出，还没找到一个能解释太平洋型碳酸盐旋回形成机理的沉积学相关指标，有关南海太平洋型碳酸盐旋回形成机理仍有待进一步研究。

（五）其他碳酸盐旋回型式

本次研究的柱状样中，有三个柱状样，即111PC[图4.30(b)]、STD111[图4.31(d)]和GX15（图4.32）的$CaCO_3$含量与$\delta^{18}O$之间的关系比较复杂。STD111柱状样$CaCO_3$含量显著变高时期对应着MIS2期、MIS6期，似乎典型低海平面时期才剧烈地影响到STD111柱状样所在区域的沉积环境。111PC柱状样$CaCO_3$含量变化曲线似乎具有太平洋型碳酸盐旋回特征，但该柱状样的$\delta^{18}O$变化与全球深海$\delta^{18}O$曲线差别很大。GX15柱状样$\delta^{18}O$变化较好地体现了全球深海$\delta^{18}O$曲线变化的特点，但是该柱状样$CaCO_3$含量变化曲线一直处于平稳波动之中，和$\delta^{18}O$变化相关性不大，也不具备南海太平洋型旋回特点。

尽管上述柱状样碳酸盐旋回型式复杂，但依然受陆源物质输入的深刻影响，陆源物质在沉积过程中可能还出现过沉积分异作用。111PC、STD111、GX15柱状样的Al_3O_2含量、SiO_2含量变化都比较一致，这两个变量都与$CaCO_3$含量变化呈显著负相关关系[图4.30(b)、图4.31(d)、图4.32]，充分说明陆源物质输入的各化影响者碳酸盐旋回。这三个柱状样的Al_3O_2/SiO_2值变化与Al_3O_2含量、SiO_2含量变化总体上一致（尤其是STD111柱状样），可能说明陆源物质输入通量变化过程中也发生过粗细颗粒物的沉积分异作用。

三、小结

在划分对比南海及台湾岛东南部深度小于8 m的浅地层年代的基础上，分析了碳酸盐旋回模式的类别，并用$\delta^{18}O$、$CaCO_3$含量、Al_2O_3含量、SiO_2含量、浮游有孔虫丰度及钙质超微化石丰度等指标来表征碳酸盐旋回变化特征。

（1）沉积物CaCO$_3$含量和SiO$_2$含量通常是表征碳酸盐旋回的良好指标，二者的变化常呈相互消长的关系。多数站位浮游有孔虫丰度与CaCO$_3$含量保持中等-强相关性，一定程度上也能表征碳酸盐旋回，但仅有少数柱状样钙质超微化石丰度表征了碳酸盐旋回。Al$_2$O$_3$含量与SiO$_2$含量的关系常呈显著正相关关系，但在局部海域Al$_2$O$_3$含量与SiO$_2$含量的次级波动呈负相关关系，或在某些层段Al$_2$O$_3$含量与SiO$_2$含量呈负相关性。

（2）南海碳酸盐旋回包括大西洋型和太平洋型两种标准型式，但也存在其他更复杂的碳酸盐旋回曲线。本书研究的台湾岛东南部陆坡碳酸盐旋回型式既不属于大西洋型，也不属于太平洋型。

（3）南海大西洋型碳酸盐旋回具有CaCO$_3$含量曲线与δ^{18}O相平行的特征，主要受控于冰期旋回中海进、海退过程引起的陆源颗粒物入海通量的变化，其中，在南海北部陆坡，海平面下降可能伴随着较粗陆源颗粒物富集过程，海平面上升可能伴随着较细陆源颗粒物富集过程。本书研究的具有大西洋型碳酸盐旋回特征的柱状样主要分布在南海水深3000 m以浅区域。

（4）南海太平洋型碳酸盐旋回主要以CaCO$_3$含量峰值发生在MIS2期与MIS1期的界线附近、MIS2期至MIS1期内CaCO$_3$含量和δ^{18}O变化趋势相反为判别特征，具有太平洋型碳酸盐旋回特征的柱状样分布水深范围较大，在现今碳酸盐溶跃面之下、之上都有分布，因此碳酸钙溶解作用旋回不是太平洋型碳酸盐旋回的根本原因，太平洋型碳酸盐旋回形成机理仍需进一步研究。

（5）南海与台湾岛以东海域浅地层沉积速率变化与碳酸盐旋回的形式关系不大，主要受控于水深和冰期旋回中的海平面变化。随着水深增大，沉积速率趋于增加。MIS2期平均沉积速率大约是MIS1期平均沉积速率的两倍多。

第六节 放射虫属种组成与分布

从放射虫群落结构看，除GX15、TP86和TP71三个柱状样外，其他柱状样中的底栖其优势种组成相似，各柱状样主要优势种列表见表4.2。*Tetrapyle quadriloba*、*Stylodictya validispina*、*Phorticium pylonium*、*Euchitonia trianglulum*、*Lithelius Nautiloides*、*Euchitonia elegants*是多数柱状样中的主要优势种，同时这些种也是表层沉积物中的放射虫主要优势种。据此，我们推测柱状样中揭示的放射虫群落组成与现代沉积物差异不大。

为评价柱状样代表的不同地质年代沉积环境变化，我们选择放射虫丰度和简单分异度作为两个指标进行分析，通过各柱状样中底栖有孔虫丰度和简单分异度与氧同位素曲线的比较（图4.35、图4.36），发现他们之间存在一定的相关性，这种相关性在不同柱状样之间表现各异，具体如下。

GX15柱状样：MIS3期至MIS2期，丰度、简单分异度不断增大（年代从老至新，地层从下往上，以下同），氧同位素正偏；MIS1期，丰度、简单分异度不断减小，氧同位素负偏。

STD357柱状样：MIS2期至MIS1期，丰度、简单分异度与氧同位素曲线同步变化，丰度、简单分异度不断增加，氧同位素负偏。

STD235柱状样：MIS2期至MIS1期，丰度、简单分异度不断减小。MIS2期，氧同位素曲线正偏；MIS1期，氧同位素负偏。

STD111柱状样：MIS5期至MIS3期，丰度、简单分异度不断减小；MIS2期，丰度、简单分异度不断增加。MIS5期至MIS2期，氧同位素正偏。

ZSQD289柱状样：丰度、简单分异度与氧同位素曲线有很好的对应关系。MIS2期，丰度、简单分异度与氧同位素曲线都表现锯齿状波动，值都相对较大；MIS1期，丰度、简单分异度不断减小，氧同位素负偏，且值都相对较小。

ZSQD6柱状样：丰度、简单分异度变化有一定的趋势，但不同步。MIS5期至MIS1期，丰度、简单分异度不断增加，MIS5期至MIS3期，氧同位素正偏；MIS2期至MIS1期，氧同位素负偏。

83PC柱状样：丰度、简单分异度变化趋势基本一致，总体上与氧同位素曲线有较好的同步变化性。MIS5期至MIS2期，丰度、简单分异度不断减小，氧同位素正偏。

111PC柱状样：丰度、简单分异度与氧同位素曲线都表现出一定的变化趋势，但不一致。

表4.2　各沉积物放射虫主要优势种列表

柱状样	主要的优势种（>2%）
GX15	*Acanthosphaera actinota*、*Collosphaera huxleyi*、*Hexastylus dimensivius*、*Carposphaera* sp.、*Acrosphaera murrayana*、*Sphaeropyle mespilus*、*Cenosphaera cristata*、*Actinomma arcadophorum*
STD357	***Stylodictya validispina***、***Euchitonia trianglulum***、***Tetrapyle quadriloba***、*Spongodiscus americanus*、***Phorticium pylonium***、*Druppatractus testudo*、*Spongaster tetras*、*Carpocanium diadema*、***Lithelius nautiloides***
STD235	***P. pylonium***、***S. validispina***、***E. trianglulum***、***T. quadriloba***、*S. americanus*、***L. nautiloides***、*Artostribium auritum* group、***Euchitonia elegants***
STD111	***T. quadriloba***、***P. pylonium***、***S. validispina***、***E. trianglulum***、***L. nautiloides***、*D. testudo*、*S. americanus*
ZSQD289	***S. validispina***、***P. pylonium***、***T. quadriloba***、***E. trianglulum***、***L. nautiloides***、*A. auritum* group、*C. diadema*、*S. americanus*
ZSQD6	***P. pylonium***、***S. validispina***、***T. quadriloba***、***E. trianglulum***、***E. elegants***、***L. nautiloides***、*A. auritum* group、*C. diadema*、*S. americanus*
83PC	***P. pylonium***、***T. quadriloba***、***S. validispina***、***E. trianglulum***、***L. nautiloides***、***E. elegants***、*S. americanus*、*Hexacontium senticium*
111PC	*P. pylonium*、*T. quadriloba*、*S. validispina*、*L. nautiloides*、*E. trianglulum*、*S. americanus*、*H. senticium*、*E. elegents*
ZJ83	***S. validispina***、***T. quadriloba***、***P. pylonium***、***S. americanus***、***E. trianglulum***、***A. auritum* group**、***D. testudo***、*C. diadema*、*L nautiloides*、***E. elegents***
TP86	***T. quadriloba***、*Lithomelissa monoceras*、*Tholospyris* sp.、*Botryocyrtis scutum*、*Larcopyle butschlii*、***P. pylonium***、*Giraffospyris ngulate*、*Carpocanium blastogenicum*、*Tetrapyle octacantha*、*Theocapsa democriti*、*Ommatartus tetrathalamus*、*Stylodictya dujardinii*
TP71	*L. monoceras*、***T. quadriloba***、*B. scutum*、*Tholospyris* sp.、*T. octacantha*、*L. butschlii*、*C. blastogenicum*、*S. dujardinii*、***P. pylonium***、*Pterocorys hertwigii*、*O. tetrathalamus*、*G. angulata*、*T. democriti*
HYD235	***T. quadriloba***、***S. validispina***、***P. pylonium***、*S. americanus*

注:根据百分含量高低对放射虫种进行排序，柱状样中最常见的优势种用加粗字体突出显示。

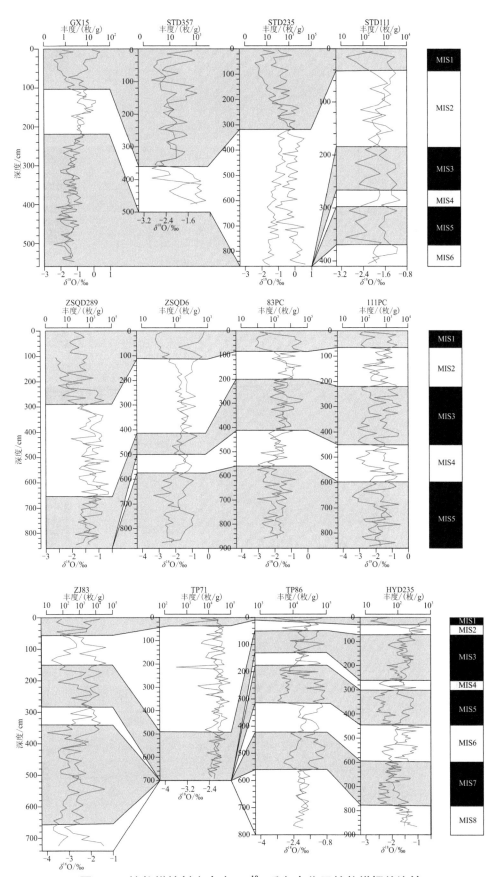

图4.35　柱状样放射虫丰度、δ¹⁸O垂向变化及柱状样间的比较

图中红色曲线为丰度、绿色曲线为$\delta^{18}O$

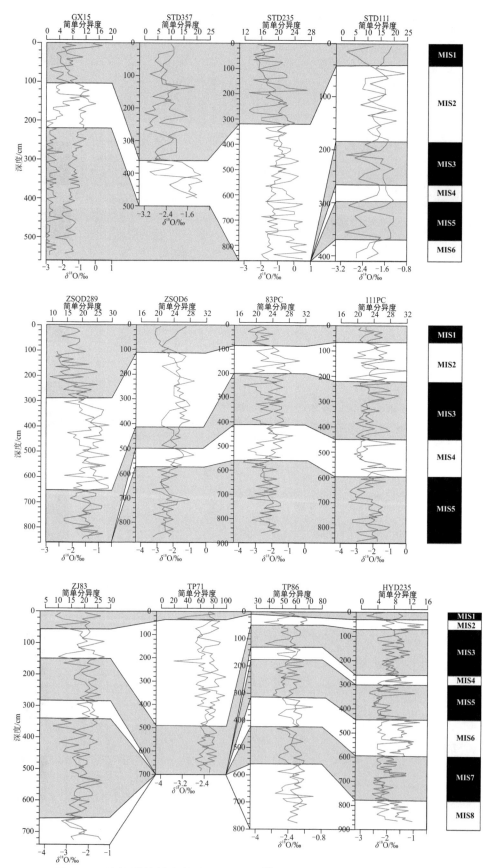

图4.36 柱状样放射虫简单分异度、$\delta^{18}O$垂向变化及柱状样间的比较

图中红色曲线为简单分异度、绿色曲线为$\delta^{18}O$

MIS6期至MIS5期以及MIS2期至MIS1期，丰度、简单分异度不断增加，MIS4期至MIS3期，丰度、简单分异度不断减小。而MIS6期、MIS4期、MIS2期和MIS1期，氧同位素负偏；MIS5期和MIS3期，氧同位素正偏。

ZJ83柱状样：丰度、简单分异度有明显变化趋势，氧同位素曲线没有明显的变化趋势。MIS5期，丰度、简单分异度值不断增加，MIS4期至MIS2期，丰度、简单分异度值不断减小。MIS5期，氧同位素值较大，MIS2期至MIS3期，氧同位素值较小。

TP71柱状样：丰度、简单分异度与氧同位素曲线变化相似，都无明显趋势，且幅度较小。

TP86柱状样：丰度、简单分异度和氧同位素变化都有一定的趋势，但对应性不好。MIS8期至MIS6期，丰度、简单分异度无明显变化趋势，不过MIS8期相对较小，MIS7期和MIS6期相对较高；MIS5期，丰度和简单分异度不断减小；MIS4期至MIS3期，丰度和简单分异度不断增加；氧同位素则表现为几次同向变化过程，在MIS7期至MIS6期、MIS5期至MIS4期和MIS3期至MIS2期分别有三次正偏过程，在每次正偏之前，有一个急剧的负偏。

HYD235柱状样：丰度、简单分异度和氧同位素曲线都表现出一定的变化趋势，但不同步。MIS8期至MIS7期，丰度、简单分异度不断减小，MIS8期和MIS7期，氧同位素分别为负偏和正偏；MIS6期至MIS5期，丰度、简单分异度不断增加，MIS6期和MIS5期，氧同位素分别为正偏和负偏；MIS4期至MIS2期，丰度、简单分异度不断增加，氧同位素正偏。

从几个柱状样放射虫丰度和简单分异度垂向变化来看，柱状样都没有表现出两者在时间上同步变化的特征。由于影响放射虫丰度和简单分异度的因素相对复杂，而不同地理位置，环境因子在时间上的变化并不一致。不过，放射虫丰度、简单分异度与氧同位素曲线变化有一定的同步性，表明全球冰盖的变化和温度的变化对放射虫有一定的影响。从柱状样之间的均值对比来看，平均丰度最高的是TP86和TP71柱状样，为每克一万至几万枚；最低的是GX15PC柱状样，小于10枚/g；其他柱状样为1000枚/g至1万枚/g。同样，平均简单分异度最高的是TP71和TP86柱状样，为50以上；最低的是HYD235和GX15PC柱状样，为10以下；其他柱状样为10~25。不同MIS期次，不同柱状样中的平均丰度差异较大，但简单分异度差异不大。

第七节　底栖有孔虫属种组成与分布

从南海12个柱状样中的底栖有孔虫群落结构看，不同位置柱状样中底栖有孔虫优势种组成差异较大，各柱状样主要优势种的列表详见表4.3。造成优势种组成空间差异的主要原因有两个：一方面，这12个柱状样地理位置相隔较远，而不同位置的沉积物理化性质（如pH、粒度、化学元素、含氧量和有机碳含量等）、水深、海流等环境因子的差异很大，使得有孔虫群落组成的差异也较大。这种差异在表层沉积物中表现得十分明显：多数优势种百分含量呈现区域性（或斑块化）分布的特点，仅少数种呈相对均匀的分布，它们在南海全海域的含量都较高。另一方面，底栖有孔虫属种统计可能存在部分偏差（由不同的鉴定者鉴定），导致沉积物柱之间有孔虫数据差异更大。虽然有孔虫群落结构在空间上存在很大差异，地理位置相近的柱状样之间的有孔虫群落结构相似性相对较高，如*Bulimina aculeata*、*Bulimina marginata*、*Cibicides bradyi*、*Planulina wuellerstorfi*、*Pyrgo* sp.、*Melonis affinis*等是STD357、STD235和STD111这三个柱状样的主要优势种。*P. wuellerstorfi*、*B. marginata*、*Oridorsalia umboynatus*是83PC和111PC这两个柱状样最主要的优势种（平均含量排在前三位）。GX15、ZSQD6和TP86柱状样由于地理的阻隔或距离太远的原因，与其他柱状样的群落结构差异很大。统计对比全部柱状样，我们发现*C. bradyi*、*Pyrgo* sp.、*P. wuellerstorfi*、*O. umbonatus*、*M. affinis*、*Globobulimina affinis*、*Eggerella bradyi*、*B. marginata*和*B. aculeata*等这些属种是最常见的优势种，它们在很多柱状样中都是优势种；同时这些种也是表层沉积物中的底栖有孔虫主要优势种。据此，我们推测柱状样中揭示的过去的底栖有孔虫群落与现代有孔虫群落十分相似，可用于古今环境的对比。

表4.3　各柱状样底栖有孔虫主要优势种列表

柱状样	主要的优势种（>2%）
GX15	*Uvigerina* spp.、*Melonis pompilioides*、**Cibicides bradyi**、*Sphaeroidina bulloides*、*Cibicidoides subhaidingerii*
STD357	**Bulimina aculeata**、**Melonis affinis**、**Planulina wuellerstorfi**、**C. bradyi**、**Oridorsalis umbonatus**、**Globobulimina affinis**、*Gyroidina orbicularia*、*Karreriella bradyi*、**Eggerella bradyi**、**Pyrgo sp.**、*Pullenia* sp.、**Bulimina marginata**
STD235	**B. aculeata**、**B. marginata**、**M. affinis**、*Uvigerina proboscidea*、*G. orbicularia*、*Quinqueloculina* sp.、**Pyrgo sp.**、*Uvigerina peregrina*、**O. umbonatus**、*Uvigerina hispida*、**P. wuellerstorfi**、*Hoeglundina elegans*、**C. bradyi**
STD111	*U. proboscidea*、*Globocassidulina subglobosa*、**Pyrgo sp.**、**P. wuellerstorfi**、*Boolivina spathulata*、**M. affinis**、*Lenticulina* sp.、*U. hispida*、**E. bradyi**、*Gyroidina neosoldanii*、*Pullenia bulloides*、**B. aculeata**、*Fissurina* sp.、**C. bradyi**、*U. peregrina*、*Pullenia* sp.、*H. elegans*、*Pleurostomella* sp.、**B. marginata**
ZSQD289	**G. affinis**、**E. bradyi**、**M. affinis**、**P. wuellerstorfi**、*Bigenerina nodosaria*、*Cibicides* spp.、*Cibicides havanensis*、**Oridorsalia umboniferus**、*Globobulimina glabra*、**Pyrgo sp.**
ZSQD6	**B. aculeata**、*Cibicides* spp.、*P. bulloides*、*U. proboscidea*、*Planulina* spp.、*U. peregrina*、*Favocassidulina favous*、*Bulimina mexicana*、*Cibicides hyalinus*、*Quinqueloculina* spp.、*Ammobaculites* sp.、*Oridorsalis stellata*、*Melonis minutus*、*Pyrgo depressa*、*K. bradyi*
83PC	**P. wuellerstorfi**、**B. marginata**、**O. umboynatus**、*Cassidulina jonesiana*、**E. bradyi**、*Anomalima* sp.、*Siphouvigerina proboscides*、**M. affinis**、**Pyrgo sp.**、*Hoglundina elegans*、*Pullenia quiqueloba*、*K. bradyi*、*Cassidulina carinata*
111PC	**B. marginata**、**P. wuellerstorfi**、**O. umboynatus**、**E. bradyi**、**M. affinis**、*Hoglundina elegans*、*Clvanulina* sp.、*Globobulimina glabra*、*Anomalima* sp.、*Pullenia quiqueloba*、*Cassidulina jonesiana*、*Siphouvigerina proboscides*、*Cassidulina cuneata*、*Gyroidina orbicularia*、*Pyrgo depressa*、*Cassidulina subglobolosa*
ZJ83	**B. aculeata**、*Pyrgo depressa*、*Ceratobulimina pacifica*、*Melonis barleeanus*、**C. bradyi**、*Textularia stricta*、**P. wuellerstorfi**、*H. elegans*、*U. proboscidea*、*S. bulloides*、*Brizalina superba*、*Gyroidina* spp.、*Dentalina* spp.
TP86	*U. peregrina*、*Cibicides* spp.、*Pullenia bulloides*、*Uvigerina rugosa*
TP71	*P. wuellerstorfi*、*G. affinis*、*C. pacifica*、*H. elegans*、**B. aculeata**、**Pyrgo sp.**、*Cibicidoides robertsonianus*、*M. barleeanus*、*Triloculina tricarinata*
HYD235	**B. aculeata**、*Favocassidulina favus*、*Oridorsalis stellata*、*P. bulloides*、*P. wuellerstorfi*、*G. subglobosa*、**C. bradyi**、**Pyrgo sp.**、*Nonion* spp.、*U. peregrina*、*G. orbicularia*、*M. barleeanus*、*S. bulloides*、**E. bradyi**

注：根据百分含量高低对有孔虫种进行排序，柱状样中最常见的优势种用加粗字体突出显示。

为评价柱状样不同地质年代沉积环境变化，我们选择底栖有孔虫丰度和简单分异度作为两个指标进行分析，避免了由于属种统计上的偏差带来的影响。通过各柱状样中底栖有孔虫丰度和简单分异度与氧同位素曲线的比较（图4.37、图4.38），发现他们之间存在一定的相关性，这种相关性在不同柱状样之间表现各异，具体如下。

GX15柱状样：MIS3期至MIS2期，丰度、简单分异度不断增大（年代从老至新，地层从下往上，以下同），氧同位素正偏；MIS1期，丰度、简单分异度不断减小，氧同位素正偏。

STD357柱状样：MIS2期至MIS1期，丰度、简单分异度与氧同位素曲线同步变化，丰度、简单分异度不断增加，氧同位素负偏。

STD235柱状样：MIS2期，丰度、简单分异度不断减小，氧同位素曲线正偏；MIS1期，丰度、简单分异度不断增加，氧同位素负偏。

STD111柱状样：MIS5期至MIS3期，丰度、简单分异度值相对较低；MIS2期，丰度、简单分异度值相对较高。而MIS5期至MIS2期，氧同位素正偏。

ZSQD289柱状样：MIS2期，丰度、简单分异度与氧同位素曲线都没有明显的变化趋势；MIS1期，丰度、简单分异度不断减小，氧同位素负偏。

ZSQD6柱状样：丰度、简单分异度变化趋势基本一致，而不同期次，与氧同位素曲线变化趋势有差异。MIS5期至MIS3期，丰度、简单分异度不断减小，氧同位素正偏；MIS2期至MIS1期，丰度、简单分异度不断减小，氧同位素负偏。

83PC柱状样：丰度、简单分异度变化趋势基本一致，总体上与氧同位素曲线存在一定的关系。MIS5期至MIS2期，丰度、简单分异度不断减小，氧同位素正偏。

111PC柱状样：丰度、简单分异度与氧同位素曲线表现较好的同步变化。总体上MIS6期、MIS4期、MIS2期和MIS1期丰度、简单分异度不断减小，氧同位素负偏；MIS5期和MIS3期，丰度、简单分异度不断增加，氧同位素正偏。

ZJ83柱状样：丰度、简单分异度与氧同位素曲线都没有明显的变化趋势，不过不同期次，丰度、简单分异度与氧同位素数值有一定的对应关系。MIS5期，丰度、简单分异度值相对较小，氧同位素值较大；MIS2期和MIS3期，丰度、简单分异度值相对较大，氧同位素值较小。

TP71柱状样：丰度、简单分异度变化趋势基本一致，但与氧同位素曲线没有对应性。丰度、简单分异度振荡变化，幅度较大；而氧同位素曲线变化幅度较小，无明显趋势。

TP86柱状样：丰度、简单分异度和氧同位素曲线都有一定的变化趋势，但对应性不好。MIS8期、MIS5期和MIS2期，丰度、简单分异度不断增加；MIS7期至MIS6期、MIS4期至MIS3期，丰度、简单分异度不断减小。氧同位素则表现为几次同向变化过程，在MIS7期至MIS6期、MIS5期至MIS4期和MIS3期至MIS2期分别有三次正偏过程，在每次正偏之前，有一个急剧的负偏。

HYD235柱状样：丰度、简单分异度和氧同位素曲线都表现出一定的变化趋势，但不同步。MIS8期至MIS7期，丰度、简单分异度不断增加，MIS8期和MIS7期，氧同位素分别为负偏和正偏；MIS6期至MIS5期，丰度、简单分异度不断减小，MIS6期和MIS5期，氧同位素分别为正偏和负偏；MIS4期至MIS2期，丰度、简单分异度不断增加，氧同位素正偏。

从底栖有孔虫丰度和简单分异度垂向变化规律来看，所有柱状样都没有表现出同步变化特征，由于影响底栖有孔虫丰度和简单分异度的因素复杂，而不同地理位置，影响有孔虫的环境因子在空间上没有一致变化。不同柱状样之间平均简单分异度的差异并不大，大部分柱状样都<10；不过，平均丰度的差异很大，其中STD111和ZJ83柱状样平均丰度最高，达每克一百枚至几百枚，ZSQD289和GX15柱状样平均丰度最低，小于1枚/g，其他柱状样平均丰度为每克几枚至几十枚。

有孔虫丰度、简单分异度与氧同位素曲线变化有一定的同步性，氧同位素曲线揭示的是全球冰盖和气温的变化，从这里也可以看出全球冰盖变化和气温的变化对底栖有孔虫的有一定的影响。不同深海氧同位素期次有孔虫平均丰度和平均简单分异度与奇、偶期次存在一定的对应关系（图4.37、图4.38）。对多数站位而言，MIS2期和MIS6期，平均丰度和平均简单分异度相对较高；而MIS1期、MIS3期和MIS5期，平均丰度和平均简单分异度则相对较低。MIS偶数期，虽然气温降低，但底层水水温变化幅度相对较小，对底栖有孔虫影响有限，然而该时期冬季风强，而且由于海平面下降，柱状样所处位置与陆地距离相对更近，陆源物质输入增加，底栖有孔虫的食物也相对丰富一些，导致丰度和简单分异度的增加；相反，MIS奇数期，陆源物质输入减少，食物缺乏，仅少数有孔虫种能生存，导致丰度和简单分异度降低。

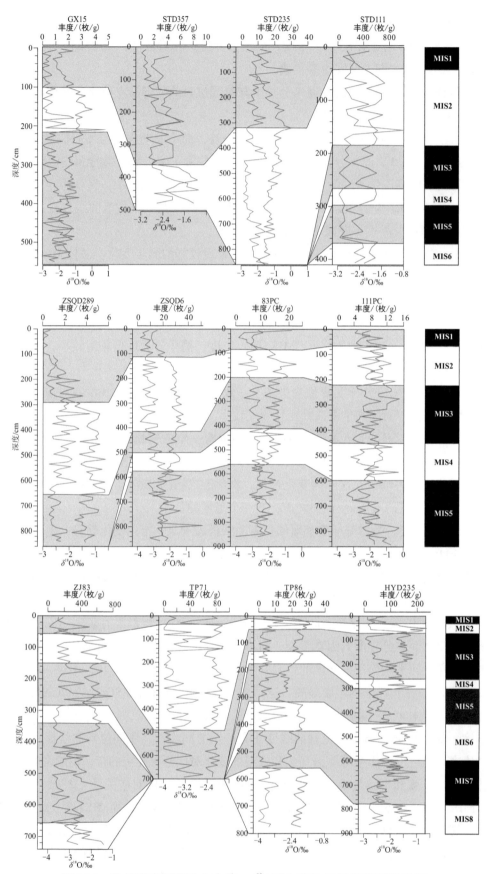

图4.37　柱状样底栖有孔虫丰度、δ¹⁸O垂向变化及柱状样间的比较

图中红色曲线为丰度、绿色曲线为δ¹⁸O

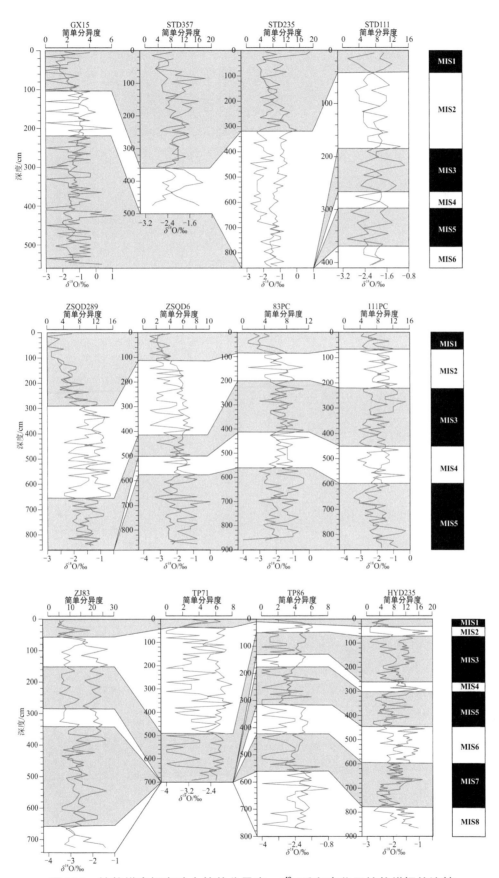

图4.38 柱状样底栖有孔虫简单分异度、$\delta^{18}O$垂向变化及柱状样间的比较

图中红色曲线为简单分异度、绿色曲线为$\delta^{18}O$

第 / 五 / 章

南海三十万年海洋
环境与古气候变化

第一节 浮游有孔虫反映的上层海水温度变化

尽管浮游有孔虫的生长受多种环境因子的影响，但海洋上层混合层内温度的变化被学术界认为是一个影响浮游有孔虫群落特征的重要环境因子，本书以浮游有孔虫海洋混合层代表性种，同时也是全部浮游有孔虫群落的优势种 *G. ruber* 百分含量变化来定性探讨环境变化。

G. ruber 是典型优势种，其变化规律如下（图5.1）：

从MIS8期至MIS6期，*G. ruber* 百分含量大致呈增长趋势，可能表明海洋混合层的温度在该时间段内呈升高趋势。

MIS5期，调查区 *G. ruber* 百分含量变化出现分化，分为三种类型。①在南海东南部的TP86柱状样表现出剧烈波动，特别是MIS5期中部深海氧同位素高值期波动尤其强烈。②在南海东南部的北部采集的HYD235柱状样表现出幅度中等波动、*G. ruber* 百分含量与深海氧同位素变化呈正相关关系，这种正相关关系在南海西部陆坡采集的ZJ83和83PC柱状样中也有所体现，在南海东北部陆坡采集的STD111柱状样同样也有体现。③在西沙海槽北侧的111PC和ZSQD6柱状样中，*G. ruber* 百分含量与深海氧同位素变化呈正相关关系。上述变化可能反映了南海混合层温度变化差异性。

从MIS4期至MIS1期，调查区的 *G. ruber* 百分含量变化差异性仍然存在。①在南海东南部的TP86、HYD235、TP71柱状样中，*G. ruber* 百分含量都表现出不断降低的趋势，而且在MIS2期早中期和MIS3期，*G. ruber* 百分含量变化可能还指示了高频的快速气候变化；②在ZSQD6、83PC、STD111、STD357柱状样中，表现为 *G. ruber* 百分含量逐渐增加的总体趋势；③在GX15和ZSQD289柱状样中，*G. ruber* 百分含量整体处于平稳波动中；④在STD235柱状样中，MIS2期和MIS1期的 *G. ruber* 百分含量变化和深海氧同位素变化趋势是一致的，在MIS2期逐渐减小，在MIS1期逐渐增大。

第二节 钙质超微化石反映的营养跃层变化

钙质超微化石的属种尽管较多，但主要是用深水种 *F. profunda* 的百分含量来反映海洋营养跃层的变化。当 *F. profunda* 的百分含量增加时，表明海洋营养跃层变深，相反，当该种百分含量降低时，表明海洋营养跃层变浅（张试颖和刘传联 2005）。

研究区自MIS8期以来 *F. profunda* 的百分含量变化如下（图5.2）：

MIS8期至MIS6期：*F. profunda* 百分含量呈现不断增大的趋势，表示营养跃层变深，这种变化趋势主要出现在TP86和HYD235柱状样中。

MIS5期：该期的中间时期，存在一个 *F. profunda* 百分含量低值期，反映该时段营养跃层较浅，具有这种特征的包括TP86、HYD235和ZSQD6柱状样。但是ZJ83、111PC、83PC和STD111柱状样都没有表现出这个特征，相反，表现出平稳波动的特征。

MIS5期到MIS1期，*F. profunda*百分含量处于高值波动中，反映了营养跃层稳定在一个较低水平，包括TP86、HYD235柱状样。*F. profunda*百分含量出现在MIS5期到MIS4期早期，该时间段*F. profunda*百分含量较高，而在MIS4期晚期至MIS1期，*F. profunda*百分含量相对较低，有这样特征的包括83PC和ZJ83PC柱状样。不过，在STD111柱状样中，*F. profunda*百分含量变化趋势是相反的，即从MIS5期后半期到MIS3期，*F. profunda*百分含量呈增大趋势（营养跃层变深）；在MIS2期和MIS1期，*F. profunda*百分含量处于高值波动（营养跃层维持在一个较深水平上）。在MIS3期、MIS2期、MIS1期内，*F. profunda*百分含量都是震荡波动状态，说明营养跃层变化处于一个相对稳定的状态，表现出这样变化特征的有GX15、ZSQD289、ZSQD235和STD357柱状样。

第三节　底栖有孔虫反映的古生产力变化

有孔虫中某些高生产力特征种属，如小泡虫超科（Buliminacea）的*Uvigerina*与*Bulimina*两属在种群中的百分含量（简称"U+B百分含量"）通常用于重建古海洋生产力，而生产力水平又与海底有机质通量、底层水及沉积物含氧量密切相关（陈双喜等，2011；钮耀诚等，2011）。沉积物中U+B百分含量高值通常指示高有机质通量和底层水低含氧量。通过各沉积物柱状样中U+B百分含量与氧同位素曲线的比较（图5.3），发现除了GX15、ZSQD289、TP71和TP86柱状样外，其他沉积物中的U+B百分含量基本与氧同位素同步变化。GX15沉积物柱中，底栖有孔虫简单分异度很低，U+B百分含量很高（多数层位 ≥50%），可能受陆源输入物质的稀释作用的影响，部分层位U+B百分含量降至0，使得U+B百分含量垂向分布呈不规则锯齿状变化。在ZSQD289、TP71和TP86这三个柱状样中，有孔虫壳体保存状态相对较差，多数层位中的U+B百分含量较低，仅少数层位突然出现几个峰值。而其他柱状样，尤其是ZSQD6、83PC、111PC、ZJ83和HYD235柱状样，U+B百分含量变化能完全与氧同位素变化相匹配。因此我们主要介绍这五个柱状样中U+B百分含量情况。ZSQD6柱状样中，U+B含量为0～100%，平均为38.5%；83PC柱状样中，U+B含量为0～50%，平均为14.4%；111PC柱状样中，U+B含量为0～33%，平均为13.6%；ZJ83柱状样中，U+B含量为0～73%，平均为21.5%；HYD235柱状样中，U+B含量为0～100%，平均为22.6%。由于这五个柱状样中U+B百分含量变化趋势与氧同位素曲线相似，这里就不再重复描述，具体可查看图5.3和本章第四节相关内容。

根据本章第四节和本节的研究结果，MIS奇数期，陆源输入减少，食物供给减少，底栖有孔虫丰度和简单分异度减少，U+B百分含量降低，底栖有孔虫生产力下降；MIS偶数期，陆源输入增加，食物供给增加，底栖有孔虫丰度和简单分异度增加，U+B百分含量增加，底栖有孔虫生产力上升。不过，底栖有孔虫生产力受多种环境因素的影响，仅使用U+B百分含量具有一定的局限性，多指标的应用，如底栖有孔虫堆积速率（benthic foraminifera accumulation rate，BFAR），能互相验证底栖有孔虫生产力的估算结果。然而，由于缺少沉积物干样密度等实测数据，不能计算出BFAR指标。本次调查表明U+B百分含量具有与底栖有孔虫丰度同步变化的特点，验证了U+B百分含量作为底栖有孔虫生产力指标的有效性。

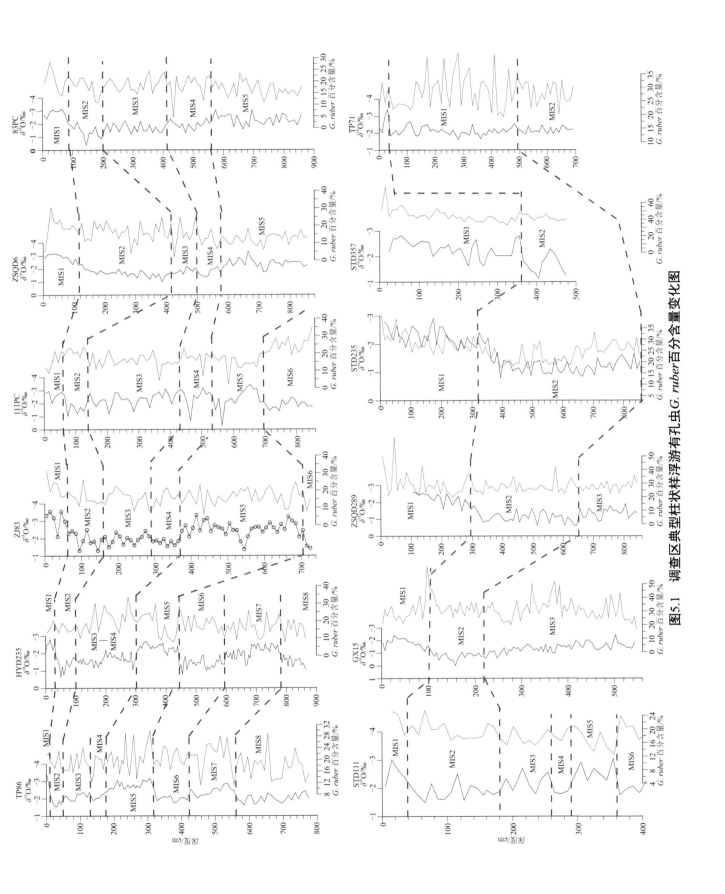

图5.1　调查区典型柱状样浮游有孔虫G. ruber百分含量变化图

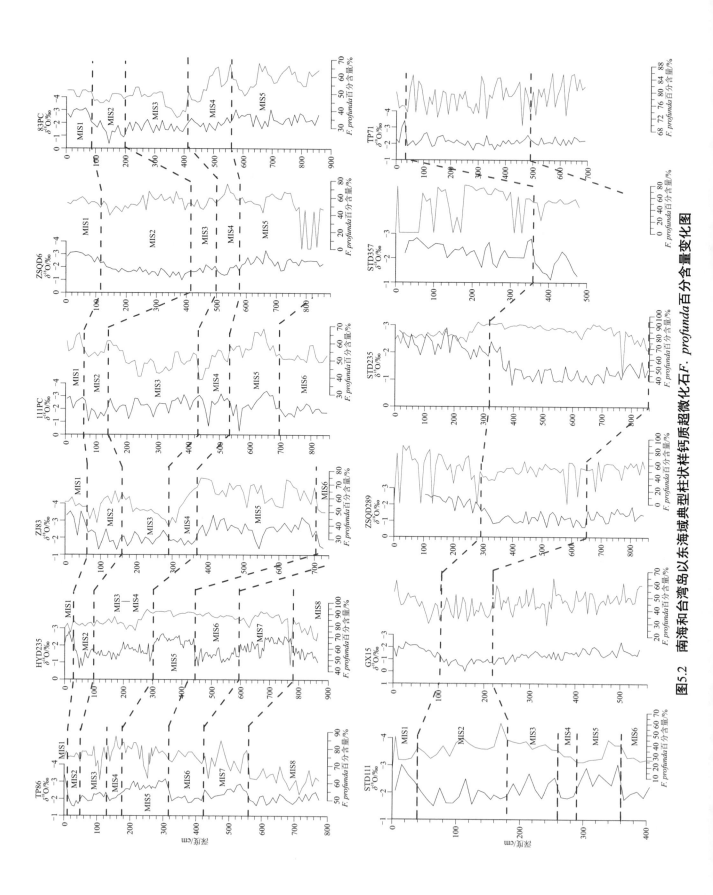

图5.2 南海和台湾岛以东海域典型柱状样钙质超微化石F. profunda百分含量变化图

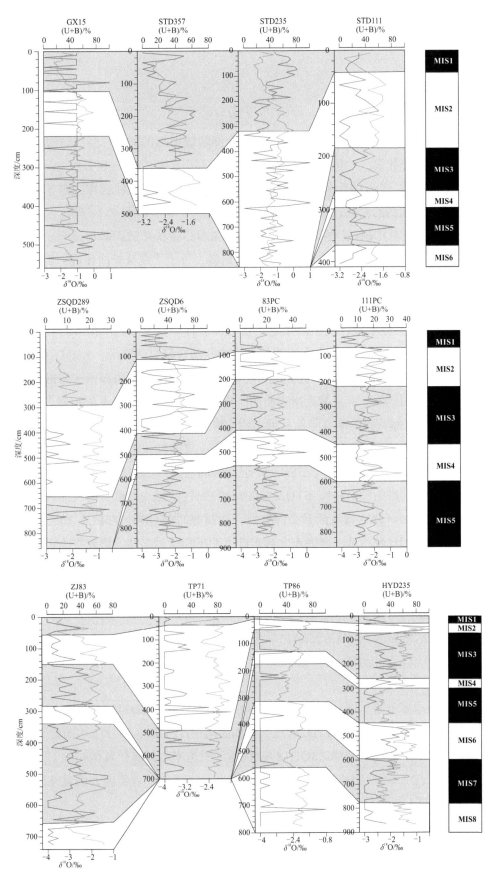

图5.3　柱状样中U+B百分含量、$\delta^{18}O$垂向变化及各柱状样之间的比较图

图中红色曲线为（U+B）百分含量、绿色曲线为$\delta^{18}O$

第四节 硅藻反映的近岸营养物质输入

一、南海北部下陆坡和西沙海槽、中建南斜坡沉积环境

从柱状样沉积硅藻丰度上看（图5.4），位于南海北部陆坡中部的STD235柱状样最高，可超过200万枚/g，高出其他柱状样一个数量级。位于其东部的STD357柱状样基本为0～10万枚/g，南海北部陆坡西部的ZSQD196和ZSQD6略高，多为10万～20万枚/g。位于西沙海槽的83PC柱状样硅藻丰度明显降低，最高仅3.7万枚/g，而中建南斜坡的ZJ83柱状样最低，均少于1万枚/g。结合沉积速率分析，STD357和STD235柱状样显著高于ZSQD196和ZSQD6柱状样，而西部的83PC和ZJ83柱状样沉积速率最低。沉积速率与硅藻丰度呈一定的正相关关系，表明南海北部陆坡东部硅藻的繁盛，指示了高营养盐环境，可能的原因是冰期陆架出露，河流带来更多陆源营养盐物质沉积在陆架上。此外，强冬季风引起强海水对流对营养盐的输运。

MIS5期仅在ZSQD6、83PC和ZJ83柱状样中有揭露（图5.4），反映的硅藻群落特征是丰度极低，主要属种百分含量剧烈波动，近岸种柱状小环藻是主要的优势种。MIS3期至MIS4期丰度明显升高，主要优势种转变为远洋种节结心孔藻，而柱状小环藻和具槽帕拉藻含量显著降低。ZSQD196柱状样MIS3期至MIS4期硅藻组合呈现广布种菱形海线藻占优势的特征。表明MIS5期南海西部西沙海槽、中建南斜坡等区域海洋沉积环境变化频繁而剧烈，有大量近岸物质的沉积，可能与较强的离岸流和重力流等的搬运有关。MIS3期至MIS4期，南海西部营养盐略有降低，近岸物质输入显著减少，正常的远洋沉积逐渐恢复，而南海东北部可能受到外来水体的影响，硅藻群落结构与西部有一定差异，指示与之不同的海洋沉积环境。

MIS2期在所有沉积物柱中均有揭露（图5.4），但北部陆坡与西部西沙海槽、中建南斜坡所反映的硅藻面貌存在不同。南海东北部的STD357、STD235和ZSQD196柱状样均以菱形海线藻和柱状小环藻为主要优势种，总体均呈现柱状小环藻含量逐渐升高的特征，而西部的ZSQD6、83PC、ZJ83柱状样则以节结心孔藻为主要优势种。表明相比较西部，南海东北部末次冰期沉积受近岸物质影响更为深远。全新世，所有柱状样均呈现节结心孔藻百分含量显著升高且占据优势的特征，相反柱状小环藻、具槽帕拉藻、菱形海线藻等百分含量总体呈逐渐降低的趋势。表明随着海平面的逐渐上升，南海北部陆坡和西沙海槽、中建南斜坡的沉积受到近岸物质影响的程度越来越低，逐渐演变成现今的海洋环境。同时，沉积硅藻丰度为相对低值，指示上述区域的海水营养盐的浓度在全新世低于末次冰期。

二、东部次海盆

从柱状样沉积硅藻丰度上看（图5.5），位于东部次海盆东南部HYD242和HYD235柱状样高，中东部的ZSQD225柱状样居其次，东北部的ZSQD289柱状样和西南部HYD24、ZJ11柱状样最低，均仅为2万枚/g左右。结合沉积速率分析，ZSQD289和ZSQD189柱状样沉积速率明显高于其他站位，其丰度低值可能与高沉积速率有关。而HYD235和HYD242柱状样代表的硅藻高丰度值，表明南海海盆东南部沉积期海水营养盐浓度相对较高，推测可能与沉积期该区域发育较强上升流有关。

基于氧同位素曲线和¹⁴C测年结果，ZSQD289和HYD235柱状样建立起了可靠的年龄框架，根据沉积硅藻组合特征变化，初步开展了南海海盆区柱状样沉积的对比研究（图5.5）。结果显示，海盆柱状样揭示的是MIS8期以来的沉积。ZSQD225、HYD242、HYD235柱状样反映硅藻在冰期MIS8期、MIS6期呈现以节结心孔藻为主要优势种，间冰期MIS7期、MIS5期节结心孔藻含量显著降低，而柱状小环藻在冰期-间冰

期旋回中变化特征不明显，含量约10%，表明在MIS8期至MIS5期，南海海盆东南部的沉积受近岸物质输入的影响程度和强度都不大。冰期时，单个优势种突出，而在间冰期，多个种的繁盛大大减弱了单个种的优势地位，反映间冰期适宜的海洋环境促进了硅藻多个属种的勃发。值得注意的是，西南次海盆的HYD24柱状样在冷暖旋回中柱状小环藻含量波动可达60%以上，表明近岸物质输入对西南海盆的影响频繁且程度可能较大，结合海底地形地貌特征，我们推测大量的源于南海西部陆架、陆坡的物质经盆西海谷，进入海盆沉积。

MIS4期至MIS3期，所有柱状样均以节结心孔藻为主要优势种，至MIS2期含量骤降，进入全新世后含量再次升高。而柱状小环藻在MIS2期含量有明显升高，表明末次冰期海平面下降导致南海北部陆架大面积暴露，并向南海海盆输入了大量陆源碎屑物质，稀释了正常的远洋沉积。尤其是距离南海北部陆架更近的南海海盆东北部（ZSQD289、ZSQD189柱状样），源自陆架和台湾岛的大量物质输入是这一区域高速率沉积的主因，并且节结心孔藻在全新世的两次升高可能反映出局部环境的动荡变化。

第五节 孢粉反映的古气候变化

南海是西太平洋最大的边缘海之一，处于东亚季风区。冬季盛行东北风，洋流在东北风的驱动下，由巴士海峡和台湾海峡进入南海，从西南部巽他陆架流入印度洋；夏季受控于西南风，洋流运动方向与冬季时正相反。南海表层沉积物花粉分析结果表明，南海北部现代海底花粉主要由冬季洋流携带从巴士海峡和台湾海峡进入南海，花粉源区可能主要为我国大陆南部。

根据南海北部陆坡STD357、STD235、ZSQD196、ZSQD6、83PC、ZJ83柱状样的孢粉图谱中松属花粉丰度和木本植物花粉、草本植物花粉、蕨类孢子百分含量的变化（图5.6），我们认为间冰期孢粉组合以松属花粉和蕨类孢子含量增加、草本植物花粉含量降低为特征，冰期则相反。东部次海盆MIS8期以来的柱状样孢粉对比图见图5.5。

MIS5期：松属花粉和蕨类孢子占据主导地位。该阶段喜湿的蕨类孢子含量增多，验证了前人提出的"海平面上升时往往沉积物中蕨类孢子含量增多"的假说，说明此时海平面正处于上升阶段。

MIS4期至MIS2期：温带中旱生草本植物花粉大量出现，伴随山地针叶树花粉（罗汉松属）及温带落叶阔叶林（栎属）组合，推测该阶段为玉木冰期。在玉木冰期，沉积物中花粉含量较现代表层及全新世沉积物中的还要多，这说明当时冬季风很强，能携带大量花粉。而在沿海丘陵、河口平原，甚至可能在海平面下降时出露的大陆架上有温带中旱生草原或草坡发育，沼泽湿地上有禾本科生长。此外，该阶段草本植物、松属花粉有过数次较大规模的变动，即温带中旱生草原为陆架主要植被的阶段与高山针叶林扩大阶段频繁交替出现。这意味着末次冰期时，在大幅度降温、变干的背景下，植被还有过相对湿冷高山针叶林阶段和相对干温的蒿属草原阶段的多次交替过程。

全新世：异常丰富的蕨类植物孢子表明气候潮湿炎热，松属花粉也有所增加并伴随着草本植物花粉的减少，与现代南海北部海域表层沉积物的花粉记录非常相似。由于气候变暖，海平面上升，南海北部陆架被海水淹没，其上所覆盖的以蒿属为主的草原也随之消失，温度、湿度升高使近万年来的植被与现代的很相近。

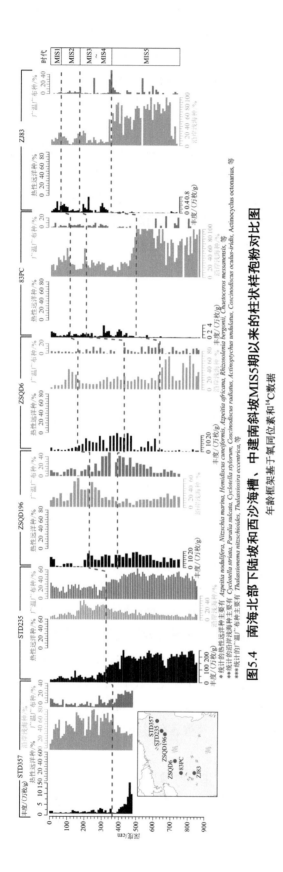

图5.4 南海北部下陆坡和西沙海槽、中建南斜坡MIS5期以来的柱状样孢粉对比图

年龄框架基于氧同位素和¹⁴C数据

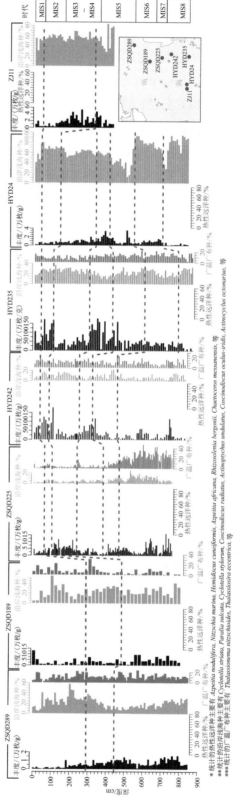

图5.5 东部次海盆MIS8期以来的柱状样孢粉对比图

年龄框架基于氧同位素和¹⁴C数据

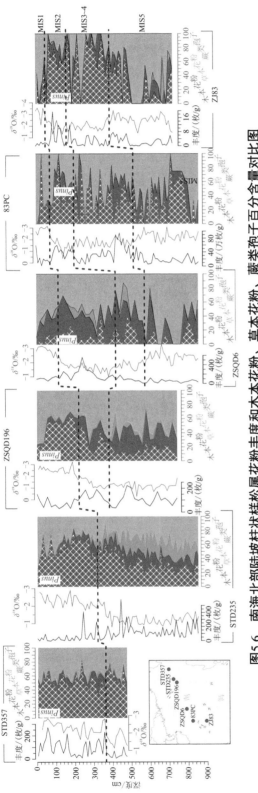

图5.6 南海北部陆坡柱状样松属花粉丰度和木本花粉、草本花粉、蕨类孢子百分含量对比图

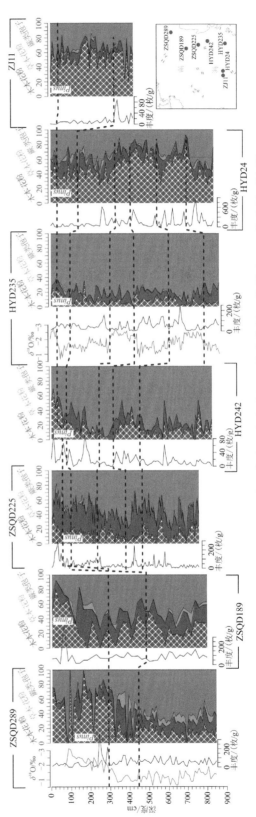

图5.7 东部次海盆柱状样松属花粉丰度和木本花粉、草本花粉、蕨类孢子百分含量对比图

参 考 文 献

鲍根德, 李全兴. 1993. 南海铁锰结核(壳)的稀土元素地球化学. 海洋与湖沼, (3): 304-313.

蔡观强, 彭学超, 张玉兰. 2011. 南海沉积物物质来源研究的意义及其进展. 海洋科学进展, 29(1): 113-121.

蔡观强, 陈泓君, 钟和贤, 等. 2013. 南海西北部表层沉积物常量元素地球化学特征. 海洋地质前沿, 29(11): 14-21.

蔡慧梅, 陈木宏. 1987. 南海表层沉积物中微体动物群的分布及沉积环境特征的探讨. 微体古生物学报, 4(1): 73-85.

蔡周荣, 刘维亮, 万志峰, 等. 2010. 南海北部新生代构造运动厘定及与油气成藏关系探讨. 海洋通报, 29(2): 161-165.

常琳, 罗运利, 孙湘君. 2013. 南海北部MD05-2904站位2万年以来孢粉记录的古环境演变. 科学通报, 58(30): 3079-3087.

陈芳, 黄永样, 段威武, 等. 2002. 南海西部表层沉积中的钙质超微化石. 海洋地质与第四纪地质, 22(3): 35-40.

陈芳, 李学杰, 陈超云, 等. 2003. 南海西部表层沉积物钙质浮游生物分布与碳酸盐溶解. 海洋地质与第四纪地质, 23(2): 33-38.

陈丽蓉. 2008. 中国海沉积矿物学. 北京: 海洋出版社.

陈木宏, 陈绍谋. 1989. 南海碳酸盐溶解与深海沉积物类型. 热带海洋, 8(3): 20-26.

陈木宏, 谭智源. 1989. 南海沉积物中放射虫1新属12新种. 热带海洋, 8(1): 1-9.

陈木宏, 谭智源. 1996. 南海中、北部沉积物中的放射虫. 北京: 科学出版社.

陈木宏, 黄良民, 涂霞, 等. 1999. 南海放射虫与初级生产力的古海洋学转换关系. 科学通报, 44(3): 327-332.

陈木宏, 郑范, 陆钧, 等. 2005. 南海西南陆坡区沉积物粒级指标的物源特征及古环境意义. 科学通报, 50(7): 684-690.

陈木宏, 张兰兰, 张丽丽, 等. 2008. 南海表层沉积物中放射虫多样性与丰度的分布与环境. 地球科学——中国地质大学学报, 33: 431-442.

陈荣华, 徐建, 孟翊, 等. 2003. 南海东北部表层沉积中微体化石与碳酸盐溶跃面和补偿深度. 海洋学报, 25(2): 48-56.

陈绍谋, 古森昌, 路秀云, 等. 1983. 南海北部沉积物元素分布的统计分析. 热带海洋, (2): 85-91.

陈绍谋, 路秀云, 吴传芝, 等. 1986. 南海北部沉积物的地球化学特征及元素赋存状态的研究. 热带海洋, (4): 62-70.

陈双喜, 南青云, 李铁刚, 等. 2011. 高有机质输入对底栖有孔虫的抑制作用——以西北太平洋菲律宾海MD06-3054孔为例. 第四纪研究, 31(2): 292-298.

陈文斌. 1987. 南海中部表层沉积物中的放射虫. 东海海洋, 5(1-2): 60-76.

陈忠, 古森昌, 颜文, 等. 2002. 南沙海槽南部及邻近海区表层沉积物的碎屑矿物特征. 热带海洋学报, 12(2): 84-90.

陈忠, 夏斌, 颜文, 等. 2005. 南海火山玻璃的分布特征、化学成分及源区探讨. 海洋学报, 27(5): 73-81.

成鑫荣. 1991. 南海中、北部表层沉积中钙质超微化石的分布. 海洋与湖沼, 22(4): 377-383.

程振波, 石学法, 谭智源, 等. 2004. 台湾岛东部海区表层沉积物中放射虫的研究. 海洋学报, 26(1): 137-145.

戴璐, 翁成郁, 陆钧, 等. 2012. 南海北部表层沉积物的孢粉分布及其传播机制. 海洋地质与第四纪地质, 32(2): 93-108.

地质矿产部第二海洋地质调查大队. 1987. 南海地质地球物理图集（比例尺1: 2000000）. 广州: 广东省地图出版社.

窦衍光, 李军, 李炎. 2012. 北部湾东部海域表层沉积物稀土元素组成及物源指示意义. 地球化学, 41(2):147-157.

方建勇, 陈坚, 王爱军, 等. 2012. 台湾海峡表层沉积物的粒度和碎屑矿物分布特征. 海洋学报, 34(5): 91-97.

冯文科, 薛万俊, 杨达源, 等. 1988. 南海北部晚第四纪地质环境. 广州: 广东科技出版社.

冯英辞, 詹文欢, 孙杰, 等. 2017. 西沙海域上新世以来火山特征及其形成机制. 热带海洋学报, 36(3): 73-79.

高志友. 2005. 南海表层沉积物地球化学特征及物源指示. 成都:成都理工大学博士学位论文.

葛倩, 初凤友, 刘敬圃, 等. 2010. 南海表层黏土矿物的分布与来源. 海洋地质与第四纪地质, 30(4): 57-66.

古森昌, 陈绍谋, 吴必豪, 等. 1989. 南海表层沉积物稀土元素的地球化学. 热带海洋, (2): 93-101.

广州海洋地质调查局. 2016. 南海地质地球物理图系（1:200万）. 天津: 中国航海图书出版社.

郭建卿, 陈荣华, 赵庆英, 等. 2006. 南海北部表层沉积物中浮游有孔虫分布特征与环境意义. 海洋学研究, 24(1): 19-27.

郭依群, 王嘹亮, 匡增桂, 等. 2012. 等深流沉积特征. 海洋地质前沿, 28(6): 1-9.

郭玉洁. 2003. 中国海藻志（第五卷第一册, 硅藻门中心纲）. 北京: 科学出版社: 210-293.

郝诒纯, 陈平富, 万晓樵, 等. 2000. 南海北部莺歌海–琼东南盆地晚第三纪层序地层与海平面变化. 现代地质, 14(3): 237-245.

何海军, 甘华阳, 石要红, 等. 2016. 北部湾沉积物黏土矿物分布特征及其环境意义. 地质与勘探, 52(3): 584-593.

何锦文, 唐志礼. 1985. 南海东北部海区的黏土矿物. 热带海洋, 4(3): 45-52.

胡雯燕, 罗威, 黄灿, 等. 2020. 琼东南盆地东沙运动表现特征及石油地质意义. 中国海上油气, 32(3): 20-32.

胡阳, 吴智平, 何敏, 等. 2018. 珠江口盆地新近纪构造特征与演化. 高校地质学报, 24(3): 433-441.

季福武, 林振宏, 杨群慧, 等. 2004. 南海东部表层沉积物中轻矿物分布与来源. 海洋科学, 28(2): 32-35.

江宁, 何敏, 刘军, 等. 2018. 东沙隆起南缘第四系等深流沉积特征及成因机制. 沉积学报, 36(1): 120-131.

蒋辉. 1987. 我国某些常见化石硅藻的环境分析. 植物学报, 29(4): 440-448.

金秉福, 林振宏, 季福武. 2003. 海洋沉积环境和物源的元素地球化学记录释读. 海洋科学进展, 21(1): 99-106.

靳华龙, 万世明, 张晋, 等. 2019. 北部湾表层黏土矿物分布特征及物源研究. 海洋科学, 43(1): 75-84.

蓝先洪, 李日辉, 王中波, 等. 2017. 渤海西部表层沉积物的地球化学记录. 海洋地质与第四纪地质, 37(3): 75-85.

雷超, 任建业, 张静. 2015. 南海构造变形分区及成盆过程. 地球科学——中国地质大学学报, 40(4): 744-762.

李保华, 王晓燕, 龙江平. 2008. 海南岛近岸沉积物中的有孔虫特征与分布. 微体古生物学报, 25(3): 225-234.

李保华, 孔晓敏, 王晓燕, 等. 2010. 北部湾中部海域底质沉积物中的有孔虫. 微体古生物学报, 27(2): 99-108.

李粹中. 1984. 南海深水海盆区现代沉积作用的初步探讨. 海洋与湖沼, 15(1): 29-38.

李粹中. 1985. 南海深海沉积物微量元素的地球化学特征. 中国科学(B辑), (6): 571-578.

李粹中. 1987a. 南海中部海域沉积物类型和沉积作用特征. 东海海洋, 5(1-2): 10-18.

李粹中. 1987b. 南海中部沉积物的元素地球化学特征. 东海海洋, (Z1): 77-91.

李粹中. 1989. 南海深水碳酸盐沉积作用. 沉积学报, 7(2): 35-43.

李德生, 姜仁旗. 1989. 南海东沙隆起及其周围拗陷的地质演化. 海洋学报, 11(6): 737-741.

李华, 王英民, 徐强, 等. 2013. 南海北部第四系深层等深流沉积特征及类型. 古地理学报, 15(5): 741-750.

李家彪. 2012. 中国区域海洋学——海洋地质学. 北京: 海洋出版社.

李建如. 2005. 有孔虫壳体的Mg/Ca比值在古环境研究中的应用. 地球科学进展, 20(8): 815-822.

李平原, 刘志飞. 2018. 南海中央海盆晚中新世深海火山碎屑沉积的遗迹学特征及意义. 地球科学, 43(增刊2): 203-213.

李诗颖, 余克服, 张瑜, 等. 2019. 西沙群岛基底火山碎屑岩中单斜辉石的矿物化学特征及其地质意义. 海洋学报, 41(7): 66-76.

李淑鸾. 1985. 珠江口底质中有孔虫埋葬群的分布规律. 海洋地质与第四纪地质, 5(2): 83-104.

李淑鸾. 1988. 珠江口底质沉积中胶结壳有孔虫的分布规律. 海洋与湖沼, 19(2): 187-196.

李双林, 李绍全. 2001. 黄海YA01孔沉积物稀土元素组成与物源区示踪. 海洋地质与第四纪地质, 21(3): 51-56.

李涛, 向荣, 李团结. 2011a. 珠江口表层沉积物底栖有孔虫分布及环境指示. 海洋地质与第四纪地质, 31(6): 91-98.

李涛, 向荣, 李团结. 2011b. 珠江口外表层沉积物底栖有孔虫组合及其与环境的关系. 热带海洋学报, 30(4): 51-57.

李小洁, 梁莲姬, 吴枫, 等. 2015. 南海北部沉积物常量元素变化、碳酸盐旋回及其古环境意义. 第四纪研究, 35(2): 411-421.

李学杰, 陈芳, 刘坚, 等. 2004. 南海西部表层沉积物碳酸盐分布特征及其溶解作用. 地球化学, 33(3): 254-260.

李学杰, 汪品先, 徐彩珍, 等. 2008. 南海西部表层沉积物黏土矿物的分布. 海洋地质与第四纪地质, 28(1): 9-16.

李学杰, 王哲, 姚永坚, 等. 2017. 西太平洋边缘构造特征及其演化. 中国地质, 44(6): 1102-1114.

李志珍. 1989. 南海深海表层沉积物中的火山碎屑矿物及火山作用. 海洋学报, 11(2): 176-184.

李志珍, 张富元. 1990. 南海深海铁锰微粒的元素地球化学特征. 海洋通报, (6): 41-50.

梁细荣, 韦刚健, 邵磊, 等. 2001. Toba火山喷发在南海沉积物中的记录——ODP1143站钻孔火山玻璃的证据. 中国科学, 31(10): 861-866.

林长松, 高金耀, 赵俐红, 等. 2009. 南海西缘断裂带的地球物理特征及其构造地质意义. 海洋学报, 31(2): 97-103.

刘传联, 邵磊, 陈荣华, 等. 2001. 南海东北部表层沉积中钙质超微化石的分布. 海洋地质与第四纪地质, 21(3): 23-28.

刘芳, 杨楚鹏, 常晓红, 等. 2018. 南海东北部下陆坡20 ka以来稀土元素沉积地球化学特征变化及其对物源的指示. 海洋学报, 40(9): 148-158.

刘芳文, 颜文, 苗莉. 2017. 南海典型断面表层沉积物稀土元素地球化学及其地质意义. 海洋环境科学, 36(5): 726-734.

刘光虎, 李军, 陈道华, 等. 2006. 台西南海域表层沉积物元素地球化学特征及其物源指示意义. 海洋地质与第四纪地质, 26(5): 61-68.

刘建国, 陈忠, 颜文, 等. 2010. 南海表层沉积物中细粒组分的稀土元素地球化学特征. 地球科学——中国地质大学学报, 35(4): 563-571.

刘娜, 孟宪伟. 2004. 冲绳海槽中段表层沉积物中稀土元素组成及其物源指示意义. 海洋地质与第四纪地质, (4): 37-43.

刘升发, 石学法, 刘焱光, 等. 2010. 东海内陆架泥质区表层沉积物常量元素地球化学及其地质意义. 海洋科学进展, 28(1): 80-86.

刘岩, 张祖麟, 洪华生. 1999. 珠江口伶仃洋海区表层沉积物稀土元素分布特征及配分模式. 海洋地质与第四纪地质, (1): 109-114.

刘昭蜀, 赵焕庭, 范时清, 等. 2002. 南海地质. 北京: 科学出版社.

刘志飞, 李夏晶. 2011. 南海沉积物中蒙脱石的成因探讨. 第四纪研究, 31(2): 199-206.

刘志飞, 赵玉龙, 李建如, 等. 2007. 南海西部越南岸外晚第四纪黏土矿物的记录: 物源分析与东亚季风演化. 中国科学D辑: 地球科学, 39(9): 1176-1184.

刘忠诚, 陈志华, 金秉福, 等. 2014. 南极半岛东北部海域碎屑矿物特征与物源分析. 极地研究, 26(1): 139-149.

陆钧. 1999. 南海深海表层沉积中的硅藻组合及其环境特征. 热带海洋, 18(1): 16-22.

陆钧. 2001. 南海深海表层沉积硅藻的分布. 海洋地质与第四纪地质, 21(2): 27-30.

罗传秀, 陈木宏, 刘建国, 等. 2012. 广东沿海及海南岛东南部海底表层孢粉分布及其环境意义. 热带海洋学报, 31(2): 55-61.

罗又郎, 劳焕年, 王渌漪. 1985. 南海东北部表层沉积物类型与粒度特征的初步研究. 热带海洋, 4(1): 33-41.

罗又郎, 冯伟文, 林怀兆. 1994. 南海表层沉积类型与沉积作用若干特征. 热带海洋, 13(1): 47-54.

罗钰如, 曾呈奎. 1985. 当代中国的海洋事业. 北京: 中国社会科学出版社.

孟宪伟, 杜德文, 程振波. 2001. 冲绳海槽有孔虫壳体的微量元素Sr、Nd同位素地球化学. 海洋学报, (2): 62-68.

孟翊, 严肃庄, 陈荣华, 等. 2001. 南海东北部表层沉积中生源和矿物碎屑组分分析及其古环境意义. 海洋地质与第四纪地质, 21(3): 17-22.

钮耀诚, 张译元, 杜江辉, 等. 2011. 南海西部MIS3期底栖有孔虫反映的生产力变化. 海洋地质与第四纪地质, 31(1): 85-92.

邱燕. 2007. 南海中南部表层沉积物黏土矿物分布及控制因素. 海洋地质与第四纪地质, 27(5): 1-7.

邱中炎, 沈忠悦, 韩喜球, 等. 2008. 南海黏土矿物组合特征及其环境意义. 海洋学研究, 26(1): 58-64.

冉莉华, 蒋辉. 2005. 南海某些表层沉积硅藻的分布及其古环境意义. 微体古生物学报, 22(1): 97-106.

饶春涛. 1992. 南海北部陆缘盆地新生代构造运动的统一命名. 中国海上油气(地质), 6(1): 9-10.

任江波, 王嘹亮, 鄢全树, 等, 2013. 南海玳瑁海山玄武质火山角砾岩的地球化学特征及其意义. 地球科学——中国地质大学学报, 38(增刊1): 10-20.

石学法, 鄢全树. 2011. 南海新生代岩浆活动的地球化学特征及其构造意义. 海洋地质与第四纪地质, 31(2): 59-72.

舒业强, 王强, 俎婷婷. 2018. 南海北部陆架陆坡流系研究进展. 中国科学, 48(3): 276-287.

宋泽华, 万世明, 黄杰, 等. 2017. 南海西北部表层沉积物黏土矿物分布特征及其来源. 海洋学报, 39(9): 71-82.

孙嘉诗. 1991. 南海北部及广东沿海新生代火山活动. 海洋地质与第四纪地质, 11(3): 45-67.

孙美琴, 蓝东兆, 付萍, 等. 2014. 南海表层沉积硅藻的分布及其与环境因子的关系. 应用海洋学学报, 32(1): 46-51.

谈丽芳. 1991. 南海火山玻璃的初步研究. 南海地质研究, 3: 158-171.

谭智源, 陈木宏. 1999. 中国近海的放射虫. 北京: 科学出版社.

谭智源, 宿星慧. 1981. 西沙群岛百合篮虫属（放射虫目: 三环虫科）两新种及其骨骼结构探讨. 动物分类学报, 6(4): 337-343.

唐志礼, 王有强. 1992. 南海北部海域黏土矿物分布特征. 海洋学报, 14(1): 64-71.

童胜琪, 刘志飞, Khanh P L, 等. 2006. 红河盆地的化学风化作用:主要和微量元素地球化学记录. 矿物岩石地球化学通报, (3): 218-225.

涂霞. 1983. 南海东北部海区有孔虫的分布及其与海洋环境的关系. 热带海洋, 2(1): 11-19.

涂霞. 1984. 南海中部海区浮游有孔虫的溶解——碳酸盐溶解作用初探. 热带海洋, 3(4): 18-23.

万志峰, 夏斌, 施秋华, 等. 2012. 南海北部陆缘构造属性研究进展. 海洋地质前沿, 28(7): 1-9.

汪品先. 1995. 十五万年来的南海: 南海晚第四纪古海洋学研究阶段报告. 上海: 同济大学出版社.

汪品先, 章纪军, 赵泉鸿, 等. 1988. 东海底质中的有孔虫和介形虫. 北京: 海洋出版社.

汪品先, 夏伦煜, 王律江, 等. 1991. 南海西北陆架的海相更新统下界. 地质学报, 65(2): 176-187.

汪卫国, 陈坚. 2011. 南海中部晚更新世以来沉积物常量元素组分含量分布特征及其影响因素. 台湾海峡, 30(4): 449-457.

王东晓, 肖劲根, 舒业强, 等. 2016. 南海深层环流与经向翻转环流的研究进展. 中国科学, 46(10): 1317-1323.

王东晓, 王强, 蔡树群, 等. 2019. 南海中深层动力格局与演变机制研究进展. 中国科学: 地球科学, 49(12): 1919-1932.

王海荣, 王英民, 邱燕, 等. 2007. 南海北部大陆边缘深水环境的沉积物波. 自然科学进展, 17(9): 1235-1243.

王红霞, 林振宏, 文丽, 等. 2004. 南黄海西部表层沉积物中碎屑矿物的分布. 海洋地质与第四纪地质, 24(1): 51-56.

王慧中, 周福根, 翦知湣. 1992. 中沙台缘碳酸盐软泥中的火山碎屑及其古环境意义. 见: 业治铮, 汪品先. 南海晚第四纪古海洋学研究. 青岛: 青岛海洋大学出版社: 42-55.

王金宝. 2003. 南海北部浮游生物中的放射虫分类学和生态学研究. 青岛: 中国科学院研究生院（海洋研究所）硕士学位论文.

王金宝. 2010. 南海三个调查区放射虫生态学和分类学的研究. 青岛: 中国科学院研究生院（海洋研究所）博士学位论文.

王金宝, 李新正, 谭智源. 2005. 南海西北部浮游生物中多孔放射虫的组成与分布. 海洋学报, 27(6): 100-106.

王开发, 蒋辉, 冯文科. 1985. 南海深海盆地硅藻组合的发现及其地质意义. 海洋学报, 7(5): 590-599.

王昆山, 金秉福, 石学法, 等. 2013. 杭州湾表层沉积物碎屑矿物分布及物质来源. 海洋科学进展, 31(1): 95-104.

王利波, 李军, 赵京涛, 等. 2014. 辽东湾表层沉积物碎屑矿物组合分布及其对物源和沉积物扩散的指示意义. 海洋学报,

36(2): 66-74.

王汝建. 2000. 南沙海区更新世以来的火山灰及其地质意义. 海洋地质与第四纪地质, 20(1): 51-56.

王贤觉, 吴明清, 梁德华, 等. 1984. 南海玄武岩的某些地球化学特征. 地球化学, 13(4): 332-340.

王贤觉, 陈绍谋, 古森昌. 1988. 南沙海域沉积物稀土元素地球化学. 矿物岩石地球化学通讯, (1): 20-22.

王叶剑, 韩喜球, 罗照华, 等. 2009. 晚中新世南海珍贝–黄岩海山岩浆活动及其演化: 岩石地球化学和年代学证据. 海洋学报, 31(4): 93-102.

王颖. 1996. 中国海洋地理. 北京: 科学出版社: 153-172.

王勇军, 陈木宏, 陆钧, 等. 2007. 南海表层沉积物中钙质超微化石分布特征. 热带海洋学报, 26(5): 26-34.

王中波, 杨守业. 2007. 两种碎屑沉积物分类方法的比较. 海洋地质动态, 23(3): 36-40.

文启忠, 余素华, 孙福庆, 等. 1984. 陕西洛川黄土剖面中的稀土元素. 地球化学, (2): 126-133.

文启忠, 刁桂仪, 潘景瑜, 等. 1996. 黄土高原黄土的平均化学成分与地壳克拉克值的类比. 土壤学报, (3): 225-231.

吴庐山, 邱燕, 解习农, 等. 2005. 南海西南部曾母盆地早中新世以来沉降史分析. 中国地质, 32(3): 370-377.

吴敏, 李胜荣, 初凤友, 等. 2007. 海南岛周边海域表层沉积物中黏土矿物组合及其气候环境意义. 矿物岩石, 27(2): 101-107.

吴时国, 刘展, 王万银, 等. 2004. 东沙群岛海区晚新生代构造特征及其对弧–陆碰撞的响应. 海洋与湖沼, 35(6): 481-490.

夏伦煜, 麦文, 赖霞红, 等. 1989. 莺歌海–琼东南盆地第四系初步研究. 中国海上油气地质, 3(3): 21-28.

宿星慧. 1982. 我国西沙群岛放射虫十一新种. 海洋与湖沼, 13(3): 275-280.

宿星慧, 谭智源. 1985. 西沙群岛群体放射虫的初步调查. 海洋科学集刊, 24: 125-133.

徐建, 黄宝琦, 陈荣华, 等. 2001. 南海东北部表层沉积中有孔虫的分布及其环境意义. 热带海洋学报, 20(4): 6-13.

徐俊杰, 徐宏根, 刘道涵, 等. 2020. 南海南部曾母盆地的原型盆地划分及其形成演化过程. 华南地质, 36(3): 221-231.

徐勇航, 陈坚, 王爱军, 等. 2013. 台湾海峡表层沉积物中黏土矿物特征及物质来源. 沉积学报, (1): 120-129.

鄢全树, 石学法. 2009. 南海盆海山火山碎屑岩的发现及其地质意义. 岩石学报, 25(12): 227-234.

鄢全树, 石学法, 王昆山, 等. 2007. 西菲律宾海盆表层沉积物中的轻碎屑分区及物资来源. 地质论评, 53(6): 765-772.

闫慧梅, 田旭, 徐方建, 等. 2016. 中全新世以来南海琼东南近岸泥质区物质来源. 海洋学报, 38(7): 97-106.

杨金玉, 张训华, 王修田. 2001. 南海中部海山性质研究. 海洋科学, 25(7): 31-34.

杨群慧, 林振宏. 2002. 南海中东部表层沉积物矿物组合分区及其地质意义. 海洋与湖沼, 33(6): 591-599.

杨群慧, 林振宏, 张富元, 等. 2002. 南海东部重矿物分布特征及其影响因素. 青岛海洋大学学报, 32(6): 956-964.

杨群慧, 张富元, 林振宏, 等. 2004. 南海东北部晚更新世以来沉积环境演变的矿物–地球化学记录. 海洋学报, 26(2): 72-80.

杨守业, 李从先. 1999. 长江与黄河沉积物REE地球化学及示踪作用. 地球化学, (4): 374-380.

杨惟理, 毛雪瑛, 戴雄新, 等. 2001. 北极阿拉斯加巴罗Elson潟湖96-7-1岩心中稀土元素的特征及其环境意义. 极地研究, 13(2): 91-106.

杨育标, 范时清. 1990. 南海深海晚第四纪火山沉积物及其起源探讨. 热带海洋学报, 9(1): 52-60.

姚伯初, 万玲, 吴能友. 2004. 大南海地区新生代板块构造活动. 中国地质, 31(2): 113-122.

张斌, 王璞珺, 张功成, 等. 2013. 珠–琼盆地新生界火山岩特征及其油气地质意义. 石油勘探与开发, 40(6): 657-665.

张富元. 1991. 南海中部表层沉积物的元素地球化学. 海洋与湖沼, (3): 253-263.

张富元, 张霄宇, 等. 2005. 南海东部海域的沉积作用和物质来源研究. 海洋学报, 27(2): 79-90.

张功成, 贾庆军, 王万银, 等. 2018. 南海构造格局及其演化. 地球物理学报, 61(10): 4194-4215.

张江勇, 彭学超, 张玉兰, 等. 2011. 南海中沙群岛以北至陆坡表层沉积物碳酸钙含量的分布. 热带地理, 31(2): 125-132.

张江勇, 周洋, 陈芳, 等. 2015. 南海北部表层沉积物碳酸钙含量及主要钙质微体化石丰度分布. 第四纪研究, 35(6): 1366-1382.

张凯棣, 李安春, 董江, 等. 2016. 东海表层沉积物碎屑矿物组合分布特征及其物源环境指示. 沉积学报, 34(5): 902-911.

张兰兰, 陈木宏, 陆钧, 等. 2005. 南海南部上层水体中多孔放射虫的组成与分布特征. 热带海洋学报, 24(3): 55-64.

张兰兰, 陈木宏, 向荣, 等. 2006. 放射虫现代生态学的研究进展及其应用前景——利用放射虫化石揭示古海洋、古环境的基础研究. 地球科学进展, 21(5): 474-481.

张兰兰, 陈木宏, 向荣, 等. 2007. 南海南部表层沉积物中生物硅的分布及其环境意义. 热带海洋学报, 26(3): 24-29.

张兰兰, 陈木宏, 陈忠, 等. 2010. 南海表层沉积物中的碳酸钙含量分布及其影响因素. 地球科学——中国地质大学学报, 35(6): 891-898.

张楠, 王淑红, 陈翰, 等. 2014. 南海北部近海陆架表层沉积物类型及其稀土元素特征. 矿物学报, 34(4): 503-511.

张试颖, 刘传联. 2005. 有关钙质超微化石 *Florisphaera profunda* 的古海洋学意义综述. 微体古生物学报, 22(3): 278-284.

张晓飞, 陈坚, 徐勇航, 等. 2012. 南海北部西侧海域黏土矿物的含量分布特征及来源分析. 台湾海峡, 31(2): 268-276.

张玉兰, 张卫东, 王开发, 等. 2002. 南海东北部表层沉积的孢粉与陆缘植被关系的研究. 海洋通报, 21(4): 28-36.

赵东坡. 2011. 沉积物粒度分类命名方案. 海洋地质动态, 25(8): 41-44.

赵建如. 2016. 南海西北部表层沉积物元素地球化学空间多尺度变化与机制研究. 武汉中国地质大学博士学位论文.

赵利, 彭学超, 钟和贤, 等. 2016. 南海北部陆架区表层沉积物粒度特征与沉积环境. 海洋地质与第四纪地质, 36(6): 111-122.

赵明辉, 程锦辉, 高金尉, 等. 2021. 南海东部马尼拉俯冲带深部结构新认识. 热带海洋学报, 40(3): 25-33.

赵全基. 1992. 中国近海黏土矿物分布模式. 海洋科学, 16(4): 52-55.

赵淑娟, 吴时国, 施和生, 等. 2012. 南海北部东沙运动的构造特征及动力学机制探讨. 地球物理学进展, 27(3): 1008-1019.

赵一阳, 鄢明才. 1994. 冲绳海槽海底沉积物汞异常——现代海底热水效应的"指示剂". 地球化学, (2): 132-139.

郑红波, 阎贫, 邢玉清, 等. 2012. 反射地震方法研究南海北部的深水底流. 海洋学报, 34(2): 192-198.

郑连福. 1987. 南海中部海区表层沉积中有孔虫的初步研究. 东海海洋, 5(1-2): 19-41.

支崇远, 王开发, 兰东兆, 等. 2005. 台湾海峡表层沉积硅藻栖性生态类型及其分布. 同济大学学报(自然科学版), 33(7): 971-975.

中国科学院贵阳地球化学研究所. 1977. 简明地球化学手册. 北京: 科学出版社.

中国科学院南沙综合科学考察队. 1993. 南沙群岛及其邻近海区第四纪沉积地质学. 武汉: 湖北科学技术出版社.

中华人民共和国国土资源部. 2009. 1: 1000000海洋区域地质调查规范（DZ/T 0247—2009）.

钟和贤, 邱燕, 张欣. 2009. 南海中南部表层沉积物常量与微量元素分布格局与物源分析. 南海地质研究, 18: 10-27.

周怀阳, 叶瑛, 沈忠悦. 2004. 南海南部沉积物中黏土矿物组成变化及其古沉积信息记录初探. 海洋学报(中文版), 26(2): 52-60.

周世文, 刘志飞, 赵玉龙, 等. 2014. 北部湾东北部2000年以来高分辨率黏土矿物记录及古环境意义. 第四纪研究, 34(3): 600-610.

朱而勤. 1985. 矿物学的新分支学科——海洋矿物学. 海洋科学, 9(5): 51-53.

朱俊江, 李三忠, 孙宗勋, 等. 2017. 南海东部马尼拉俯冲带的地壳结构和俯冲过程. 地学前缘, 24(4): 341-351.

朱赖民, 高志友, 尹观, 等. 2007. 南海表层沉积物的稀土和微量元素的丰度及其空间变化. 岩石学报, 23(11): 2963-2980.

Acquafredda P, Forneli A, Piccarrcta G, et al. 1997. Provenance and tectonic implications of heavy minerals in Pliocene-Pleistocene siliclastic sediments of southern Apennines, Italy. Sedimentary Geology, 113(1-2): 149-159.

Aldiss D T, Ghazali S A. 1984. The regional geology and evolution of the Toba volcano-tectonic depression, Indonesia. Journal of the

Geological Society, 141(3): 487-500.

Barkmann W, Schafer-Neth C, Balzer W. 2010. Modelling aggregate formation and sedimentation of organic and mineral particles. Journal of Marine Systems, 82(3): 81-95.

Beaulieu S E. 2003. Resuspension of phytodetritus from the sea floor: a laboratory flume study. Limnology and Oceanography, 48(3): 1235-1244.

Berger W H. 1971. Sedimentation of planktonic foraminifera. Marine Geology, 11: 325-358.

Berger W H. 1974. Deep sea sedimentation. In: Burke C A, Darke C L (eds). The Geology of Continental Margins. New York: Springer: 213-241.

Bintanja R, van de Wal R S W, Oerlemans J. 2005. Modelled atmospheric temperatures and global sea levels over the past million years. Nature, 437: 125-128.

Biscaye P E, Eittreim S L. 1977. Suspended particulate loads and transports in the nepheloid layer of the abyssal Atlantic Ocean. Marine Geology, 23(1-2): 155-172.

Boltovskoy E, Wright R. 1976. Recent Foraminifera. Dordrecht: Springer Science+Business Media.

Bühring C S. 2000. Toba ash layers in the South China Sea: evidence of contrasting wind directions during ca. 74 ka. Geology, 28: 275-278.

Castillo P R, Newhall C G. 2004. Geochemical Constraints on possible subduction components in lavas of Mayon and Taal Volcanoes, Southern Luzon, Philippines. Journal of Petrology, 6: 1089-1108.

Chen M H, Tan Z Y. 1999. Radiolarian distribution in surface sediments of the Northern and Central South China Sea. Marine Micropaleontology, 32: 173-194.

Chen Y, Huang E, Schefu E, et al. 2020. Wetland expansion on the continental shelf of the northern South China Sea during deglacial sea level rise. Quaternary Science Reviews, 231: 106202.

Crowley T J. 1983. Calcium-carbonate preservation patterns in the central North Atlantic during the last 150,000 years. Marine Geology, 51(1-2): 1-14.

Dadson S J, Hovius N, Chen H, et al. 2003. Links between Erosion, Runoff Variability and Seismicity in the Taiwan Orogen. Nature, 426: 648-651.

Dai L, Weng C. 2015. Marine palynological record for tropical climate variations since the late last glacial maximum in the northern South China Sea. Deep Sea Research Part II, 122: 153-162.

Dodson J, Li J, Lu F, et al. 2019. A Late Pleistocene and Holocene vegetation and environmental record from Shuangchi Maar, Hainan Province, South China. Palaeogeography Palaeoclimatology Palaeoecology, 523: 89-96.

Folk R L, Andrews P B, Lewis D W. 1970. Detrital sedimentary rock classification and nonmenclature for use in New Zealand. New Zealand Journal of Geology and Geophysics, 13(4): 937-968.

Frey F A, Haskin L. 1964. Rare Earths in Oceanic Basalts. Journal of Geophysical Research, 69(4): 775-780.

Garcia H E, Locarnini R A, Boyer T P, et al. 2013. World Ocean Atlas 2013, Volume 4: dissolved inorganic nutrients (phosphate, nitrate, silicate). In: Levitus S, Mishonov A (eds). NOAA Atlas NESDIS 76. Maryland: Silver Spring: 1-25.

Gingele F X, De Deckker P, Hillenbrand C. 2001. Clay mineral distribution in surface sediments between Indonesia and NW Australia—source and transport by ocean currents. Marine Geology, 179(3): 135-146.

Gooday A J, Rathburn A E. 1999. Temporal variability in living deep-sea benthic foraminifera: a review. Earth-Science Reviews, 46: 187-212.

Haeckel M, Beusekom J V, Wiesner M G, et al. 2001. The impact of the 1991 Mount Pinatubo tephra fallout on the geochemical environment of the deep-sea sediments in the South China Sea. Earth and Planetary Science Letters, 193: 151-166.

Hasle G R, Syvertsen E E, Steidinger K A, et al. 1997. Marine diatoms. In: Tomas C R (ed). Identifying Marine Phytoplankton. San Diego: Academic Press: 5-385.

Imbrie J, Kipp N G. 1971. A new micropaleontological method for quantitative paleoclimatology: application to a Late Pleistocene Caribbean core. In: Turekian K K (eds). The Late Cenozoic Glacial Ages. New Haven and London: Yale University Press: 71-181.

Imbrie J, Hays J D, Martinson D G, et al. 1984. Theorbital theory of Pleistocene climate: support from a revised chronology of the marine $\delta^{18}O$ record. In: Berger A, Imbrie J, Hays J, Kukla G, Saltzman B (eds). Milankovitch and Climate. Dordrecht: D Reidel Publishing Company: 269-305.

Jane S T, Roy H W. 1991. Mineralogy and microfabric of sediment from the Western Mediterranean Sea. Proceedings of the Ocean Drilling Program, Scientific Results, 161. Texas A&M University, 161: 99-110.

Jentzsch G, Haase O, Kroner C, et al. 2001. Mayon volcano, Philippines: some insights into stress balance. Journal of Volcanology & Geothermal Research, 109(1-3): 205-217.

Jiang H, Zheng Y L, Ran L H, et al. 2004. Diatoms from the surface sediments of the South China Sea and their relationships to modern hydrography. Marine Micropaleontology, 53(3-4): 279-292.

Knittel U, Dietmar O. 1994. Basaltic volcanism associated with extensional tectonics in the Taiwan-Luzon island arc: evidence for non-depleted sources and subduction zone enrichment. Geological Society London Special Publications, 81(1): 77-93.

Kuhnt W, Hess S, Jian Z. 1999. Quantitative composition of benthic foraminiferal assemblages as a proxy indicator for organic carbon flux rates in the South China Sea. Marine Geology, 156(1-4): 123-157.

Lagmay A, Valdivia W. 2006. Regional stress influence on the opening direction of crater amphitheaters in Southeast Asian volcanoes. Journal of Volcanology & Geothermal Research, 158(1-2): 139-150.

Li C, Lin J, Kulhanek D K, et al. 2015. Proceedings of the International Ocean Discovery Program (IODP), 349: South China Sea tectonics, College Station, TX. International Ocean Discovery Program, doi:10. 14379/iodp.proc.349.105.2015.

Li T, Xiang R, Li T. 2015. Application of a self-organizing map and canonical correspondence analysis in modern benthic foraminiferal communities: a case study from the Pearl River Estuary, China. Journal of Foraminiferal Research, 45: 305-318.

Li Y, Li A C, Huang P. 2012. Sedimentary evolution since the late Last Deglaciation in the western North Yellow Sea. Chinese Journal of Oceanology and Limnology, 30(1): 152-162.

Listanco E. 1994. Space-time patterns in the geologic and magmatic evolution of calderas: a case study at Taal Volcano, Philippines. PhD Thesis, Tokyo University, Tokyo, Japan.

Liu J G, Chen M H, Chen Z, et al. 2010. Clay mineral distribution in surface sediments of the South China Sea and its significance for in sediment sources and transport. Chinese Journal of Oceanology and Limnology, 28(2): 407-415.

Liu Z F, Trentesaux A, Clemens S C, et al. 2003. Clay mineral assemblages in the northern South China Sea: implications for East Asian monsoon evolution over the past 2 million years. Marine Geology, 201: 133-146.

Liu Z F, Colin C, Trentesaux A, et al. 2004. Erosional history of the eastern Tibetan Plateau since 190 kyr ago: clay mineralogical and geochemical investigations from the southwestern South China Sea. Marine Geology, 209: 1-18.

Liu Z F, Zhao Y L, Li J R, et al. 2007a. Late Quaternary clay minerals off Middle Vietnam in the western South China Sea: implications for source analysis and East Asian monsoon evolution. Science in China Series D: Earth Sciences, 50(11): 1674.

Liu Z F, Colin C, Huang W, et al. 2007b. Climatic and tectonic controls on weathering in South China and Indochina Peninsula: clay mineralogical and geochemical investigations from the Pearl, Red, and Mekong drainage basins. Geochemistry Geophysics Geosystems, 8(5):1-18.

Liu Z F, Zhao Y L, Colin C, et al. 2009. Chemical weathering in Luzon, Philippines from clay mineralogy and major-element geochemistry of river sediments. Applied Geochemistry, 24(11): 2195-2205.

Liu Z F, Li X J, Colin C, et al. 2010a. A high-resolution clay mineralogical record in the northern South China Sea since the last glacial maximum, and its time series provenance analysis. Chinese Science Bulletin, 55(35): 4058-4068.

Liu Z F, Colin C, Li X J, et al. 2010b. Clay mineral distribution in surface sediments of the northeastern South China Sea and surrounding fluvial drainage basins: source and transport. Marine Geology, 277(1): 48-60.

Liu Z F, Li X J, Colin C, et al. 2010c. A high-resolution clay mineralogical record in the northern South China Sea since the last glacial maximum, and its time series provenance analysis. Chinese Science Bulletin, 55(35): 4058-4068.

Liu Z F, Wang H, Hantoro W S, et al. 2012. Climatic and tectonic controls on chemical weathering in tropical Southeast Asia (Malay Peninsula, Borneo, and Sumatra). Chemical Geology, 291: 1-12.

Liu Z F, Zhao Y L, Colin C, et al. 2016. Source-to-sink transport processes of fluvial sediments in the South China Sea. Earth-Science Reviews, 153: 238-273.

Locarnini R A, Mishonov A V, Antonov J I, et al. 2013. World Ocean Atlas 2013, Volume 1: Temperature. Maryland: Silver Spring: 1-40.

Luo Y L, Sun X J, Jian Z M. 2005. Environmental change during the penultimate glacial cycle: a high-resolution pollen record from ODP Site 1144, South China Sea. Marine Micropaleontology, 54(1-2): 107-123.

Luz B, Shackleton J N. 1975. $CaCO_3$ solution in the tropical East Pacific during the past 130,000 years. Cushman Foundation for Foraminiferal Research, 13: 142-150.

Martinson D G, Pisias N G, Hays J D, et al. 1987. Age dating and the orbital theory of the ice ages: development of a high-resolution 0 to 300,000-year chronostratigraphy. Quaternary Research, 27(1): 1-29.

McPhee-Shaw E. 2006. Boundary-interior exchange: reviewing the idea that internal-wave mixing enhances lateral dispersal near continental margins. Deep Sea Research Part II, 53(1-2): 42-59.

Miao Q, Thunell R C, Anderson D M. 1994. Glacial-Holocene carbonate dissolution and sea surface temperatures in the South China and Sulu Seas. Paleoceanography, 9(2): 269-290.

Miklius A, Flower M, Huijsmans J, et al. 1991. Geochemistry of Lavas from Taal volcano, southwestern Luzon, Philippines: evidence for multiple magma supply systems and mantle source Heterogeneity. Journal of Petrology, 32(3): 593-627.

Milliman J D, Syvitski J P M. 1992. Geomorphic/tectonic control of sediment discharge to the ocean: the importance of small mountainous rivers. Journal of Geology, 100(5): 525-544.

Murray J W. 2006. Ecology and Applications of Benthic Foraminifera. New York: Cambridge University Press.

Pallister J S, Hoblitt R P, Reyes A G. 1992. A basalt trigger for the 1991 eruptions of Pinatubo volcano? Nature, 356: 426-428.

Pettijohn F J . 1957. Studies for Students a Preface to the Classification of the Sedimentary Rocks. New York: Harper.

Pflaumann U, Jian Z. 1999. Modern distribution patterns of planktonic foraminifera in the South China Sea and west Pacific: a new transfer technique to estimate regional sea-surface temperature. Marine Geology, 156: 41-83.

Poulton A J, Adey T R, Balch W M, et al. 2007. Relating coccolithophore calcification rates to phytoplankton community dynamics: regional differences and implications for carbon export. Deep-Sea Research II, 54(5-7): 538-557.

Ren J, Gersonde R, Esper O, et al. 2014. Diatom distributions in northern North Pacific surface sediments and their relationship to modern environmental variables. Palaeogeography, Palaeoclimatology, Palaeoecology, 402: 81-103.

Robin C, Eissen J P, Monzier M. 1994. Ignimbrites of basaltic andesite and andesite compositions from Tanna, New Hebrides Arc. Bulletin of Volcanology, 56(1):10-22.

Rohling E J, Fenton M, Jorissen F J, et al. 1998. Magnitudes of sea-level lowstands of the past 500, 000 years. Nature, 394: 162-165.

Rose W I, Chesner C A. 1990. Worldwide dispersal of ash and gases from earth's largest known eruption: Toba, Sumatra, 75 ka-science direct. Global and Planetary Change, 3(3): 269-275.

Rottman M L. 1979. Dissolution of planktonic foraminifera and pteropods in South China Sea sediments. The Journal of Foraminiferal Research, 9(1): 41-49.

Schluter L, Henriksen P, Nielsen T G, et al. 2011. Phytoplankton composition and biomass across the Southern Indian Ocean. Deep-Sea Research I, 58(5): 546-556.

Shackleton N J. 2000. The 100, 000-year ice-age cycle identified and found to lag temperature, carbon dioxide, and orbital eccentricity. Science, 289: 1897-1902.

Shao L, Li X, Geng J, et al. 2007. Deep water bottom current deposition in the northern South China Sea. Science in China Series D: Earth Science, 50: 1060-1066.

Sholkovitz E R. 1996. A Compilation of the rare earth element composition of rivers, estuaries and the oceans. Woods Hole Oceanographic Institution.

Siddall M, Rohling E J, Almogi-Labin A, et al. 2003. Sea-level fluctuations during the last glacial cycle. Nature, 423: 853-858.

Song S R, Chen C H, Lee M Y, et al. 2000. Newly discovered eastern dispersal of the youngest Toba Tuff. Marine Geology, 167: 303-312.

Sun X, Li X. 1999. A pollen record of the last 37 ka in deep sea core 17940 from the northern slope of the South China Sea. Marine Geology, 156(1): 227-244.

Sun X, Xu L, Luo Y, et al. 2000. The vegetation and climate at the last glaciation on the emerged continental shelf of the South China Sea. Palaeogeography, Palaeoclimatology, Palaeoecology, 160(3-4): 301-316.

Sun X, Luo Y, Huang F, et al. 2003. Deep-sea pollen from the South China Sea: Pleistocene indicators of East Asian monsoon. Marine Geology, 201(1-3): 97-118.

Sun Y, Wu F, Clemens S C, et al. 2008. Processes controlling the geochemical composition of the South China Sea sediments during the last climatic cycle. Chemical Geology, 257(3-4): 240-246.

Sun Z, Jian Z, Stock J M, et al. 2018. Proceedings of the international ocean discovery Program Volume 367/368: South China Sea rifted margin. https://doi.org/10.14379/iodp.proc.367368.

Tapponnier P, Peltzer G, Ledain A Y, et al. 1982. Propagating extrusion tectonics in Asia—new insights from simple experiments with plasticine. Geology, 10(12): 611-616.

Tapponnier P, Lacassin R, Leloup P H, et al. 1990. The Ailao Shan Red River metamorphic belt—tertiary left-lateral shear between Indochina and South China. Nature, 343(6257): 431-437.

Taylor S R, Mclennan S M. 1985. The continental crust: its composition and evolution. Journal of Geology, 94(4): 57-72.

Thompson P R. 1981. Planktonic foraminifera in the western North Pacific during the past 150000 years: comparison of modern and fossil assemblages. Palaeogeography, Palaeoclimatology, Palaeoecology, 35: 241-279.

Thompson P R. 1992. Foraminiferal Evidence for the Source and Timing of Mass-flow Deposits South of Baltimore Canyon. Tokyo: Terra Scientific Publishing Company.

Thomsen L, Gust G. 2000. Sediment erosion thresholds and characteristics of resuspended aggregates on the western European continental margin. Deep-Sea Research I, 47(10): 1881-1897.

Thomsena L, van Weering Tj C E. 1998. Spatial and temporal variability of particulate matter in the benthic boundary layer at the N. W. European Continental Margin (Goban Spur). Progress in Oceanography, 42(1): 61-76.

Thunell R C, Miao Q, Calvert S T, et al. 1992. Glacial-Holocene biogenic sedimentation patterns in the South China Sea: productivity variations and surface water P_{CO_2}. Paleooceanography, 7: 143-162.

Torres R C, Self S, Punongbayan R S. 2013. Attention focuses on Taal: decade volcano of the Philippines. Eos Transactions American Geophysical Union, 76(24): 241-247.

Waelbroeck C, Labeyrie L, Michel E, et al. 2002. Sea-level and deep water temperature changes derived from benthic foraminiferaisotopic records. Quaternary Science Reviews, 21: 295-305.

Wakeham S G, Lee C, Peterson M L, et al. 2009. Organic biomarkers in the twilight zone——time series and settling velocity sediment traps during MedFlux. Deep-Sea Research II, 56(18): 1437-1453.

Wan S, Li A, Clift P D , et al. 2006. Development of the East Asian summer monsoon: evidence from the sediment record in the South China Sea since 8. 5 Ma. Palaeogeography, Palaeoclimatology, Palaeoecology, 241(1): 139-159.

Wang H, Yuan S, Gao H. 2010. The contourite system and the framework of contour current circulation in the South China Sea. Geo-Temas, 11: 189-190.

Wang P, Prell W L, Blum P. 2000. Proceedings of the Ocean Drilling Program, Initial Reports Volume 184.

Wang S M, Li A C, Clift P D, et al. 2006. Development of the East Asian summer monsoon: evidence from the sediment record in the South China Sea since 8. 5 Ma. Palaeogeography, Palaeoclimatology, Palaeoecology, 241: 139-159.

Wedepohl K H. 1995. The composition of the continental crust. Geochimica et Cosmochimica Acta, 59(7): 1217-1232.

Wehausen R, Brumsack H-J. 2002. Astronomical forcing of the East Asian monsoon mirrored by the composition of Pliocene South China Sea sediments. Earth and Planetary Science Letters, 201(3):621-636.

Wiesner M G, Wang Y B, Zheng L F. 1995. Fallout of volcanic ash to the deep South China Sea induced by the 1991 eruption of Mount Pinatubo (Philippines). Geology, 23: 885-888.

Wildeman T R, Haskin L. 1965. Rare-earth elements in ocean sediments. Journal of Geophysical Research, 70(12): 2905-2910.

Winterwerp J C, van Kesteren W G M. 2004. Introduction to the Physics of Cohesive Sediment Dynamics in the Marine Environment. Amsterdam: Elsevier.

Wu G, Berger W H. 1989. Planktonic foraminifera: differential dissolution and the Quaternary stable isotope record in the west equatorial Pacific. Paleoceanography, 4(2): 181-198.

Xie S P, Xie Q, Wang D X, et al. 2003. Summer upwelling in the South China Sea and its role in regional climate variations. Journal of Geophysical Research Atmospheres, 108(C8): 3261-3274.

Yan Q S, Shi X F, Wang K S, et al. 2008. Major element, trace element, and Sr, Nd and Pb isotope studies of Cenozoic basalts from the South China Sea. Science in China Series D: Earth Sciences, 51(4): 550-566.

Yu S, Zhuo Z, Fang C, et al. 2016. A last glacial and deglacial pollen record from the northern South China Sea: new insight into coastal-shelf paleoenvironment. Quaternary Science Reviews, 157: 114-128.

Zhang J, Wang P, Li Q, Cheng X, Jin H, Zhang S. 2007. Western equatorial Pacific productivity and carbonate dissolution over the last 550 kyr: foraminiferal and nannofossil evidence from ODP Hole 807A. Marine Micropaleontology, 64: 121-140.

Zhang J Q, Liu J, Wang H X, et al. 2013. Characteristics and provenance implication of detrital minerals since Marine Isotope Stage 3 in Core SYS-0701 in the western South Huanghai Sea. Acta Oceanologica Sinica , 32(4): 49-58.

Zheng Z, Lei Z Q. 1999. A 400,000 year record of vegetational and climatic changes from a volcanic basin, Leizhou Peninsula, southern China. Palaeogeography Palaeoclimatology Palaeoecology, 145(4): 339-362.

Ziveri P, de Bernardi B, Baumann K, et al. 2007. Sinking of coccolith carbonate and potential contribution to organic carbon ballasting in the deep ocean. Deep-Sea Research II, 54(5-7): 659-675.

Zweng M M, Reagan J R, Antonov J I, et al. 2013. World Ocean Atlas 2013, Volume 2: salinity. In: Levitus S, Mishonov A (eds). NOAA Atlas NESDIS 73. Maryland: Silver Spring: 1-39.